工程技术（初、中级）专业技术资格（职称）考试教材

公用设备施工专业
基础与实务

邹德勇　肖　硕　曹立纲　阚咏梅　编

中国建筑工业出版社

图书在版编目（CIP）数据

公用设备施工专业基础与实务/邹德勇等编. —北京：中国建筑工业出版社，2020.1

工程技术（初、中级）专业技术资格（职称）考试教材

ISBN 978-7-112-24782-0

Ⅰ.①公… Ⅱ.①邹… Ⅲ.①城市公用设施-资格考试-自学参考资料 Ⅳ.①TU998

中国版本图书馆 CIP 数据核字（2020）第 018015 号

本书结合各地工程技术（初、中级）专业技术资格（职称）考试大纲进行编写，内容主要包括：设备安装专业知识、法律法规相关知识、设备安装施工技术，按大纲罗列讲解各考试要点，并配以在线题库，希望能帮助考生顺利通过公用设备施工专业职称考试。

本书适用于公用设备施工专业参加工程技术（初、中级）专业技术资格（职称）考试的考生，也可作为公用设备施工专业人员的技术参考书。

责任编辑：万 李 范业庶
责任校对：赵 菲

工程技术（初、中级）专业技术资格（职称）考试教材
公用设备施工专业基础与实务
邹德勇 肖 硕 曹立纲 阚咏梅 编

*

中国建筑工业出版社出版、发行（北京海淀三里河路 9 号）
各地新华书店、建筑书店经销
北京科地亚盟排版公司制版
北京建筑工业印刷厂印刷

*

开本：787×1092 毫米 1/16 印张：13½ 字数：335 千字
2020 年 7 月第一版 2020 年 7 月第一次印刷
定价：**45.00** 元
ISBN 978-7-112-24782-0
（34998）

前　言

专业技术职务是根据实际工作需要设置的有明确职责、任职条件要求，需要具备专门的业务知识和技术水平才能具备相应的任职资格，由国务院有关部门根据需要提出，经中央职称改革领导小组审核后报国务院批准。

职称是专业技术人员和管理人员的一种任职资格，是从事专业技术和管理岗位的人员达到一定专业年限、取得一定工作业绩后，经过考评授予的资格。职称也称专业技术资格，是专业技术人员学术、技术水平的标志，代表着一个人的学识水平和工作实绩，表明劳动者具有从事某一职业所必备的学识和技能的证明，同时也是对自身专业素质的一个被社会广泛接受、认可的评价，为专业技术人员的职业发展，提供目标和努力的方向。职称对企业来说，是企业资质等级评定、升级、年审的必备条件，也是企业投标的必须条件，因此受到企业青睐。

建筑类职称等级划分为初级、中级和高级，为了方便参加职称考试人员复习准备，在广泛调研的基础上，组织行业专家编制本套建筑类职称考试指导教材。

本套教材在内容的安排上，从对建筑类专业技术资格人员的工作需要和综合素质要求出发，涵盖了专业基础知识、专业理论知识和相关知识，同时突出解决实际问题能力的提升，具有较强的针对性、实用性和可操作性，既可以作为专业技术人员参加职称考试复习之用，也可用于提升建设行业专业技术人员的技术和管理水平，指导工作实践。为更好地帮助考生复习，本书配有大量练习题，可扫描以下二维码，每次随机抽取90道题作答。

本套教材编写过程中，很多专家做了大量的工作，付出了辛勤的劳动，在此表示衷心感谢！由于时间和水平的限制，教材难免存在不足之处，敬请读者批评指正，以便持续改进！

微信扫码做题

目　　录

第一章　设备安装专业知识

第一节　基础理论知识

一、流体力学

流体是液体和气体的总称。流体力学是力学的基本原理在液体和气体中的应用，研究的对象主要是流体的内部及其与相邻固体和其他流体之间的动量、热量及质量的传递和交换规律。

1. 流体主要的物理性质

实际工程中给水排水系统和采暖通风空调系统的介质都是运动的流体。从微观角度讲，流体是由大量彼此之间有一定间隙的单个分子所组成的，并处于随机运动状态。在工程上，从宏观角度出发，将流体视为由无数流体质点（或微团）组成的连续介质。所谓质点，是指由大量分子构成的微团，其尺寸远小于设备尺寸，但却远大于分子自由程，这些质点在流体内部紧紧相连，彼此间没有间隙，即流体充满所占空间，称为连续介质。实际工程中的流体都被认为是连续介质。流体与运动有关的主要物理性质包括惯性、重力特性、黏性、压缩性和膨胀性等。

（1）惯性

惯性是流体保持原有运动状态的性质。质量是用来度量物体惯性大小的物理量，质量越大，惯性也就越大。通常用密度来表示其特征。

单位体积流体的质量称为流体的密度，以符号 ρ 表示，单位为 $\mathrm{kg/m^3}$。在连续介质假设的前提下，对于均质流体，其密度的表达式为：

$$\rho = \frac{m}{V} \tag{1-1}$$

式中　m——流体的质量，kg；

　　　V——流体的体积，$\mathrm{m^3}$。

（2）重力特性

流体处于地球引力场中，所受的重力是地球对流体的引力。单位体积流体所受的重力称为流体的重度，以符号 γ 表示，单位为 $\mathrm{N/m^3}$，对于均质流体，其重度的表达式为：

$$\gamma = \frac{G}{V} \tag{1-2}$$

式中　G——流体所受的重力，N；

　　　V——流体的体积，$\mathrm{m^3}$。

密度与重度的关系为：

$$\gamma = \frac{G}{V} = \frac{mg}{V} = \rho g \tag{1-3}$$

不同流体的密度和重度各不相同，同一种流体的密度和重度则随温度和压强而变化。一个标准大气压下，常用流体的密度和重度见表 1-1。

常用流体的密度和重度（标准大气压下） 表 1-1

常用流体	密度（kg/m³）	重度（N/m³）	测定温度（℃）
水	1000	9807	4
水银	13590	133318	0
纯乙醇	790	7745	15
煤油	800～850	7848～8338	15
空气	1.2	11.77	20
氧	1.43	14.02	0
氮	1.25	12.27	0

（3）黏性

黏性是流体固有的特性。当流体相对于物体运动时，流体内部质点间或流层间因相对运动而产生内摩擦力（切向力或剪切力）以反抗相对运动，从而产生了摩擦阻力。这种在流体内部产生内摩擦力以阻抗流体运动的性质称为流体的黏滞性，简称黏性。黏性是流动性的反面，流体的黏性越大，其流动性越小。流体的黏性是流体产生的根源。

实验证明，对于一定的流体，内摩擦力 F 与两流体层的速度差 $\mathrm{d}\dot{u}$ 成正比，与两层之间的垂直距离 $\mathrm{d}y$ 成反比，与两层间的接触面积 A 成正比，即：

$$F = \mu A \frac{\mathrm{d}\dot{u}}{\mathrm{d}y} \tag{1-4}$$

式中　F——内摩擦力，N；

　　　μ——比例系数，称为流体的黏度或动力黏度，Pa·s；

　　　$\dfrac{\mathrm{d}\dot{u}}{\mathrm{d}y}$——法向速度梯度，即在与流体流动方向相垂直的 y 方向流体速度的变化率，1/s。

通常单位面积上的内摩擦力称为剪应力，以 τ 表示，单位为 Pa，则式（1-4）变为：

$$\tau = \mu \frac{\mathrm{d}\dot{u}}{\mathrm{d}y} \tag{1-5}$$

式（1-4）、式（1-5）称为牛顿黏性定律，表明流体层间的内摩擦力或剪应力与法向速度梯度成正比。

流体的黏性一般随温度和压强的变化而变化，但实验表明，在低压情况下（通常指低于 100 个大气压），压强的变化对流体的黏性影响很小，一般可以忽略。温度则是影响流体黏性的主要因素，而且液体和气体的黏性随温度的变化规律是不同的，液体的黏性随温度的升高而减小，而气体的黏性则随温度的升高而增大。原因是黏性取决于分子间的引力和分子间的动量交换。因此，随着温度升高，分子间的引力减小而动量交换加剧。液体的黏滞力主要取决于分子间的引力，而气体的黏滞力则取决于分子间的动量交换。所以，液体与气体产生黏滞力的主要原因不同，造成截然相反的变化规律。流体黏性随温度的变化趋势如图 1-1 所示。实际流体在管内的速度分布如图 1-2 所示。

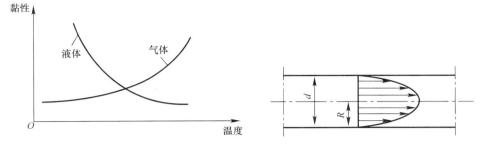

图 1-1 流体黏性随温度的变化趋势　　图 1-2 实际流体在管内的速度分布

（4）压缩性和膨胀性

流体体积随着压力的增大而缩小的性质称为流体的压缩性；流体体积随着温度的增大而增大的性质称为流体的膨胀性。对于液体和气体，压缩性和膨胀性有所区别。

1）液体的压缩性和膨胀性

水的压力增加一个标准大气压时，其体积仅仅缩小 1/2000，因此实际工程中认为液体是不可压缩流体。液体随着温度的升高体积膨胀的现象较为明显，因此认为液体具有膨胀性，流体的膨胀性通常用膨胀系数 α 来表示。它是指在一定的压力下温度升高 1℃时，流体体积的相对增加量。水在温度升高 1℃时，密度降低仅为万分之几。因此一般工程中也不考虑液体的膨胀性。但在热网系统中，当温度变化较大时，需考虑水的膨胀性，并应注意在系统中设置补偿器、膨胀水箱等设施。

2）气体的压缩性和膨胀性

气体与液体不同，具有显著的压缩性和膨胀性。在温度不太低、压强不太高时，可以将这些气体近似地看作理想气体，气体压强、温度、比容之间的关系服从理想气体状态方程：

$$PV = RT \tag{1-6}$$

气体虽然是可以压缩和膨胀的，但是，对于气体速度较低的情况，在流动过程中压强和温度的变化较小，密度仍可以看作常数，这种气体称为不可压缩气体。在通风空调工程中，所遇到的大多数气体是流动的，都可看作不可压缩气体；而膨胀性要考虑，同样在空调管道中通常设置补偿器。

2. 流体静力学基础

流体静力学研究流体在静止或相对静止状态下的力学规律及其实际应用。处于相对静止状态下的流体，由于本身的重力或其他外力的作用，在流体内部及流体与容器壁面之间存在着垂直于接触面的作用力，这种作用力称为静压力。单位面积上流体的静压力称为流体的静压强。在静止流体中，作用于任意点不同方向上的压力在数值上均相同，常用 p 表示，单位为 N/m²。此外，压力的大小也可以间接地以流体的柱高度表示，如用米水柱或毫米汞柱表示等。若流体的密度为 ρ，则液柱高度 h 与压力 p 的关系为：

$$p = \rho g h \tag{1-7}$$

用液柱高度表示压力时，必须指明流体的种类。标准大气压与压强、米水柱或毫米汞柱之间有如下换算关系：

$$1\text{atm} = 1.013 \times 10^5 \text{Pa} = 760\text{mmHg} = 10.33\text{mH}_2\text{O}$$

（1）绝对压强、表压强和大气压强

压力的大小通常以两种不同的基准来表示：一个是绝对真空；另一个是大气压力。基准不同，表示的方法也不同。以绝对真空为基准测得的压力称为绝对压力，是流体的真实压力；以大气压力为基准测得的压力称为表压力或真空度、相对压力，是把大气压强视为零压强的基础上得出来的。

绝对压强是以绝对真空状态下的压强（绝对零压强）为基准计量的压强，表压强简称表压，是指以当时当地大气压强为起点计算的压强。两者的关系：绝对压强＝大气压强＋表压强。

工程技术中按表压强不同，可能会出现以下三种情况：

1）表压强大于环境大气压，设备中的压强称为"正压"。

2）表压强等于环境大气压，设备中的压强称为"零压"。

3）表压强小于环境大气压，设备中的压强称为"负压"或"真空度"。

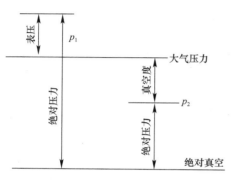

图 1-3 绝对压力与表压、真空度的关系

绝对压力与表压、真空度的关系如图 1-3 所示。一般为避免混淆，通常对表压、真空度等加以标注，如 2000Pa（表压）、10mmHg（真空度）等，并且还应该指明当地的大气压力。

（2）流体静力学平衡方程

假设容器内装有密度为 ρ 的液体，液体可认为是不可压缩流体，其密度不随压力变化。在静止的液体中取一段液柱，其截面积为 A，以容器底面为基准水平面，液柱的上、下端面与基准水平面的垂直距离分别为 z_1 和 z_2。那么作用在上、下两端面的压力分别为 p_1 和 p_2。

重力场中在垂直方向上对液柱进行受力分析。

1）上端面所受总压力 $P_1 = p_1 A$，方向向下。

2）下端面所受总压力 $P_2 = p_2 A$，方向向上。

3）液柱的重力 $G = \rho g A(z_1 - z_2)$，方向向下。

液柱处于静止状态时，上述三项力的合力应为零，即：

$$p_2 A - p_1 A - \rho g A(z_1 - z_2) = 0$$

整理并消去 A，得：

$$p_2 = p_1 + \rho g(z_1 - z_2)（压力形式） \tag{1-8}$$

变形得：

$$\frac{p_1}{\rho} + z_1 g = \frac{p_2}{\rho} + z_2 g（能量形式） \tag{1-9}$$

若将液柱的上端面取在容器内的液面上，设液面上方的压力为 p_a，液柱高度为 h，则式（1-8）可改写为

$$p_2 = p_a + \rho g h \tag{1-10}$$

式（1-8）～式（1-10）均称为流体静力学基本方程。流体静力学基本方程的物理意义在于：在静止流体中任何一点的单位位能与单位压能之和（单位势能）为常数。

（3）静压强的特性

1）静压强的方向性。流体具有各个方向上的静压强。流体的静压强处处垂直于固体

壁面，而固体壁面对流体的反作用力必然垂直并指向流体的表面。也就是说，凡作用于静止流体的外力必然垂直并指向流体表面，即内法线方向。这是因为静止流体内的应力只能是压应力，而没有切应力。

2）流体内部任意一点的静压强的大小与其作用的方向无关。也就是说流体内部某一点的静压强在各个方向上大小相同。这是因为静止流体中某一点受四面八方的压应力而达到平衡。

3）流体的静压强仅与其高度或深度有关，而与容器的形状及放置位置、方式无关。气体的静压强沿高度变化小，密闭容器可以认为静压强处处相等。

这里所说的作用面也称为界面，界面可以是两部分流体之间的分界面，也可以指流体与固体之间的接触面。通常情况下液体与气体之间的接触面称为自由液面。

流体中压强相等的各点所组成的面称为等压面。常见的等压面有自由液面和平衡流体中互不混合的两种流体的界面。只有重力作用的等压面应该是静止、连续的，而且连续的介质为同一均质流体的同一水平面。

3. 流体动力学基础

流体动力学是研究流体运动规律的科学。在流体静力学中，压强只与所处空间位置有关。而在流体动力学中，压强还与运动的情况有关。

（1）流体运动的基本概念

流体的运动是由无数流体质点的运动所组成的，且各质点之间都有力的相互作用，质点上的力和其本身的运动存在一定的规律性，找到其原因，就可以解决运动中的问题。下面介绍流体运动中的几个基本概念。

1）流线和迹线

流线是指同一时刻不同质点所组成的运动的方向线。流体中同一瞬间有许多质点组成的曲线，该曲线上任一点的切线方向就是该点的流速方向，它形象地描绘了该瞬时整个液流的流动情况，图1-4所示为流场中的一条曲线，曲线上各点的速度矢量方向和曲线在该点的切线方向相同。恒定流的流动用一幅流线图就可以表示出流场的全貌；而在非恒定流中，通过空间点的流体质点的速度大小和方向随时间而变化，此时谈到的流线是指某一给定瞬时的各质点所组成的流线。流线的疏密可以反映出流速的大小，流线越疏，流速越小；流线越密，流速越大。流线不能相交，也不能是折线，只能是一条光滑的曲线或直线。

图1-4　流场中的曲线

迹线是指同一个流体质点在连续时间内在空间中运动所形成的轨迹线，它给出了同一质点在不同时间的速度的方向。

2）流管、过流断面、元流、总流

在流场内做一非流线且不自闭相交的封闭曲线，在某一瞬时通过该曲线上各点的流线构成一个管状表面，称为流管。在流体中取一封闭垂直于流向的平面，在其中划出极微小面积，则该微小面积周边上各点都和流线正交，这一横断面称为过流断面。若流管的横截面无限小，则称其为流管元，也称为元流。流管表面由流线组成，所以流体不能穿过流管侧面流出，只能从流管一端流入，而从另一端流出。过流断面内所有元流的总和称为总流。

3）流量

流体流动时，单位时间内通过过流断面的流体体积称为流体的体积流量，一般用 Q 表示，单位为 L/s；单位时间内流经管道任意截面的流体质量称为质量流量，以 m_s 表示，单位为 kg/s 或 kg/h。涉及不可压缩流体时，通常用体积流量表示；涉及可压缩流体时，则用质量流量表示。体积流量与质量流量的关系为：

$$m_s = Q \cdot \rho \tag{1-11}$$

过流断面面积 dA 上各点的流速可认为均为 u 且方向与过流断面相垂直，单位时间内通过过流断面的流体的体积流量为：

$$dQ = u dA \tag{1-12}$$

对于总流来说，通过过流断面面积 A 的体积流量 Q 等于无数元流体积流量的和，即：

$$Q = \int dQ = \int_A u dA \tag{1-13}$$

由于过流断面上各点的流速不同，管轴处最大，靠近管壁处最小，所以假想一个平均流速，即总流通过过流断面各点的流速均相等，大小均为过流断面的平均流速。以平均流速通过过流断面的流量应和过流断面各点流速不相等情况下通过的流量相等。

体积流量 Q、过流断面面积 A 与流速 V 之间的关系为：

$$Q = AV \tag{1-14}$$

（2）流体运动的分类

流体的运动受其物性和边界条件的影响呈现复杂的运动情况。常根据运动的特点对其进行分类。

1）根据流动要素（流速与压强）与流行时间，可将流体的运动分为恒定流和非恒定流。

恒定流：流场内任一点的流速与压强不随时间变化，而仅与所处位置有关的流体运动称为恒定流。在这种流动中流线与质点运动的轨迹相重合。以水龙头为例，打开之前处于静止状态，打开后流速从零迅速增加到某一值且基本保持不变，这时可以认为流体各点的运动要素不再随时间而改变，处于恒定流状态。

非恒定流：运动流体各质点的流动要素随时间而改变的运动称为非恒定流。水位随水的放出而不断改变的水流运动，即是非恒定流。非恒定流的情况较复杂，在实际工程中为便于分析和计算，都把接触到的流体看作恒定流。

2）根据流体流速的变化可将流体的运动分为均匀流和非均匀流。

均匀流：在给定的某一时刻，各点速度都不随位置的变化而变化的流体运动称为均匀流。流体流速的大小和方向沿流线不变。均匀流的所有流线都是平行直线；过流断面是一平面，且大小和形状都沿程不变，各过流断面上各点的流速分布情况相同，断面的平均流速沿程不变。

非均匀流：流体中相应点流速不相等的流体运动称为非均匀流。非均匀流的所有流线不是一组平行直线；过流断面不是一平面，且大小或形状沿程改变；各过流断面上各点速度分布情况不完全相同，断面的平均流速沿程变化。在管道上扩大或缩小处的水流运动即为非均匀流。在非均匀流中，若流线几乎是平行的且接近直线的流动状态称为渐变流，过流断面可认为是平面；不满足渐变流条件的非均匀流即为急变流。

3）按流体运动接触的壁面情况，可将流体的运动分为有压流、无压流和射流。

有压流：流体过流断面的周界被壁面包围，没有自由液面者称为有压流或压力流。一般供水、供热管道均为有压流。有压流有三个特点：流体充满整个管道；不能形成自由液面；对管壁有一定的压力。

无压流：流体过流断面的壁和底均被壁面包围，但有自由液面者称为无压流或重力流。如河流、明渠、排水管网系统等。无压流有两个特点，流体没有充满整个管道，所以在排水管网设计时引入了充满度的概念，即污水在管道中的深度 h 与管径 D 的比值称为管道的充满度，充满度的大小在排水系统的设计计算中是很重要的参数；流体在管道或管渠中能够形成自由液面。

射流：流体经由孔口或管嘴喷射到某一空间，由于运动的流体脱离了原来限制它的固体边界，在充满流体的空间继续流动的流体运动称为射流，如喷泉和消火栓的喷射水柱等。

4）流体流动的因素

过流断面面积：流体流动时与流动方向垂直的断面面积称为过流断面面积，单位为 m^2。在均匀流中，过流断面为一平面。

平均流速：在不能压缩及无黏滞性的理想均匀流中，流速是不变的。但在实际工程中，流体与流道壁面之间存在着摩擦阻力，过流断面上各点的流速是不等的，靠近壁面处阻力大、流速小，靠近中心处阻力小、流速大。为了方便计算，在计算过程中通常引入平均流速的概念。

（3）定态流动系统的质量守恒定律——连续性方程

连续性方程是由质量守恒定律得出的，质量守恒定律说明，同一流体的质量在运动过程中既不能创生也不能消失，即流体运动到任何地方，其质量应该是保持不变的。

图 1-5 所示的定态流动系统，流体连续地从 1-1′ 截面进入，从 2-2′ 截面流出，且充满全部管道。以 1-1′、2-2′ 截面以及管道内壁为衡算范围，在管路中流体没有增加和漏失的情况下，单位时间进入截面 1-1′ 的流体质量与单位时间流出截面 2-2′ 的流体质量必然相等，即：

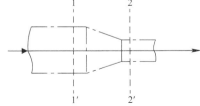

图 1-5　连续性方程的推导

$$m_{s1} = m_{s2} \tag{1-15}$$

或：

$$\rho_1 u_1 A_1 = \rho_2 u_2 A_2 \tag{1-16}$$

推广至任意截面为：

$$m_s = \rho_1 u_1 A_1 = \rho_2 u_2 A_2 = \cdots = \rho u A = 常数 \tag{1-17}$$

式（1-15）~式（1-17）均称为连续性方程，表明在定态流动系统中，流体流经各截面时的质量流量恒定。

对不可压缩流体，ρ＝常数，连续性方程可写为：

$$V_s = u_1 A_1 = u_2 A_2 = \cdots = u A = 常数 \tag{1-18}$$

式（1-18）表明不可压缩流体流经各截面时的体积流量也不变，流速 u 与管道截面积成反比，截面积越小，流速越大；反之，截面积越大，流速越小。

对于圆形管道，式（1-18）可变形为：

$$\frac{u_1}{u_2} = \frac{A_2}{A_1} = \left(\frac{d_2}{d_1}\right)^2 \tag{1-19}$$

式（1-19）说明：不可压缩流体在圆形管道中，任意截面的流速与管内径的平方成反比。

（4）能量守恒定律——伯努利方程

能量不能消失也不能创生，只能由一种形式转换为另一种形式，或从一个物体转移到另一个物体。而在转换和转移的过程中总和保持不变，流体的能量包括三种，即位能 Z，压能 $\frac{p}{\gamma}$，动能 $\frac{v^2}{2g}$。理想流体是指没有黏性（流动中没有摩擦阻力）的不可压缩流体。这种流体实际上并不存在，是一种假想的流体，但这种假想对解决工程实际问题具有重要意义。在理想流动的管段上取两个断面 1-1、2-2，两个断面的能量之和相等，即：

$$Z_1 + \frac{p_1}{\gamma} + \frac{V_1^2}{2g} = Z_2 + \frac{p_2}{\gamma} + \frac{V_2^2}{2g} \tag{1-20}$$

式（1-20）通常称为伯努利方程。

实际流体在流动过程中由于流体本身存在黏着力以及管道壁面有一定的粗糙程度，流体在流动过程中由于流动阻力的存在会有能量损失，要消耗一部分能量来克服这种流动阻力，这部分损失的能量为 h，假设从 1-1 断面到 2-2 断面流动过程中能量损失为 h，则实际流体流动的伯努力方程为：

$$Z_1 + \frac{p_1}{\gamma} + \frac{V_1^2}{2g} = Z_2 + \frac{p_2}{\gamma} + \frac{V_2^2}{2g} + h \tag{1-21}$$

4. 流动阻力与能量损失

流体在流动过程中会产生摩擦力，阻碍流体的流动，为了克服这种流动阻力，在流动过程中会损失一部分能量。流动阻力的大小与流体本身的物理性质、流动状况及壁面的形状等因素有关。管路系统主要由两部分组成：一部分是直管；另一部分是管件、阀门等。相应流体流动阻力也分为两种：一种是与管道壁面所产生的摩擦力；另一种是由于局部断面发生改变而产生的摩擦力。

沿程阻力：流体流经一定直径的直管时由于管道壁面的内摩擦而产生的阻力。

局部阻力：流体流经管件、阀门等局部地方由于流速大小及方向的改变而引起的阻力。

（1）阻力的表现形式

图 1-6 所示为流体在水平等径直管中做定态流动。

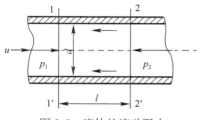

图 1-6　流体的流动阻力

在 1-1′截面和 2-2′截面间列伯努利方程，有：

$$z_1 g + \frac{1}{2}u_1^2 + \frac{p_1}{\rho} = z_2 g + \frac{1}{2}u_2^2 + \frac{p_2}{\rho} + W_f$$

因为是直径相同的水平管，$u_1 = u_2$，$z_1 = z_2$，所以：

$$W_f = \frac{p_1 - p_2}{\rho} \tag{1-22}$$

若管道为倾斜管，则：

$$W_f = \left(\frac{p_1}{\rho} + z_1 g\right) - \left(\frac{p_2}{\rho} + z_2 g\right) \tag{1-23}$$

由此可见，无论是水平安装还是倾斜安装，流体的流动阻力均表现为静压能的减少，仅当水平安装时，流动阻力恰好等于两截面的静压能之差。流体具有不同的黏滞性，在流动过程中为了克服阻力而消耗的能量称为阻力损失。阻力损失值视流体的流行形态而不同，因此计算流体的阻力损失时应了解水流的形态。

（2）沿程损失和局部损失

沿程损失：流体在直管段中流动时，管道壁面会对流体产生一个阻碍流体运动的力，这个摩擦阻力称为沿程阻力。流体流动过程中为克服摩擦阻力而损耗的能量称为沿程损失。沿程损失与管道长度、粗糙度及流速的平方成正比，而与管径成反比，通常采用达西-维斯巴赫公式计算，即：

$$h_1 = \lambda \frac{L}{d} \frac{v^2}{2g} \tag{1-24}$$

式中　λ——沿程阻力系数；

　　　L——管长，m；

　　　d——管径，mm；

　　　v——平均流速，m/s；

　　　g——重力加速度，m/s²。

在实际工程计算中，由于管段系统比较复杂，如果按照式（1-24）进行计算，工程量非常大，所以在实际设计计算的过程中，通常引入$1000i$的概念，即1000m管段的损失值，这会使计算量大大减少。

局部损失：流体流动过程中，通过断面变化处、转向处、分支或其他使流体流动情况改变时，都会有阻碍运动的力产生，这个力称为局部阻力，为克服局部阻力所引起的能量损失，称为局部损失。计算公式为：

$$h_j = \xi \frac{v^2}{2g} \tag{1-25}$$

式中　ξ——局部阻力系数；

　　　v——平均流速，m/s；

　　　g——重力加速度，m/s²。

实际工程中管道的转弯、变径、连接处非常多，如果逐一求算管道局部损失，会使计算变得非常复杂，所以实际计算过程中通常用局部损失折算成沿程损失百分比的形式来进行计算。

流体在流动过程中的总损失应该等于各个管路系统所产生的所有沿程损失和局部损失的和。

$$h = \sum h_1 + \sum h_j \tag{1-26}$$

二、传热学

1. 稳态传热的基本知识

我国大部分地区属大陆性季风气候，四季明显，气温变化较大，特别是北方严寒地区，冬夏温差可达70℃，冬季室内外温差可达40～50℃。随着社会的发展，人们对建筑热环境的要求日益提高，各种先进的采暖和空调设备被广泛地采用。传热学是研究在温差作用下热量传递规律的学科。它与热力学共同组成热工学的理论基础。为了学习有关建筑设备的专业知识，必须了解一些传热学方面的基本知识。

（1）温度

温度是物体冷热程度的标志。经验表明，若令冷热程度不同的两个物体 A 和 B 相互接触，它们之间将发生能量交换，净能量将从较热的物体流向较冷的物体，热物体逐渐变冷，冷物体逐渐变热。经过一段时间后，它们达到相同的冷热程度，不再有净能量交换，这时物体 A 和物体 B 达到热平衡。这一事实说明物质具备某种宏观性质。当各物体的这一性质不同时，它们若相互接触，其间将有净能量传递；当各物体的这一性质相同时，它们之间达到热平衡。这一宏观物理性质称为温度。从微观上看，温度标志物质分子热运动的激烈程度。

温度的数值标尺简称温标。国际上规定热力学温标作为测量温度的最基本温标，热力学温标的温度单位是开尔文，符号为 K（开）。把水的三相点的温度，即水的固相、液相、气相平衡共存状态的温度作为单一基准点，并规定为 273.15K，因此，热力学温度单位"开尔文"是水的三相点温度的 1/273.15。

1960 年，国际计量大会通过决议，规定摄氏温度由热力学温度移动零点来获得，即：

$$t = T - 273.15\text{K} \tag{1-27}$$

式中　t——摄氏温度，℃；

　　　T——热力学温度。

这样规定的摄氏温标称为热力学摄氏温标。由式（1-27）可知，摄氏温标和热力学温标并无实质差异，而仅仅只是零点取值的不同，与测温物质的特性无关，可以成为度量温度的标准。

（2）热量

由温度的定义可知，温度不同的两个物体在接触时，会有能量从高温物体传向低温物体。这种由于温差作用而通过接触边界传递的能量称为热量。热量的传递过程是分子热运动的结果，是接触面上物体分子的碰撞而进行动能交换的过程。

热量通常用字母 Q 表示。在工程单位制中，热量单位是千卡（kcal）；在国际单位制中，热、功和能的单位一样，均采用焦耳（J）或千焦耳（kJ）。但在实际工程中，常用单位时间内传递的热量作为单位进行相关的计算，故实用单位是焦耳/秒（J/s）、千卡/小时（kcal/h）。

1 焦耳＝1 牛顿·米（1J＝1N·m）

1 瓦＝1 焦耳/秒（1W＝1J/s）

根据热功当量值可知，两种单位制的换算关系为：

1 千卡＝4.19 千焦耳（1kcal＝4.19kJ）

热量是过程量，只有在物体热传递过程中才有热量，没有能量传递也就没有热量。说物体在某一状态下含有多少热量是毫无意义的、错误的。

（3）稳态传热

热量传递过程分为稳态过程和非稳态过程两大类。凡物体中各点温度不随时间而改变的热量传递过程称为稳态热传递过程，反之则称为非稳态热传递过程。各种设备在持续稳定运行时的热量传递过程属于稳态过程，而在启动、停机和工况改变时的热量传递过程则属于非稳态过程。大多数设备都可认为在稳定运行条件下工作。有些设备虽在非稳定条件下运行，但作适当处理和简化，也能近似地视为稳态热传递过程，例如内燃机气缸壁和蓄热式换热器传热等是非稳态传热；但按周期的平均值计算或稍加修正，则可按稳态传热计算。一般情况下，不加以说明时都指稳态热传递过程。

热量传递的方向性对传热过程也有影响，把仅沿一个方向传热的叫一度传热，沿两个方向或三个方向传热的叫两度传热或三度传热。在房屋建筑中，多数围护结构都是由同一材料做成的平壁，其平面尺寸远比厚度大，因而对屋面或墙面来说主要是一度传热。

2. 传热的基本方式

在供暖工程中，供暖热负荷的确定需要计算围护结构的传热量，建筑物的围护结构传热主要是通过外墙、外窗、外门、顶棚和地面。在这些围护结构的热量传递过程中要经历三个阶段（见图1-7），以外墙的热量传递过程为例。

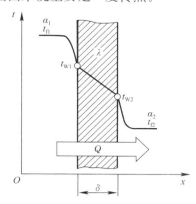

热量由室内空气以对流换热和物体间辐射换热的方式传给墙壁的内表面。

墙壁的内表面以固体导热的方式传递到墙壁外表面。

墙壁外表面以对流换热和物体间辐射换热的方式把热量传递给室外环境。

图1-7　墙体的传热过程

显然，在其他条件不变时，室内外温差越大，传热量越大。又如散热器内热媒的传热过程，同样要经历三个阶段，热媒的热量以对流换热的方式传到散热器壁内侧，再以导热的方式传递到壁外侧，然后壁外侧以对流换热和物体间辐射换热的方式传给室内。因此，整个传热过程实际上是由热传导、热对流、热辐射三种基本的传热方式组成。要研究整个传热过程的规律，首先要对这三种基本的传热方式的传热规律进行分析。

（1）热传导

当物体内有温度差或两个不同温度的物体接触时，在物体各部分之间不发生相对位移的情况下，物质微粒（分子、原子或自由电子）的热运动传递了热量，使之从高温物体传向低温物体，或从同一物体的高温部分传向低温部分，这种现象被称为热传导，简称导热。图1-7中热量从墙体内表面传递到外表面就是依靠导热。这种传热方式的明显特点是在传热过程中没有物质的迁移。导热可以在固体、液体和气体中发生，但只在密实的固体中存在单纯的导热过程，在液体和气体中通过导热传递的热能很少。

导热现象主要在密实的固体内发生，但绝大多数建筑材料内部都有孔隙，并不是密实的固体，在这些固体材料的孔隙内将同时产生其他方式的传热，不过这是极其微弱的。因此在热工计算中，对固体建筑材料的传热均可按单纯热传导来考虑。

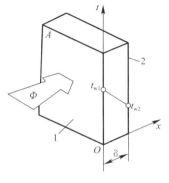

图1-8　通过平壁的导热

下面来分析一种简单的导热问题。设有如图1-8所示的一块大平壁，壁厚为δ，一侧表面积为A，两侧表面分别维持均匀恒定温度t_{w1}和t_{w2}。实践表明，单位时间内从表面1传导到表面2的热量Φ（热流量）与导热面积A和导热温差$(t_{w1}-t_{w2})$成正比，与厚度δ成反比。写成等式为：

$$\Phi = \lambda A \frac{t_{w1} - t_{w2}}{\delta} \tag{1-28}$$

式中　λ——比例系数，称为热导率或导热系数，$W/(m \cdot K)$；

Δt——导热温差，$\Delta t = t_{w1} - t_{w2}$，℃或K。

热导率 λ 反映材料导热能力的大小，部分材料的热导率见表1-2。

常温下一些材料的热导率　　　　　　　　　　　　　　　　表 1-2

材料名称	热导率 $\lambda[W/(m \cdot K)]$	材料名称	热导率 $\lambda/[W/(m \cdot K)]$
铜	383	矿渣棉	0.04～0.046
铝	204	玻璃棉	0.037
钢	约47	珠光砂	0.035
不锈钢	29	碳酸镁	0.026～0.038
木材	0.12	水	约0.58
红砖	0.23～0.58	空气	0.023

（2）热对流

流体中，温度不同的各部分之间发生相对位移时所引起的热量传递过程叫热对流。流体各部分之间由于密度差而引起的相对运动称为自然对流；而由于机械（泵或风机等）的作用或其他压差而引起的相对运动称为强迫对流（或受迫对流）。

实际上，热对流同时伴随着导热，构成复杂的热量传递过程。工程上经常遇到的流体流过固体壁时的热量传递过程，就是热对流和导热作用的热量传递过程，称为表面对流传热，简称对流传热。影响对流传热的因素有很多，如流体的流动速度、流体的物理性质和换热表面的几何尺寸等。

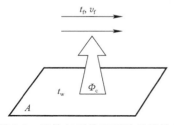

当温度为 t_f 的流体流过温度为 t_w、面积为 A 的固体壁（见图1-9）时，对流传热的热流量 Φ_C 常写成与面积 A、流体和壁面的温差 Δt 成正比的形式，即：

$$\Phi_c = h_c A \Delta t \tag{1-29}$$

这就是牛顿冷却公式。当流体被加热（$t_w > t_f$）时，取 $\Delta t = t_w - t_f$；当物体被冷却（$t_w < t_f$）时，取以 $\Delta t = t_f - t_w$。式中 h_c 是比例系数，称为表面对流传热系数，

图1-9　流体与固体壁面的对流传热

简称对流传热系数，单位为 $W/(m^2 \cdot K)$。对流传热系数表示对流传热能力的大小。不同情况下的对流传热系数相差很大。对流传热系数的大致范围见表1-3。

对流传热系数的大致范围　　　　　　　　　　　　　　　　表 1-3

对流传热种类		$h_c[W/(m^2 \cdot K)]$
自然对流传热	空气	3～10
	水	200～1000
强迫对流传热	气体	20～100
	高压水蒸气	500～3500
	水	1000～15000
	液态金属	3000～110000
气-液相变传热	水沸腾	2500～25000
	水蒸气凝结	5000～15000
	有机蒸气凝结	500～2000

（3）热辐射

物质是由分子、原子、电子等基本粒子组成的，原子中的电子受激或振动时，会产生交替变化的电场和磁场，能以电磁波的形式向外传播，这就是辐射。各类电磁波的波长可从几万分之一微米（$1\mu m = 10^{-6}m$）到数千米，它们的分类和名称如图 1-10 所示。

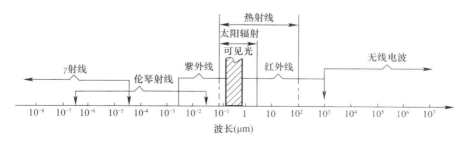

图 1-10　电磁波谱

通常把投射到物体上能产生明显热效应的电磁波称为热射线，其中包括可见光、部分紫外线和红外线。物体不断向周围空间发出热辐射能，并被周围物体吸收。同时，物体也不断接收周围物体辐射给它的热能。这样，物体发出和接收过程的综合结果产生了物体间通过热辐射而进行的热量传递，称为表面辐射传热，简称辐射换热。

热辐射的本质决定了辐射换热的特点。

辐射换热与导热和对流传热不同，它不依靠物质的直接接触而进行能量传递。这是因为电磁波可以在真空中传播，太阳辐射能穿越辽阔的太空到达地面就是很好的例证。

辐射换热过程伴随着能量形式的两次转化，即物体的内能首先转化为电磁波能发射出去，当此波发射到另一物体表面并被吸收时，电磁波能又转化为物体的内能。

一切物体只要其温度高于绝对零度，都会不断地向外发射热射线。辐射换热是两物体互相辐射的结果。当两物体有温差时，高温物体辐射给低温物体的能量大于低温物体辐射给高温物体的能量，总的结果是高温物体把能量传给了低温物体。即使各物体温度相同，没有温差存在，辐射仍在不断进行，只是每一物体辐射和吸收的能量是相等的，处于动态平衡状态。

3. 传热过程及传热的增强与削弱

（1）传热过程

热量从温度较高的流体经过固体壁传递给另一侧温度较低的流体的过程，称为总传热过程，简称传热过程。工程上大多数设备的热传递过程都属于这种情况，如锅炉中水冷壁、省煤器和空气预热器的传热，蒸汽轮机装置的表面式冷凝器、内燃机散热器的传热以及热力设备和管道的散热。如热水管道散热的过程可用图 1-11 来表示。

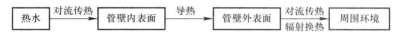

图 1-11　热水管道散热的过程

由此可见，传热过程实际上是热传导、热对流和热辐射三种基本方式共同存在的复杂换热过程。传热过程中，当两种流体间的温差一定时，传热面越大，传递的热量越多。在同样的传热面上，两种流体的温差越大，传递的热量也越多。传热过程的热量可用下式表示，即：

$$\Phi = KA\Delta t \tag{1-30}$$
$$\Delta t = t_1 - t_2$$

式中 A——传热面积，m^2；

Δt——热流体和冷流体间的传热温差，又称温压，K 或℃；

K——比例系数，称为总传热系数，简称传热系数，$W/(m^2 \cdot K)$。

总传热系数表示总传热过程中热量传递能力的大小。数值上，它表示传热温差为 1K 时，单位传热面积在单位时间内的传热量。

由几个热量传递环节组成的总传热过程，其总热阻为这些热量传递环节的分热阻并串联而成。电路中电阻并串联的规律同样适用于热阻的并串联。导热时，如严重偏离一维稳态导热或物体内有内热源时，利用热阻并串联规律并借用欧姆定律求解传热问题将会导致较大的偏差。

（2）传热的增强

在有热量传递过程的各个技术领域中，常常需要强化热量传递以缩小设备的尺寸、提高热效率，或使受热元件得到有效的冷却，保证设备安全运行。例如，改进后的汽轮机出力提高了，要求冷凝器出力也相应提高，即要求冷凝器凝结更多的水蒸气；锅炉过热器出口水蒸气温度不够高，要求设法提高它的出口温度等。这些都是要求相关设备增加热流量。有时为了安全起见必须降低传热面温度，例如降低内燃机气缸壁的温度等，也往往通过冷却介质冷却效果的改善，即增加传热的热流量来达到。所谓增强传热，就是通过传热分析，找出影响传热的主要因素，进而采取措施使热力设备的热流量增加。

增强传热的途径主要有：

1）加大传热温差。加大传热温差是增加传热的驱动力，可使热流量增加。提高热流体的温度、降低冷流体的温度和改变流体流程可加大传热温差。

2）减小传热面总热阻。减小传热面的总热阻可以分别从减小导热热阻、对流传热热阻和辐射换热热阻着手。具体措施有：①减小导热热阻，其中包括换热面本身热阻和表面污垢热阻；②减小对流传热热阻，如在表面传热系数小的一侧加装肋片，并注意使肋片接触良好；适当增加流体流速，采用小管径以增加流体的扰动和混合，破坏边界层等；③增加辐射面的发射率和温度来增强辐射换热，如涂镀选择性涂层或选用发射率大的材料等。

（3）传热的削弱

增强传热的反面是削弱传热。通过减小传热温差和增加传热过程的总热阻来削弱传热，即通过减小传热温差、减小传热面积和传热系数的方法来削弱传热。工程上使用最广泛的方法是在管道和设备上覆盖保温隔热材料，使其导热热阻成千上万倍地增加，进而使总热阻大大增加，从而削弱传热。这就是工程上常见的管道和设备的保温隔热。

保温隔热的目的有以下几个方面：

1）减少热损失。

工业设备的热损失是相当可观的。1 个 1000MW（100 万 kW）的电厂即使按国家规定的标准设计进行保温隔热，一天的热损失也相当于多损耗 120t 标准煤（发热值为 29300kJ/kg）。如不保温隔热，其热损失将增加数倍。

2）保证流体温度，满足工业要求。

工程上，由于工艺需要，要求热流体（或冷流体）有一定的温度。如不采用保温隔热措施，将由于输送过程中的热损失（或冷损失）使流体温度降低（或升高），而不能满足生产和生活的需要。

3）保证设备的正常运行。

例如，汽轮机如保温不好，将因外壳、轴、叶片等温度不均匀引起金属局部热应力，产生部件热变形，降低汽轮机的效率，甚至损坏机器而无法运行。

4）减少环境热污染，保证可靠的工作环境。

车间设备和管道散热量大，不仅带来了热损失，而且使环境温度升高，使工作人员无法正常工作。

5）保证工作人员的安全。

为防止工作人员被烫伤，我国规定设备和管道的外表面温度不得超过 $50℃$（环境温度为 $25℃$）。

保温隔热技术包括保温隔热材料的选择、最佳保温层厚度的确定、合理的保温结构和工艺、检测技术以及保温隔热技术、经济性评价方法等。由于保温隔热技术涉及面很广，这里不能细谈。下面仅就与传热有关的方面简单介绍一下对保温隔热材料的要求：

1）有最佳密度（或重度）。

保温隔热材料处于最佳密度时其表观热导率最小，保温隔热效果最好。使用时，应尽量使其密度接近最佳密度。

2）热导率小。

热导率越小，同样厚度的保温隔热材料的保温隔热效果越好。随着科学技术的进步和发展，不断出现新型保温隔热材料，如玻璃棉、矿渣棉、岩棉、硅酸铝纤维、氧化铝纤维、微孔硅酸钙、中空微珠（又称漂珠）、聚氨酯泡沫塑料、聚苯乙烯发泡塑料等，它们的表观热导率比传统的保温隔热材料小得多。

3）温度稳定性好。

在一定的温度范围内保温隔热材料的物性值变化不大，但超过一定的温度会发生结构上的变化，使其热导率变大，甚至造成本身结构破坏，无法使用。因此，保温隔热材料的使用温度不能超过允许值。

4）有一定的机械强度。

机械强度低，易受破坏，而使散热增加。

5）吸水、吸湿性小。

水分会使材料的热导率大大增加。最近，在纤维状的保温隔热材料中加了憎水剂，可使材料最大吸湿率小于 1%。

此外，对保温隔热材料还有无腐蚀性、无特殊气味、抗冻性好、抗生物性能好、易成形、易安装、经济性好等要求。当然，实际使用时要统筹兼顾，不能顾此失彼，更不能只从传热角度出发。

三、电工学

1. 电路

（1）电路的结构及状态

电路就是电流所经过的路径，电路为一闭合回路。电路由电源、中间环节和负载组成，连线图如图 1-12（a）所示，简化电路图如图 1-12（b）所示。

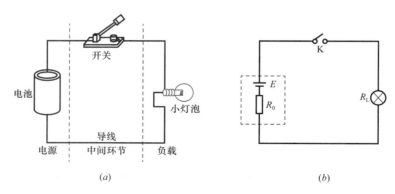

图 1-12　电路的组成及电路模型

（a）连线图；（b）电路图

电路有三种状态，即通路、开路、短路。通路是指电路处处接通。通路也称为闭合电路，简称闭路。只有在通路的情况下，电路才有正常的工作电流。开路是电路中某处断开，没有形成通路的电路，开路也称为断路，此时电路中没有电流。短路是指电源或负载两端被导线连接在一起，分别称为电源短路或负载短路。电源短路时电源提供的电流要比通路时提供的电流大很多倍，通常是有害的，也是非常危险的，所以一般不允许电源短路。

（2）电路的基本物理量

1）电流

电路中把带电粒子（电子和离子）受到电源电场力的作用而形成有规则的定向运动称为电流。电流的大小是用单位时间内通过导体某一横截面积的电荷量来度量的。电流的正方向规定为正电荷的移动方向。

大小和方向均不随时间变化的电流称为直流电流，电流强度用符号 I 表示，即 $I = \dfrac{Q}{t}$。在国际单位制中，电流强度的单位为安培，简称安（A）。

2）电位

电位表示电场中某一点所具有的电位能，一般指定电路中一点为参考点（在电力系统中指定大地为参考点），且规定该参考点的电位为零。电场力将单位正电荷从 A 点沿任意路径移到参考点所做的功称为 A 点的电位或电势，用符号 V_A 表示，单位为伏特，简称伏（V）。

3）电压

电场力把单位正电荷从电场的 A 点移到 B 点所做的功称为 AB 两点间的电压，用符号 U_{AB} 表示，即 $U_{AB} = \dfrac{W_{AB}}{Q}$。显然，电路中某两点间的电位差等于该两点间的电压，即 $V_A - V_B = U_{AB}$。当然，电压的单位也为伏特。

4）电动势

在电源内部，非电场力将单位正电荷从电源的低电位端（负极）移到高电位端（正极）所做的功称为电源的电动势，用符号 E 表示，电动势的单位也为伏特。电动势是表示电源的物理量。

5）电阻

物体阻碍电流通过的能力称为电阻，用符号 R 表示，单位为欧姆，简称欧（Ω）。

6）电功率

单位时间内电流所做的功称为电功率，简称功率，用符号 P 表示，单位为瓦特，简称瓦（W）。根据电流、电压、功率的定义，$P = \dfrac{W}{t} = \dfrac{W}{Q} \cdot \dfrac{Q}{t} = UI$。

2. 电路基本定律

（1）欧姆定律

在同一电路中，导体中的电流跟导体两端的电压成正比，跟导体的电阻值成反比，这就是欧姆定律，基本公式是 $I = U/R$（电流＝电压/电阻）。

诺顿定理：任何由电压源与电阻构成的两端网络，总可以等效为一个理想电流源与一个电阻的并联网络。

戴维宁定理：任何由电压源与电阻构成的两端网络，总可以等效为一个理想电压源与一个电阻的串联网络。

分析包含非线性器件的电路，则需要一些更复杂的定律。在实际电路设计中，电路分析更多地通过计算机分析模拟来完成。

（2）基尔霍夫定律

基尔霍夫定律是电路中电压和电流所遵循的基本规律，是分析和计算较为复杂电路的基础。它既可以用于直流电路的分析，也可以用于交流电路的分析，还可以用于含有电子元件的非线性电路的分析。运用基尔霍夫定律进行电路分析时，仅与电路的连接方式有关，而与构成该电路的元器件具有什么样的性质无关。基尔霍夫定律包括电流定律和电压定律。

基尔霍夫电流定律，简记为KCL，是电流的连续性在集总参数电路上的体现，其物理背景是电荷守恒公理。基尔霍夫电流定律是确定电路中任意节点处各支路电流之间关系的定律，因此又称为节点电流定律，它的内容为：在任一瞬时，流向某一结点的电流之和恒等于由该结点流出的电流之和，即：$\sum i(t)_{入} = \sum i(t)_{出}$，它的另一种表示为：$\sum i(t) = 0$。

基尔霍夫电压定律，简记为KVL，是电场为位场时电位的单值性在集总参数电路上的体现，其物理背景是能量守恒公理。基尔霍夫电压定律是确定电路中任意回路内各电压之间关系的定律，因此又称为回路电压定律，它的内容为：在任一瞬间，沿电路中的任一回路绕行一周，在该回路上电动势之和恒等于各电阻上的电压降之和，即：$\sum E = \sum IR$。

（3）焦耳-楞次定律

又称"焦耳定律"，是定量确定电流热效应的定律。电流通过导体时产生的热量 Q，与电流强度 I 的平方、电阻 R 以及通电时间 t 成正比，即 $Q = RI^2 t$。式中 I、R、t 的单位分别为安培、欧姆、秒，则热量 Q 的单位为焦耳。在任何电路中电阻上产生的热量称为焦耳热。

3. 三相交流电路

三相交流电路是电力系统中普遍采用的一种电路，目前电能的生产、输送、分配和应用几乎全部采用三相交流电路。三相交流电路是在单相交流电路的基础上发展起来的。三相交流电源是由三个频率相同、大小相等、彼此之间具有120°相位差的对称三相电动势组成的，一般称为对称三相电源。对称三相电动势是由三相交流发电机产生的，对用户来说也可看成是变压器提供的。不管是发电机还是变压器，三相电源都是由三相绕组直接提供的。三相绕组既可以接成星形，也可以接成三角形。

（1）三相电源的联结方式

1）三相电源的星形联结

把三相绕组的三个末端 X、Y、Z 接在一起形成一个公共点，称为中性点或零点，用字母 N 表示。而把三相绕组的三个始端引出，或将中性点和三个始端一起引出向外供电，这种联结方法称为星形联结，如图 1-13 所示。

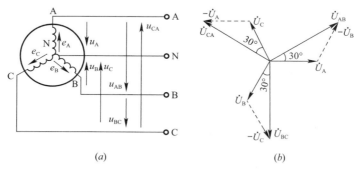

(a) (b)

图 1-13 三相电源的星形联结

从三相绕组始端引出的导线称为端线、相线或火线，用字母 A、B、C 表示，或分别用黄、绿、红颜色标出。从中性点引出的线称为中线，用黑颜色标出。如果中性点接地，则中线又称为地线。每相端线与中线之间的电压称为相电压，其有效值用 U_A、U_B、U_C 或一般用 U_P 表示。两根端线之间的电压称为线电压，其有效值用 U_{AB}、U_{BC}、U_{CA} 或一般用 U_1 表示。各相电压的正方向选定为自始端指向末端（自端线指向中线），而线电压的正方向，例如 U_{AB} 是自 A 端指向 B 端。

三相电源采用星形联结时，线电压相量与相电压相量之间的关系为：

$$\dot{U}_{AB} = \dot{U}_A - \dot{U}_B = \sqrt{3}\dot{U}_A\angle 30°$$

$$\dot{U}_{BC} = \dot{U}_B - \dot{U}_C = \sqrt{3}\dot{U}_B\angle 30°$$

$$\dot{U}_{CA} = \dot{U}_C - \dot{U}_A = \sqrt{3}\dot{U}_C\angle 30°$$

2）三相电源的三角形联结

三相绕组也可以按顺序将始端与末端依次联结，组成一个闭合三角形，由三个联结端点向外引出三条导线供电，这种接法称为三角形联结。三相电源采用三角形联结时，线电压等于相应的相电压，电源只能提供一种电压。

（2）三相负载的联结方式

三相负载的接法也有星形联结和三角形联结两种。

1）三相负载的星形联结

当三相负载采用星形联结时，线电压与相电压之间的关系为 $\sqrt{3}$ 倍，每相线电压都超前各自相电压 30°，并且线电流等于相电流。

2）三相负载的三角形联结

当三相负载采用三角形联结时，线电压与相电压之间的关系是相等，如果负载对称时每相线电流都滞后各自相电流30°，并且线电流与相电流的关系为√3倍。

对于三相四线制供电系统，当三相负载的额定相电压等于电源的相电压时，负载需采用星形联结；当三相负载的额定相电压等于电源的线电压时，负载需采用三角形联结。

第二节　安装工程常用材料及设备

一、常用金属材料

1. 黑色金属材料的类型及应用

（1）碳素结构钢

1）碳素结构钢的分级

碳素结构钢又称为普碳钢，按国家标准《碳素结构钢》GB/T 700—2006，将碳素结构钢屈服强度的下限值分为四个级别，对应为Q195、Q215、Q235和Q275，其中Q代表屈服强度，数字为屈服强度的下限值，数字后面标注的字母A、B、C、D表示钢材质量等级，即硫、磷质量分数不同，A级钢中硫、磷含量最高，D级钢中硫、磷含量最低。

2）碳素结构钢的特性及用途

① Q195、Q215、Q235A和Q235B塑性较好，有一定的强度，通常轧制成钢筋、钢板、钢管等；Q235C、Q235D可用于重要的焊接件；Q235和Q275强度较高，通常轧制成型钢、钢板作构件用。

② 碳素结构钢具有良好的塑性和韧性，易于成型和焊接，常以热轧态供货，一般不再进行热处理，能够满足一般工程构件的要求，所以使用极为广泛。例如，Q235含碳量适中，具有良好的塑性、韧性、焊接性能、冷加工性能，可用于大量生产钢板、型钢、钢筋，用以建造高压输电铁塔、桥梁、厂房屋架等，其中C、D级钢含硫、磷量低，相当于优质碳素钢，适用于制造对可焊性及韧性要求较高的工程结构机械零部件，如机座、支架、受力不大的拉杆、连杆、轴等。

（2）低合金结构钢

1）低合金结构钢的分级

低合金结构钢也称为低合金高强度钢，根据《低合金高强度结构钢》GB/T 1591—2018，按屈服强度划分为Q355、Q390、Q420、Q460、Q500、Q550、Q620和Q690八个强度等级。

2）低合金结构钢的特性及用途

① 低合金结构钢是在普通钢中加入微量合金元素，具有高强度、高韧性、良好的冷成型和焊接性能、低的冷脆转变温度和良好的耐蚀性等综合力学性能。例如，Q345强度比普碳钢Q235高20%～30%，耐大气腐蚀性能高20%～38%，用它制造工程结构，质量可减轻20%～30%。

② 低合金结构钢主要适用于桥梁、钢结构、锅炉汽包、压力容器、压力管道、船舶、车辆、重轨和轻轨等制造。例如，国家体育场"鸟巢"钢结构所用主要钢材是我国自主新研发生产的、国内在钢结构上首次使用的Q460低合金结构钢；压力容器常用低合金高强度钢板16MnR、15MnVR、18MnMoNbR和07MnCrMoVR等，如高压合成塔筒体。

（3）铸钢及铸铁

1）铸钢的分类及用途

铸钢分为碳素铸钢、合金铸钢等类型，其特性是将钢铸造成型，既能保持钢的各种优异性能，又能直接制造成最终形状的零件。例如，轧钢机机架是机组的重要结构件，通常选用碳素铸钢制造加工；吊车所用的开式小齿轮、大齿轮、过渡齿轮，一般采用合金铸钢件。

2）铸铁的分类及用途

铸铁是碳质量分数大于 2.11% 的铁碳合金，含有较多的 Si、Mn、S、P 等元素。常用铸铁有灰铸铁、球墨铸铁、蠕墨铸铁、可锻铸铁、特殊性能铸铁等。例如，普通罩壳、阀壳可采用灰铸铁制造；液压泵壳体强度有较高要求，可采用孕育铸铁；汽车发动机凸轮轴常用球墨铸铁制造。

（4）特殊性能低合金高强度钢

1）特殊性能低合金高强度钢的分类

特殊性能低合金高强度钢也称特殊钢，其中，工程结构用特殊钢主要包括：耐候钢、耐热钢、低合金高强度钢、耐磨钢、耐海水腐蚀钢、工程机械用钢、低温用钢、钢轨钢等。

2）特殊性能低合金高强度钢的特性及用途

① 耐候钢。在钢中加入少量的合金元素，使其在金属基体表面形成保护层，提高钢材的耐候性，同时保持良好的焊接性能。例如，桥梁、建筑、塔架、车辆和其他要求耐候性能好的钢结构等。

② 耐热钢。在高温下具有良好的抗蠕变、抗断裂和抗氧化的能力，以及必要的韧性。例如，加热炉、锅炉、燃气轮机等高温装置中的零件。

③ 耐磨钢。常用于承受严重磨损和强烈冲击的零件。例如，车辆履带、挖掘机铲斗、破碎机颚板、铁轨及分道叉、吊车轨道等。

④ 低合金高强度钢。石油、天然气长距离输送的管线钢，要求采用具有高强度、高韧性、优良的加工性、焊接性和抗腐蚀性等综合性能的低合金高强度钢。

（5）钢材的类型及应用

1）型钢

机电工程中常用的型钢有圆钢、方钢、扁钢、H 型钢、工字钢、T 型钢、槽钢、角钢、钢轨等。例如，电站锅炉钢架的立柱通常采用宽翼缘 H 型钢（HK300b），炉墙刚性梁采用工字钢；大型角钢广泛用于厂房、铁路、桥梁、车辆、船舶等，中型角钢用于电力铁塔、井架等，小型角钢用于设备制造、支架和框架等。

2）板材

按其厚度分为厚板、中板和薄板。按其轧制方式分为热轧板和冷轧板两种，其中冷轧板只有薄板。按其材质有普通碳素钢板、低合金结构钢板、不锈钢板、镀锌薄钢板等。例如，碳素结构钢厚钢板广泛用于焊接、铆接、栓接结构，如桥梁、船舶、管线、车辆等；镀锌薄钢板大量用于建筑机电工程的通风空调系统；油罐、电站锅炉中的汽包常用低合金结构钢板卷焊制成，其中高压锅炉的汽包常用低合金钢制造，中低压锅炉的汽包常用专用锅炉钢制造。

3）管材

机电工程中常用管材有普通无缝钢管、螺旋缝钢管、焊接钢管、不锈钢无缝钢管、高压无缝钢管等，广泛应用于各类管道工程中。例如，锅炉水冷壁和省煤器使用的无缝钢管一般采用优质碳素钢管或低合金钢管；过热器和再热器采用15CrMo或12Cr1MoV等材质的无缝钢管。

4）钢制品

在机电工程中，常用的钢制品主要有焊材、管件、阀门等。

2. 有色金属材料的类型及应用

通常将钢铁以外的金属及其合金统称为有色金属。有色金属的种类很多，密度大于$4.5 \times 10^3 kg/m^3$的金属称为重金属，如铜、锌、镍等；密度小于等于$4.5 \times 10^3 kg/m^3$的金属称为轻金属，如铝、镁、钛等。

（1）重金属

1）铜及铜合金的特性及应用

工业纯铜密度为$8.96 \times 10^3 kg/m^3$，具有良好的导电性、导热性以及优良的焊接性能，纯铜强度不高，硬度较低，塑性好。主要用作导体、制造抗磁性干扰的仪器和仪表零件。

在纯铜中加入合金元素制成铜合金，除了保持纯铜的优良特性外，还具有较高的强度，而且塑性很好，容易冷、热成型，易焊接。机电工程中广泛使用的铜合金有黄铜、青铜和白铜。例如，机电设备冷凝器、散热器、热交换器、空调器等常用黄铜制造；锡青铜广泛用于制造轴承、轴套等耐磨零件和弹簧等弹性元件，以及抗蚀、抗磁零件等；白铜主要用于制造船舶仪器零件、化工机械零件及医疗器械等。

2）锌及锌合金的特性及应用

纯锌具有一定的强度和较好的耐腐蚀性，在室温下较脆，在$100 \sim 150 ℃$时变软，超过$200 ℃$后又变脆。

锌合金的特点是密度大、铸造性能好，可压铸形状复杂、薄壁的精密件，如压铸仪表、汽车零部件外壳等。锌合金分为变形锌合金、铸造锌合金和热镀锌合金。

3）镍及镍合金的特性及应用

纯镍是银白色的金属，强度较高、塑性好、导热性差、电阻大。镍表面在有机介质溶液中会形成钝化膜保护层而有极强的耐腐蚀性，特别是耐海水腐蚀能力突出。

镍合金是在镍中加入铜、铬、钼等而形成的，耐高温、耐酸碱腐蚀。镍合金按其特性和应用领域分为耐腐蚀镍合金、耐高温镍合金和功能镍合金等，可在化工、石油、船舶等领域用作阀门、泵、船舶紧固件、锅炉热交换器等。

（2）轻金属

1）铝及铝合金的特性及应用

纯铝的密度只有$2.7 \times 10^3 kg/m^3$，仅为铁的1/3。铝的导电性好，其磁化率极低，接近于非铁磁性材料。在电气工程、航空及宇航工业、一般机械和轻工业中应用广泛。

在铝中加入铜、锰、硅、镁、锌等合金元素制成的铝合金，由于合金元素的强化作用，可用于制造承受荷载较大的构件。铝合金分为变形铝合金和铸造铝合金，如油箱、油罐、管道、铆钉等需要弯曲和冲压加工的零件常用变形铝合金，变形铝合金塑性好，易于变形加工；铸造铝合金适于铸造生产，可直接浇铸成铝合金铸件。

2）镁及镁合金的特性及应用

纯镁强度不高，室温下塑性低，耐腐蚀性差，易氧化，可用作还原剂。在镁中加入铝、锰、锌等可制成镁合金，镁合金的主要优点是密度小、强度高、刚度高、抗震性强，可承受较大冲击荷载。

镁合金可分为变形镁合金和铸造镁合金。经过锻造和挤压后，变形镁合金比相同成分的铸造镁合金有更高的强度。例如，变形镁合金可用于结构件、管件等；铸造镁合金可用于压铸件、抗蠕变压铸件等。

3）钛及钛合金的特性及应用

纯钛强度低，熔点高，但比强度高，塑性及低温韧性好，耐腐蚀性好，容易加工成型。纯钛在大气和海水中有优良的耐腐蚀性，在硫酸、盐酸、硝酸等介质中都很稳定。

在纯钛中加入合金元素形成钛合金，其强度、耐热性、耐腐蚀性高，具有无磁性、声波和振动的低阻尼特性，具有超导特性、形状记忆和吸氢特性等优异性能，但也存在加工性能差、抗磨性差等缺点。目前，只有碳纤维增强塑料的比强度高于钛合金，钛合金是比强度最高的金属材料。钛合金广泛应用于飞机发动机上，如压气机盘、压气机叶片、发动机罩及喷气管等。

3. 常用金属复合材料的类型及应用

金属复合材料是由两种或两种以上不同性质的金属材料，通过物理或化学的方法，在宏观（微观）上组成具有新性能的材料。各种材料在性能上互相取长补短，产生协同效应，使复合材料的综合性能优于原组成材料而满足各种不同的要求。

（1）金属基复合材料

1）金属基复合材料的分类

① 按用途可分为结构复合材料和功能复合材料。

② 按增强材料形态可分为纤维增强、颗粒增强和晶须增强金属基复合材料。

③ 按金属基体可分为铝基、钛基、镍基、镁基、耐热金属基等复合材料。用于航天、航空、电子、汽车等工业中。

④ 按增强材料可分为玻璃纤维、碳纤维、硼纤维、石棉纤维、金属丝等金属基复合材料。

2）金属基复合材料的特点及用途

金属基复合材料具有高比强度、高比模量、尺寸稳定性、耐热性等主要性能特点。用于制造各种航天、航空、汽车、电子、先进武器系统等高性能结构件。

（2）金属层状复合材料

金属层状复合材料由几层不同性能的材料通过热轧、焊接工艺复合而成，与单组元合金相比，综合性能优越，适合一些特殊工作环境。

1）金属层状复合材料包括钛钢、铝钢、铜钢、钛不锈钢、镍不锈钢、不锈钢碳钢等。

2）金属层状复合材料的特点：可根据需要，制造不同材质的复合材料，具有耐腐蚀、耐高温、耐磨损、导热导电性好、阻尼减振、电磁屏蔽，且制造成本低等特点。

3）金属层状复合材料的用途：用于石油化工、航天、食品、医药、造船、电力、机械等行业，如压力容器、储罐、航天、航空零部件等。

（3）金属与非金属复合材料

金属与非金属复合材料主要用于管道制品。这里仅介绍钢塑复合管和铝塑复合管。

1）钢塑复合管的特点及用途

它既有钢管的强度和刚度，又有塑料管的耐化学腐蚀、无污染、不混生细菌、内壁光滑、不积垢、水阻小、施工方便、成本低等优点。广泛应用于石油、化工、建筑、通信、电力和地下输气管道等领域。

2）铝塑复合管的特点及用途

有与金属管材相当的强度，具有电屏蔽和磁屏蔽作用、隔热保温性好、质量轻、寿命长、施工方便、成本低等优点。广泛应用于建筑、工业等机电工程中。

二、常用非金属材料

1. 硅酸盐材料的类型及应用

以天然矿物或人工合成的各种硅酸盐化合物为基本原料，经粉碎、配料、成型和高温烧结等工序制成的无机非金属固体材料，包括水泥、保温棉、砌筑材料和陶瓷等。

（1）水泥

以适当成分的生料烧至部分熔融，获得以硅酸钙为主要成分的硅酸盐水泥熟料，加入适量石膏，磨细制成的水硬性胶凝材料。加水搅拌后成浆体，能在空气中硬化或者在水中硬化，并能把砂、石等材料牢固地胶结在一起，广泛应用于建设工程中。

（2）保温棉

1）常用保温棉的分类

保温棉是由高纯度的黏土熟料、氧化铝粉、硅石粉、铬英砂等原料制成的无毒、无害、无污染的新型保温材料。常用的保温棉有膨胀珍珠岩类、离心玻璃棉类、超细玻璃棉类、微孔硅酸壳、矿棉类、岩棉类等。

2）保温棉的应用

保温棉可进一步加工成纤维毯、板、纸、布、绳等制品，可广泛应用于工业窑炉、锅炉内衬、背衬隔热耐火保温；蒸汽机、燃气机等热工设备的隔热保温；高温管道柔性隔热材料、高温垫片；热反应器的保温隔热；各种工业设备的防火；电器元件隔热防火；焚烧设备的隔热保温；模块、折叠块及贴面块的原料等。

（3）砌筑材料

1）砌筑材料的性能

砌筑材料种类很多，有各种类型的耐火砖和耐火材料，要求具有很好的耐高温性能、一定的高温力学性能、良好的体积稳定性、抗各种侵蚀性的熔渣及气体的性能等。

2）砌筑材料的分类

按矿物组成分为氧化硅质、硅酸铝质、镁质、白云石质、橄榄石质、含碳质、含锆质耐火材料等。例如，镁质耐火材料是以镁石作为原料，以方镁石为主要矿物组成，方镁石含量在 $80\%\sim85\%$ 以上的耐火材料，属于碱性耐火材料，抵抗碱性物质的侵蚀能力较好，耐火度很高，是炼钢碱性转炉、电炉、化铁炉以及许多有色金属火法冶炼炉中使用最广泛的一类重要耐火材料。

3）砌筑材料的应用

广泛用于钢铁、有色金属、石化、建材、电力等行业的高温炉窑或高温容器等热工设备的内衬结构，也可作为高温装置中的部件材料等。

（4）陶瓷

1）陶瓷的特性

陶瓷是以黏土等硅酸盐类矿物为原料，经粉末处理、成型、烧结等过程加工而成，具有坚硬、不燃、不生锈，能承受光照、压力等优良性能的材料。陶瓷的硬度很高，但脆性很大。

2）陶瓷的分类

① 按照原料来源可分为普通陶瓷和特种陶瓷。普通陶瓷是以天然硅酸盐矿物为主要原料，如黏土、石英、长石等，其主要制品有建筑陶瓷、电气绝缘陶瓷、化工陶瓷、多孔陶瓷等；特种陶瓷是以纯度较高的人工合成化合物为主要原料，其主要制品有氧化铝陶瓷、氮化硅陶瓷、碳化硅陶瓷、氮化硼陶瓷等。

② 按照陶瓷材料的性能和用途不同，可分为结构陶瓷和功能陶瓷。

3）陶瓷的主要用途

① 陶瓷制品。用于防腐蚀工程，如管件、阀门、管材、泵用零件、轴承等。例如，氮化硅陶瓷主要用于耐磨、耐高温、耐腐蚀、形状复杂且尺寸精度高的制品，如石油化工泵的密封环、高温轴承、燃气轮机叶片等。

② 结构陶瓷。用于切削工具、模具、耐磨零件、泵和阀部件、发动机部件、热交换器等。

③ 功能陶瓷。用于能源开发、空间技术、电子技术、生物技术、环境科学等领域，如绝缘陶瓷、敏感陶瓷、介电陶瓷、超导陶瓷、红外辐射陶瓷、发光陶瓷、透明陶瓷、生物与抗菌陶瓷、隔热陶瓷等。

（5）特种新型无机非金属材料

主要指用氧化物、氮化物、碳化物、硼化物、硫化物、硅化物以及各种无机非金属化合物经特殊的先进工艺制成的材料。它是 20 世纪以后发展起来的，是具有特殊性质和用途的材料。

2. 高分子材料的类型及应用

（1）塑料

塑料是以合成的或天然的树脂作为主要成分，添加一些辅助材料（如填料、固化剂、增塑剂、稳定剂、防老化剂等），在一定温度、压力下塑制成型。按照成型工艺不同，分为热塑性塑料和热固性塑料。

1）热塑性塑料

热塑性塑料是以热塑性树脂为主体成分，加工塑化成型后具有链状的线状分子结构，受热后又软化，可以反复塑制成型，如聚乙烯、聚氯乙烯、聚丙烯、聚苯乙烯等。优点是加工成型简便，具有较好的机械性能；缺点是耐热性和刚性比较差。例如，薄膜、软管和塑料瓶等常采用低密度聚乙烯制作；煤气管采用中、高密度聚乙烯制作；水管采用聚氯乙烯制作；热水管目前常采用耐热性高的氯化聚氯乙烯或聚丁烯制作；泡沫塑料热导率极低，相对密度小，特别适于用作屋顶和外墙隔热保温材料，在冷库中用得更多。

2）热固性塑料

热固性塑料是以热固性树脂为主体成分，加工固化成型后具有网状体型的结构，受热后不再软化，强热下发生分解破坏，不可以反复成型。优点是耐热性好，受压不易变形等；缺点是机械性能不好，但可加入填料来提高其强度。这类塑料包括酚醛塑料、环氧塑料等。例如，环氧塑料可用来制作塑料模具、精密量具、电子仪表装置，配制飞机漆、电器绝缘漆等。

3）塑料制品

包括聚氯乙烯、聚乙烯、聚四氟乙烯等，用于建筑管道、电线导管、化工耐腐蚀零件及热交换器等。

（2）橡胶

橡胶是具有高弹性的高分子材料，由生胶、配合剂、增强剂组成，按材料来源不同分为天然橡胶和合成橡胶。天然橡胶弹性最好，具有强度大、电绝缘性好、不透水的特点，也有较好的耐碱性能，但不耐浓酸，能溶于苯、汽油等溶剂。

橡胶制品有天然橡胶、氯化橡胶、丁苯橡胶、氯丁橡胶、氯磺化聚乙烯橡胶、丁酯橡胶等，用于密封件、衬板、衬里等。例如，天然橡胶广泛用于制造胶带、胶管和减振零件等。

（3）纤维

纤维是具有很大长径比和一定柔韧性的纤细物质。按原材料及生产过程不同，可分为天然纤维、人造纤维与合成纤维。

1）天然纤维有棉花、麻、羊毛、蚕丝等。

2）人造纤维是利用自然界中的木料、芦苇、棉绒等原料经过制浆提取纤维素，再经过化学处理及机械加工而成的。

3）合成纤维是利用石油、煤炭、天然气等原料生产制造的纤维制品。常用的合成纤维（六大纶）有聚酯纤维（涤纶）、聚酰胺纤维（锦纶）、聚丙烯腈纤维（腈纶）、聚乙烯醇纤维（维纶）、聚丙烯纤维（丙纶）和聚氯乙烯纤维（氯纶）等。例如，涤纶常用作工业上的运输带、传动带、帆布、绳索等。

（4）涂料

涂料是一种涂覆于固体物质表面并形成连续性薄膜的液态或粉末状态的物质。

1）涂料的主要功能是：保护被涂覆物体免受各种作用而发生表面的破坏；具有装饰效果，并能防火、防静电、防辐射。例如，涂塑钢管具有优良的耐腐蚀性能和比较小的摩擦阻力。环氧树脂涂塑钢管适用于给水、排水及海水、温水、油、气体等介质的输送，聚氯乙烯（PVC）涂塑钢管适用于排水及海水、油、气体等介质的输送。根据需要，可在钢管的内外表面涂覆或仅涂覆外表面。

2）油漆广泛用于设备管道工程中的防锈保护。例如，清漆、冷固环氧树脂漆、环氧呋喃树脂漆、酚醛树脂漆等。

（5）胶粘剂

胶粘剂是用来将其他材料粘结在一起的材料。通过黏附作用，使同质或异质材料连接在一起。按照胶粘剂的基料类型分为天然胶粘剂和合成胶粘剂。

常用的胶粘剂有环氧树脂胶粘剂、酚醛树脂胶粘剂、丙烯酸酯类胶粘剂、橡胶胶粘剂、聚酯酸乙烯胶粘剂等。例如，环氧树脂胶粘剂俗称"万能胶"，具有很强的粘结力，对金属、木材、玻璃、陶瓷、橡胶、塑料、皮革等都有良好的粘结能力；酚醛树脂胶粘剂广泛用于汽车部件、飞机部件、机器部件等结构件的粘结。

3. 非金属材料的应用

（1）非金属板材的应用

非金属板材一般有酚醛复合板材、聚氨酯复合板材、玻璃纤维复合板材、无机玻璃钢板材、硬聚氯乙烯板材等。

1）酚醛复合板材适用于制作低、中压空调系统及潮湿环境的风管，但对高压及洁净空调、酸碱性环境和防排烟系统不适用。

2）聚氨酯复合板材适用于制作低、中、高压洁净空调系统及潮湿环境的风管，但对酸碱性环境和防排烟系统不适用。

3）玻璃纤维复合板材适用于制作中压以下的空调系统风管，但对洁净空调、酸碱性环境和防排烟系统以及相对湿度在90％以上的系统不适用。

4）硬聚氯乙烯板材适用于制作洁净室含酸碱的排风系统风管。

（2）非金属管材的应用

1）非金属管材可以分为两大类：无机非金属管材、有机及复合管材。

2）无机非金属管材一般有混凝土管、自应力混凝土管、预应力混凝土管、钢筋混凝土管。混凝土管常用作排水管；自应力混凝土管和预应力混凝土管常用作输水管；钢筋混凝土管常用作排水管和井管。

3）有机及复合管材种类繁多，常用的有聚乙烯管（PE管）、交联聚乙烯管（PE-X管）、聚丙烯管（PP管）、硬聚氯乙烯管（PVC-U管）、氯化聚氯乙烯管（PVC-C管）、热塑性塑料管、有机玻璃管、铝塑复合管（PAP管）等。

① 聚乙烯管（PE管）：无毒，可用于输送生活用水。常使用的低密度聚乙烯水管（简称塑料自来水管），其外径与焊接钢管基本一致。

② ABS工程塑料管：耐腐蚀、耐温及耐冲击性能均优于聚氯乙烯管，它由热塑性丙烯腈-丁二烯-苯乙烯三元共聚体经注射、挤压成型加工制成，使用温度为−20～70℃，压力等级分为B、C、D三级。例如，ABS工程塑料在机械、电气、纺织、汽车、飞机、轮船等制造及化工中得到了广泛应用，可用来制造机器零件、各种仪表的外壳、设备衬里等。

③ 聚丙烯管（PP管）：聚丙烯管材系聚丙烯树脂经挤出成型而得，其刚性、强度、硬度和弹性等机械性能均高于聚乙烯，但其耐低温性差、易老化，常用于输送流体。按压力分为Ⅰ、Ⅱ、Ⅲ型，其常温下的工作压力为：Ⅰ型为0.4MPa、Ⅱ型为0.6MPa、Ⅲ型为0.8MPa。

④ 硬聚氯乙烯管（PVC-U管）：硬聚氯乙烯管及管件用于建筑工程排水，在耐化学性能和耐热性能满足工艺要求的条件下，此种管材也可用于化工、纺织等工业废气排污排毒塔、气体液体输送等。

⑤ 铝塑复合管（PAP管）：铝合金层可增加耐压和抗拉强度，使管道容易弯曲而不反弹。外塑料层可保护管道不受外界腐蚀，内塑料层采用中密度聚乙烯时可作饮用水管，无毒、无味、无污染，符合国家饮用水标准；内塑料层采用交联聚乙烯时可耐高温、耐高

压，适用于供暖及高压用管。例如，塑料及复合材料水管常用的有：聚乙烯塑料管、涂塑钢管、ABS 工程塑料管、聚丙烯管、硬聚氯乙烯管。

三、常用电气材料

1. 电线的类型及应用

（1）BX 型、BV 型：铜芯电线被广泛用于机电工程中，适合于 450V/750V 及以下的动力装置的固定敷设，但由于橡皮绝缘电线 BX 型生产工艺比聚氯乙烯绝缘电线 BV 型复杂，且橡皮绝缘的绝缘物中某些化学成分会对铜产生化学作用，虽然这种作用轻微，但仍是一种缺陷，所以在机电工程中基本被聚氯乙烯绝缘电线 BV 型替代。

（2）RV 型、RX 型：铜芯软线主要用于需柔性连接的可动部位。RV 型适用于 450V/750V 及以下的家用电器、小型电动工具、仪器仪表等，长时间允许工作温度不应超过 65℃。RX 型适用于 300V/500V 及以下的家用电器和工具等，允许工作温度不应超过 70℃。

（3）BVV 型：多芯的平形或圆形塑料电线，可用作电气设备内配线，较多地用作家用电器内的固定接线，但型号不是常规线路用的 BVV 硬线，而是 RVV，为铜芯塑料绝缘塑料护套多芯软线。

2. 电缆的类型及应用

与电线一样，电力电缆的使用除满足场所的特殊要求外，从技术上看，主要应使其额定电压满足工作电压的要求。

（1）YJV 型：交联聚乙烯型电力电缆，不能承受机械外力作用，适用于在室内、隧道内的桥架及管道内敷设。

（2）YJV$_{22}$ 型：内钢带铠装型电力电缆，能承受一定的机械外力作用，但不能承受大的拉力。交联聚乙烯绝缘电力电缆 YJV$_{22}$ 型长期允许最高温度为 90℃。

（3）ZR-YJFE 型、NH-YJFE 型：阻燃、耐火等特种辐照交联电力电缆，电缆最高长期允许工作温度可达 125℃，可敷设在吊顶内、高层建筑的电缆竖井内，且适用于潮湿场所。

1）阻燃型电缆应具有阻燃特性，为了熄灭、减少或抑制材料的燃烧，需在材料中添加一种物质或对材料进行处理，通常在材料中加阻燃剂，使材料在燃烧时具有阻止或延缓火焰蔓延的性能，即在明火上燃烧，离开火后一段时间自动熄灭。阻燃控制电缆适用于交流额定电压 450V/750V 及以下有特殊阻燃要求的控制、监控回路及保护线路等场合，作为电气装备之间的控制接线。

2）耐火型电缆的特点是在电缆燃烧时甚至是燃烧后的一段时间内仍拥有传导电力的能力，多用于相对重要的工作环境，如军舰上。耐火型电缆可以同时拥有阻燃的性能，阻燃型电缆却没有耐火的性能。

（4）YJV$_{32}$ 型、WD-ZANYJFE 型：内钢丝铠装型电力电缆、低烟无卤 A 级阻燃耐火型电力电缆，能承受相当的机械外力作用，用前缀和下标的变化来说明电缆的性能及可敷设的场所。铠装所用材料有钢带、钢丝等，铠装层的主要作用是防止电缆在敷设过程中遭到可能遇到的机械损伤，以确保内护层的完整性，并可以承受一定的外力作用。低烟无卤 A 级阻燃耐火型电力电缆多用于防火要求较高的场合，如室内、隧道、电缆沟和管道等固定场合。例如，低烟无卤 A 级阻燃耐火辐照交联电力电缆 WD-ZANYJFE 型，其最高允许工作温度可达 125℃，适用于在高层建筑的电缆竖井、吊顶内敷设；舟山至宁波的海底电缆使用的是 VV$_{59}$ 型铜芯聚氯乙烯绝缘聚氯乙烯护套内粗钢丝铠装电缆，因为它可以承受较大的拉力，具有防腐蚀能力，且适用于敷设在水中。

（5）KVV 型控制电缆：适用于室内各种敷设方式的控制电路中。对于该类电缆来说，主要考虑耐高温特性和屏蔽特性及耐油、耐酸碱、阻水性能。

（6）电气材料如今已衍生出新的耐火线缆、阻燃线缆、低烟无卤/低烟低卤线缆、防白蚁/老鼠线缆、耐油/耐寒/耐温/耐磨线缆、矿用线缆、薄壁电线等产品。例如，家用电器使用的 220V 电线，一般工业企业使用的 380V 线缆，以及输配电线路使用的 500kV、220kV、110kV 超高压和高压线缆等。

3. 绝缘材料的类型及应用

（1）绝缘漆：主要是以合成树脂或天然树脂等为漆基与某些辅助材料组成。按用途分为浸渍漆、漆包线漆、覆盖漆、硅钢片漆和防电晕漆等。主要作为绝缘材料用于电机和电气设备中。例如，浸渍漆主要用于浸渍电机、电器的线圈和绝缘零部件，以填充其间隙和微孔，其固化后能在浸渍物体表面形成连续平整的漆膜，并使线圈粘结成一个结实的整体，以提高绝缘结构的耐潮、导热、击穿强度和机械强度等性能。

（2）绝缘胶：类似于无溶剂漆，黏度较大，一般加有填料。主要有灌注胶、浇注胶、包封胶等几类。例如，用于浇注电缆接头和套管、20kV 以下电流互感器、10kV 及以下电压互感器、干式变压器、户内户外绝缘子、SF$_6$ 断路器灭弧室绝缘子、电缆接线盒、密封电子元件等。

（3）气体绝缘材料：在电气设备中，气体除了可以作为绝缘材料外，还具有灭弧、冷却和保护等作用，常用的气体绝缘材料有空气、氮气、二氧化硫和六氟化硫（SF$_6$）等。例如，六氟化硫（SF$_6$）一般由硫和氟直接燃烧合成，经净化干燥处理后使用。常态下，SF$_6$ 是一种无色、无味、不燃不爆、无毒且化学性质稳定的气体，其分子量大，分子中含有电负性很强的氟原子，具有良好的绝缘性能和灭弧性能。在均匀电场中，其击穿强度约为空气的 3 倍，在 0.3～0.4MPa 下，其击穿强度等于或优于变压器油。目前广泛用于 SF$_6$ 全封闭组合电器、SF$_6$ 断路器、气体绝缘变压器、充气管路电缆等。

（4）液体绝缘材料：在电气设备中，通过绝缘液体的浸渍和填充，消除了空气和间隙，提高了绝缘介质的击穿强度，并改善了设备的散热条件。常用的液体绝缘材料有变压器油、断路器油、电容器油、电缆油等。例如，在变压器、油断路器、电容器和电力电缆等电气设备中广泛使用液体绝缘材料。

（5）云母制品：主要由云母或粉云母、胶粘剂和补强材料组成，根据不同的材料组成，可制成不同特性的云母绝缘材料。云母制品主要有云母带、云母板、云母箔和云母玻璃四类。例如，云母带是由胶粘剂粘结云母片或粉云母纸与补强材料，经烘干而成。环氧玻璃粉云母带含胶量大，厚度均匀，同化后电气、力学性能较好，适用于模压或液压成型的高压电机线圈绝缘。

（6）层压制品：层压制品是由纸或布作底材，浸以不同的胶粘剂，经热压（或卷制）而制成的层状结构的绝缘材料。层压制品可加工制成具有良好的电气、力学性能和耐热、耐油、耐霉、耐电弧、防电晕等特性的制品。

层压制品主要包括层压板、管（筒）、棒、电容套管芯和其他特种型材等。层压板又包括层压纸板、层压布板、层压玻璃布板和特种层压板（如防电晕层压板）四类。例如，环氧层压玻璃布板具有优异的绝缘性能、良好的粘结力和较高的热态机械强度，适用于300MW、600MW汽轮发电机及其他高压电机中。

四、安装工程常用设备

1. 泵

泵是用来输送流体或混合流体的机械设备，包括液体、气体、气液混合物、固液混合物以及气固液三相混合物。

（1）泵的分类

泵的种类有很多，其分类方法主要有三种。

1）按《建设工程分类标准》GB/T 50841—2013 中泵设备安装工程类别分类

包括离心泵、旋涡泵、电动往复泵、柱塞泵、蒸汽往复泵、计量泵、螺杆泵、齿轮油泵、真空泵、屏蔽泵、简易移动潜水泵等。其中离心泵效率高，结构简单，适用范围最广。

2）按泵的工作原理和结构形式分类

① 容积式泵。靠工作部件的运动造成工作容积周期性地增大和缩小而吸收、排放物料，并靠工作部件的挤压而直接使物料的压力能增加。根据工作部件运动方式的不同分为往复泵和回转泵两类，往复泵有活塞泵、柱塞泵和隔膜泵等；回转泵有齿轮泵、螺杆泵和叶片泵等。

② 叶轮式泵。叶轮式泵是靠叶轮带动液体高速回转而把机械能传递给所输送的物料。根据泵的叶轮和流道结构特点的不同，叶轮式泵分为离心泵、轴流泵、混流泵和旋涡泵等。

3）其他分类

① 按泵轴位置可分为：立式泵、卧式泵。

② 按吸口数目可分为：单吸泵、双吸泵。

③ 按驱动泵的原动机可分为：电动泵、汽轮机泵、柴油机泵、气动隔膜泵等。

单级离心泵的构造如图1-14所示。

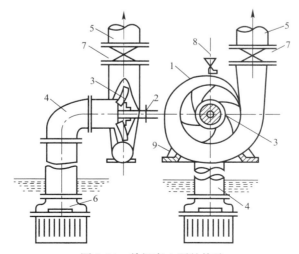

图 1-14 单级离心泵的构造

1—泵壳；2—泵轴；3—叶轮；4—吸水管；5—压水管；6—底阀；7—闸阀；8—灌水斗；9—泵座

（2）泵的性能

1）泵的性能参数

泵的性能参数主要有流量和扬程，还有轴功率、转速、效率和必需汽蚀余量。

① 流量是指单位时间内通过泵出口输出的液体量，一般采用体积流量。以符号 Q 表示，单位为 m^3/h 或 L/s。

② 扬程是单位重量液体从泵入口至泵出口的能量增量，对于容积式泵，能量增量主要体现在压力能增加上，通常以压力增量代替扬程来表示。以符号 H 表示，单位为 m。

例如，一幢 30 层的高层建筑，其消防水泵的扬程应在 130m 以上。

流量和扬程表明了水泵的工作能力，是水泵的主要性能参数，也是选择水泵的主要依据。

③ 功率和效率：水泵的功率是水泵在单位时间内所做的功，也就是单位时间内通过水泵的液体所获得的能量，水泵的这个功率称为有效功率，以符号 N 表示，单位为 kW。电动机通过泵轴传递给水泵的功率称为轴功率，以符号 $N_轴$ 表示。轴功率大于有效功率，这是因为电动机传递给泵轴的功率除用于增加水的能量外，还有一部分功率损耗掉了，这些损失包括水泵转动时产生的机械摩擦损失、水在泵中流动时由于克服水阻力而产生的水头损失等。

水泵的有效功率 N 与轴功率 $N_轴$ 的比值称为水泵的效率，用符号 η 表示，即 $\eta = N/N_轴$。

效率 η 是评价水泵性能的一项重要指标。小型水泵效率为 70% 左右，大型水泵效率可达 90% 以上，但同一台水泵在不同的流量、扬程下工作时，其效率也是不同的。

泵的效率不是一个独立性能参数，它可以由别的性能参数如流量、扬程和轴功率按公式计算求得。

④ 转速：转速是指水泵每分钟转动的次数，以符号 n 表示，单位为 r/min。常用的转速为 2900r/min、1450r/min、960r/min。选用电动机时，必须使电动机的转速与水泵的转速一致。

⑤ 吸程：吸程也称允许吸上真空高度，是指水泵进口处允许产生的真空度的数值，一般是生产厂家以清水做试验得到的发生汽蚀时的吸水扬程减去 0.3m，以符号 H_s 表示。吸程是确定水泵安装高度时使用的重要参数，单位为 m。

2）泵的各个性能参数之间的关系

① 特性曲线。泵的各个性能参数之间存在着一定的相互依赖变化关系，并用特性曲线来表示。每一台泵都有特定的特性曲线，由泵制造厂提供。

② 泵的工作范围（性能区段）。通常在泵制造厂给出的特性曲线上还标明推荐使用的性能区段，称为泵的工作范围。

③ 泵的工作范围和特性曲线的关系。选择和使用泵时，应使泵的工作点落在工作范围内。同一台泵输送黏度不同的液体时，其特性曲线也会改变。

例如，对于动力式泵，随着液体黏度增大，扬程和效率降低，轴功率增大，所以工业上有时将黏度大的液体加热使其黏度变小，以提高输送效率。

2. 水箱

水箱是用来储存和调节水量的给水设施，高位水箱可起到给系统稳压的作用。

（1）水箱的分类

1）按用途不同，水箱可分为高位水箱、减压水箱、冲洗水箱和断流水箱等类型。其形状多为矩形或圆形。

2）按材质不同，水箱主要有钢板水箱、钢筋混凝土水箱、玻璃钢水箱等类型。其中钢板水箱内外均应防腐。

（2）水箱的构造

水箱上应设置进水管、出水管、溢流管、泄水管、水位信号管和通气管等管道，以保证水箱正常工作。矩形水箱配管及其配件如图 1-15 所示。

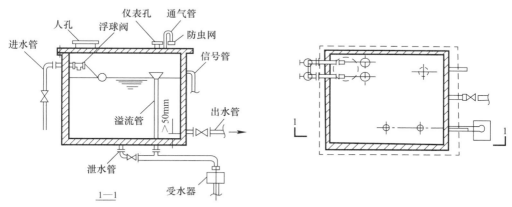

图 1-15　矩形水箱配管及其配件

（3）水箱容积的确定

水箱容积由生产储水量、生活储水量以及消防储水量组成，理论上应根据用水和进水变化曲线确定，但由于变化曲线难以获得，故常按经验确定。生产储水量由生产工艺决定。生活储水量由水箱进出水量、时间以及水泵控制方式确定，实际工程中水泵自动启闭时，可按最高日用水量的 10% 计算；水泵人工操作时，可按最高日用水量的 12% 计算；仅在夜间进水的水箱，应按用水人数和用水定额确定。

水箱的有效水深一般采用 0.7～2.5m，保护高度一般为 200mm。

（4）水箱的设置高度

水箱的设置高度可由下式计算，即：

$$H \geqslant H_c + H_s \tag{1-31}$$

式中　H——水箱最低水位至最不利配水点所需的静水压，kPa；

　　　H_c——最不利配水点用水设备的流出水头，kPa；

　　　H_s——水箱出口至最不利配水点的总水头损失，kPa。

储备消防用水的水箱，满足消防流出水头有困难时，应采用增压泵等措施。

3．风机

（1）风机的分类

1）按《建设工程分类标准》GB/T 50841—2013 中风机设备安装工程类别分类

包括离心式通风机、离心式引风机、轴流通风机、回转式鼓风机、离心式鼓风机。

2）按气体在旋转叶轮内部流动方向分类

包括离心式风机、轴流式风机、混流式风机。

3）按结构形式分类

包括单级风机、多级风机。

4）按排气压强的不同分类

包括通风机、鼓风机、压气机。

离心式风机的构造如图 1-16 所示，轴流式风机的构造如图 1-17 所示。

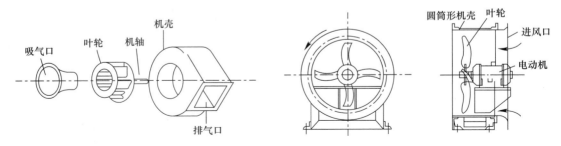

图 1-16　离心式风机的构造　　　　　图 1-17　轴流式风机的构造

（2）风机的性能

1）风机的性能参数

风机的性能参数主要有流量、压力、功率、效率和转速，另外，噪声和振动的大小也是风机的指标。

2）风机的各性能参数的表示

① 流量也称风量。以单位时间内流经风机的气体体积表示。

② 压力也称风压。指气体在风机内压力升高值。压力有静压、动压和全压之分。

③ 轴功率。轴功率是指风机的输入功率。

④ 效率。风机有效功率与轴功率之比称为效率。风机全压效率可达 90%。

4. 压缩机

压缩机是一种压缩气体体积并提高气体压力或输送气体的机器。各种压缩机都属于动力机械，能将气体体积缩小，使其压力增高，具有一定的动能，可作为机械动力或其他用途。

（1）压缩机的分类

1）按《建设工程分类标准》GB/T 50841—2013 中压缩机设备安装工程类别分类

包括活塞式压缩机、回转式螺杆压缩机、离心式压缩机（电动机驱动）等。

2）按所压缩的气体不同分类

包括空气压缩机、氧气压缩机、氨压缩机、天然气压缩机。

3）按压缩气体方式分类

包括容积式压缩机和动力式压缩机两大类。

① 容积式压缩机按结构形式和工作原理可分为往复式（活塞式、膜式）压缩机和回转式（滑片式、螺杆式、转子式）压缩机。

② 动力式压缩机可分为轴流式压缩机、离心式压缩机和混流式压缩机。

4）按压缩次数分类

包括单级压缩机、两级压缩机、多级压缩机。

5）按气缸的布置方式分类

包括 W 型压缩机、扇形压缩机、M 型压缩机、H 型压缩机。

6）按气缸的排列方法分类

包括串联式压缩机、并列式压缩机、复式压缩机、对称平衡式压缩机。

例如，大型压缩机都按气缸的排列方向发展，气缸横卧排列在曲轴轴颈互成 180° 的曲轴两侧，布置成 H 型、D 型、M 型，其惯性力基本能平衡，如大型空气压缩机。

7）按压缩机的最终排气压力分类

包括低压压缩机、中压压缩机、高压压缩机、超高压压缩机。

8）压缩机其他分类

按压缩机排气量的大小划分，按传动种类划分，按润滑方式划分，按冷却方式划分，按动力机与压缩机的传动方法划分。离心式压缩机按总体结构划分等。

（2）压缩机的性能

压缩机的性能参数主要包括容积、流量、吸气压力、排气压力、工作效率、输入功率、输出功率、性能系数、噪声等。

5. 空调机组

空调机组是一种对空气进行过滤和冷湿处理并内设风机的装置。常见的有组合式空调机组、整体式空调机组等。

（1）组合式空调机组

工程上常将各种空气处理设备、风机、消声装置、能量回收装置等分别做成箱式的单元，按空气处理过程的需要将各段组合在一起，称为组合式空调机组，如图 1-18 所示。其常用功能段有：新回风混合段、中间混合段、过滤段、表冷段、加热段、加湿段、风机段、消声段等。组合式空调机组风量一般为 2000～160000m³/h，设计灵活，安装方便，可对空气进行集中处理。

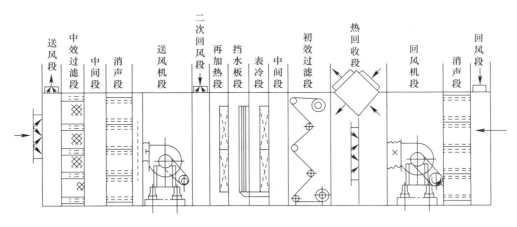

图 1-18　组合式空调机组

（2）整体式空调机组

整体式空调机组由制冷压缩机、冷凝器、蒸发器、风机、加热器、加湿器、过滤器、自动调节装置和电气控制装置等组成，所有部件都放置于一个箱体内，实现对空气进行热湿处理的功能。新风机组是提供新鲜空气的一种空气调节设备，从室外抽取新鲜的空气经过除尘、除湿（或加湿）、降温（或升温）等处理后通过风机送到室内，替换室内原有的不新鲜空气。整体式空调机组如图 1-19 所示。

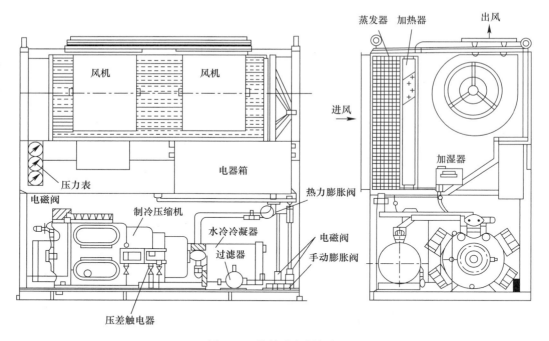

图 1-19　整体式空调机组

6. 冷却塔

冷却塔是水冷中央空调系统中广泛应用的热力设备，也是管理实践中故障易发及重点管理设备。

（1）冷却塔的分类

按不同的分类方式分成不同的类型：按通风方式可分为自然通风冷却塔和机械通风冷却塔；按空气与水接触的方式可分为湿式冷却塔和干式冷却塔；按水和空气的流动方向可分为逆流式冷却塔和横流式冷却塔两种。其中，逆流式冷却塔中水自上而下，空气自下而上；横流式冷却塔中水自上而下，空气从水平方向流入。目前广泛使用机械式逆流（横流）冷却塔。

（2）冷却塔的结构

冷却塔系统一般包括淋水填料、配水系统（布水器）、收水器（除水器）、通风设备、空气分配装置五个部分。其中，淋水填料的作用是使进入冷却塔的热水尽可能地形成细小的水滴或薄的水膜，以增加水与空气的接触面积和接触时间，有利于水和空气的热、质交换。图 1-20 所示为逆流式方形冷却塔的构造示意图。

7. 变压器

变压器是输送交流电时所使用的一种变换电压和变换电流的电气设备。

（1）变压器的分类

1）按用途分类：电力变压器、电炉变压器、整流变压器、工频试验变压器、矿用变压器、电抗器、调压变压器、互感器、其他特种变压器。

2）按相数分类：单相变压器、三相变压器。

3）按绕组数量分类：双绕组变压器、三绕组变压器、自耦变压器。

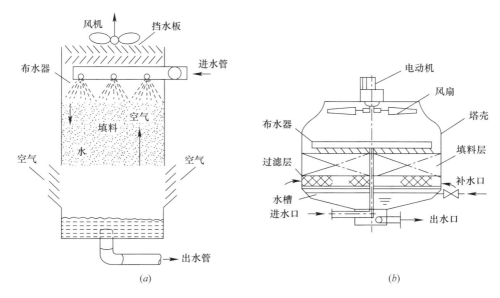

图 1-20 逆流式方形冷却塔的构造示意图

(*a*) 工作原理；(*b*) 外形结构

4）按冷却介质分类：油浸式变压器、干式变压器、充气式变压器等。

5）按冷却方式分类：自冷（含干式、油浸式）变压器、蒸发冷却（氟化物）变压器。

6）按电源相数分类：单相变压器、三相变压器、多相变压器。

7）按容量分类：中小型变压器（电压在 35kV 以下，容量在 10～6300kVA）、大型变压器（电压在 63～110kV，容量在 6300～63000kVA）、特大型变压器（电压在 220kV 以上，容量在 31500～360000kVA）。

（2）变压器的结构

变压器的电磁感应部分包括电路和磁路两部分。电路又有一次电路与二次电路之分。

各种变压器由于工作要求、用途和形式不同，外形结构不尽相同，但是它们的基本结构都是由铁芯和绕组组成的。

铁芯是磁通的通路，它是用导磁性能好的硅钢片冲剪成一定的尺寸，并在两面涂以绝缘漆后按一定规则叠装而成。

变压器的铁芯结构可分为芯式和壳式两种，如图 1-21 所示。芯式变压器的绕组安装在铁芯的边柱上，制造工艺比较简单，一般大功率的变压器均采用此种结构。壳式变压器的绕组安装在铁芯的中柱上，线圈被铁芯包围着，所以它不需要专门的变压器外壳，只有小功率变压器采用此种结构。

（3）三相电力变压器

交流电电能生产、输送和分配几乎都是采用三相制，即三相电力变压器。三相电力变压器可以看成三个单相电力变压器组合，三个绕组可以联结成星形或三角形。三相电力变压器外形如图 1-22 所示。

（4）变压器的技术参数

1）型号

变压器型号的表示方法如下：

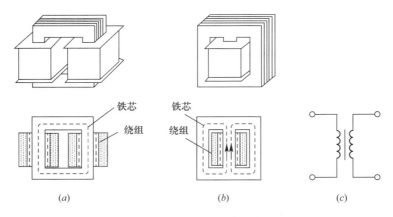

图 1-21 芯式变压器和壳式变压器

（a）芯式变压器；（b）壳式变压器；（c）单相变压器的符号

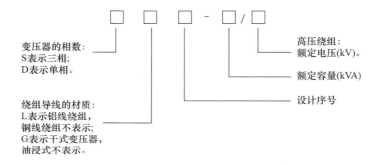

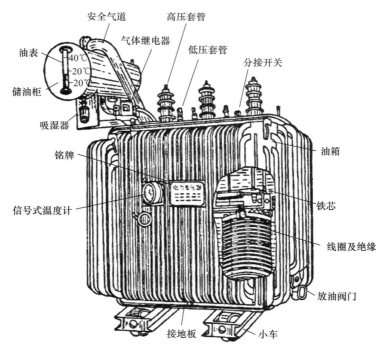

图 1-22 三相电力变压器外形

例如：SL7-630/10 表示三相油浸自冷铝线变压器，设计序号为 7，额定容量为 630kVA，高压侧额定电压等级为 10kV。

2）额定电压 U_{1N}/U_{2N}

一次额定电压 U_{1N} 是指加到一次绕组上的电源线电压额定值。二次额定电压 U_{2N} 是指当一次绕组所接电压为额定值、分接开关位于额定分接头上、变压器空载时二次绕组的线电压，单位为 kV 或 V。

3）额定电流 I_{1N}/I_{2N}

额定电流是指一、二次绕组的线电流，可根据额定容量和额定电压计算出电流值，单位为 A。

4）额定容量 S_N

额定容量是变压器在额定工作状态下输出的视在功率，单位为 kVA 或 VA。

5）额定频率 f_N

额定频率是指变压器一次绕组所加电压的额定频率，额定频率不同的变压器是不能换用工作的。国产电力变压器的额定频率均为 50Hz。

变压器铭牌上还标明了阻抗电压、联结组别、油重、器身重、总重、绝缘材料的耐热等级及各部分允许温升等。

8. 电动机

电动机是根据电磁感应原理将电能转换为机械能的设备。

（1）电动机的分类

1）按结构及工作原理分类

电动机按结构及工作原理可分为交流异步电动机、交流同步电动机和直流电动机。

① 交流异步电动机可分为三相异步电动机、单相异步电动机和罩极异步电动机等。

② 交流同步电动机可分为电磁同步电动机、永磁同步电动机、磁阻同步电动机和磁滞同步电动机。

③ 直流电动机可分为无刷直流电动机和有刷直流电动机。有刷直流电动机可分为电磁直流电动机和永磁直流电动机。电磁直流电动机又可分为串励、并励、他励和复励电磁直流电动机，永磁直流电动机又可分为稀土、铁氧体和铝镍钴永磁直流电动机。

2）按工作电源分类

电动机按工作电源可分为直流电源电动机和交流电源电动机。其中，交流电源电动机又可分为单相电源电动机和三相电源电动机。例如，手持电动工具、家用电器用电动机等为单相电源供电的单相电动机；切割机、套丝机、钢筋弯曲机等为三相电源供电的三相电动机。

3）按用途分类

电动机按用途可分为驱动用电动机和控制用电动机。驱动用电动机又可分为电动工具用电动机、家用电器用电动机及其他通用小型机械设备用电动机。

（2）三相异步电动机的结构

三相异步电动机由定子和转子两部分组成，定子和转子之间留有一定的空隙，此外还有端盖、轴承及风扇等部件，其外形和结构如图 1-23 所示。

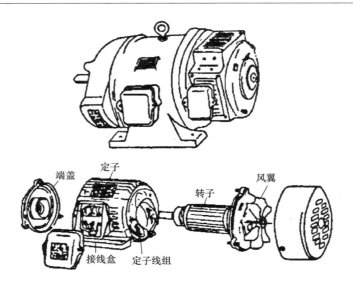

图 1-23　三相异步电动机的外形和结构

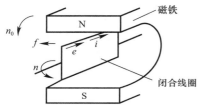

图 1-24　三相异步电动机的工作原理

（3）三相异步电动机的工作原理

三相异步电动机的工作原理如图 1-24 所示。

当磁铁旋转时，磁铁与闭合的导体发生相对运动，导体切割磁力线在其内部产生感应电动势和感应电流。感应电流又使导体受到一个电磁力的作用，于是导体就沿磁铁的旋转方向转动起来，这就是异步电动机的基本工作原理。

（4）三相异步电动机的技术数据

在每台电动机的外壳上都有一块铭牌，上面标明了这台电动机的主要技术数据，三相异步电动机的主要技术数据一般包括以下内容。

1）型号

三相异步电动机型号的表示方法如下：

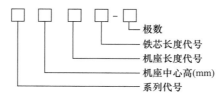

系列代号：Y 系列是小型笼型三相异步电动机；JR 系列是小型转子绕线式三相异步电动机。

机座长度代号：L-长机座；M-中机座；S-短机座。

例如：Y132S2-2 电动机，Y 表示 Y 系列电动机；132 表示机座中心高为 132mm；S2 表示短机座中的第二种铁芯；"-"后的 2 表示磁极数为 2。

2）额定功率

额定功率是指铭牌上所标的功率，是指电动机在额定状态下运行时轴上输出的机械功率，单位为千瓦（kW）。

3）额定电压和接线方法

额定电压是指电动机定子绕组采用铭牌上规定的接线方法时应加在定子绕组上的额定电压值。额定功率为4kW及以上者定子绕组为三角形接法，其额定电压一般为380V。

4）额定电流

额定电流是指电动机在额定状态下运行时的线电流，单位为安培（A）。

5）额定频率

额定频率是指电动机所接三相交流电源的规定频率，单位为赫兹（Hz）。我国电网频率规定为50Hz，所以国产电动机额定频率都是50Hz。

6）额定转速

额定转速是指电动机在额定状态下运行时转子的转速，即在电压与频率为额定值、输出功率达到额定值时的转速，单位为转/分钟（r/min）。

7）绝缘等级

绝缘等级是指定子绕组所用的绝缘材料的耐热等级，电动机在运行过程中所容许的最高温升与电动机所用的绝缘材料有关。

8）工作方式

铭牌上的工作方式是指电动机允许的运行方式。根据发热条件，通常有连续工作、短时工作和断续工作三种方式。连续工作是指电动机允许在额定状态下长期连续工作；短时工作是指电动机只允许在规定时间内按额定功率运行，待冷却后再启动工作；断续工作是指电动机允许频繁启动，重复短时工作的运行方式。

第三节　建筑识图与制图

一、施工图的组成

建筑工程施工图是按照不同的专业分别进行绘制的，一套完整的建筑工程施工图应包括以下几部分内容。

（1）总图

常包括建筑总平面布置图，运输与道路布置图，竖向设计图，室外管线综合布置图（包括给水、排水、电力、弱电、暖气、热水、煤气等管网），庭园和绿化布置图，以及各个部分的细部做法详图；还附有设计说明。

（2）建筑专业图

常包括个体建筑的总平面位置图，各层平面图，各向立面图，屋面平面图，剖面图，外墙详图，楼梯详图，电梯地坑、井道、机房详图，门廊、门头详图，厕所、盥洗室、卫生间详图，阳台详图，烟道、通风道详图，垃圾道详图及局部房间的平面详图、地面分格详图、吊顶详图等。此外，还有门窗表、工程材料做法表和设计说明。

（3）结构专业图

常包括基础平面图，桩位平面图，基础剖面详图，各层顶板结构平面图与剖面节点图，各型号柱梁板的模板图，各型号柱梁板的配筋图，框架结构柱梁板结构详图，屋架檩条结构平面图，屋架详图，檩条详图，各种支撑详图，平屋顶挑檐平面图，楼梯结构图，阳台结构图,雨罩结构图,圈梁平面布置图与剖面节点图,构造柱配筋图,墙拉筋详图,各种预埋件详图,各种设备基础详图,以及预制构件数量表和设计说明等。有些工程在配筋图内附有钢筋表。

（4）设备专业图

常包括各层上水、消防、下水、热水、空调等平面图,上水、消防、下水、热水、空调各系统的透视图或各种管道的立管详图,厕所、盥洗室、卫生间等局部房间平面详图或局部做法详图,主要设备或管件统计表和设计说明等。

（5）电气专业图

常包括各层动力、照明、弱电平面图,动力、照明系统图,弱电系统图,防雷平面图,非标准的配电盘、配电箱、配电柜详图和设计说明等。

上述各专业施工图的内容,仅就常出现的图纸内容列举出来,并非各单项工程都得具备这些内容,还要根据建筑工程的性质和结构类型不同决定。

二、识图与制图基本知识

1. 管道的三视图

（1）投影面

管道工程采用的投影面有四个,即水平投影面、正立投影面、左侧立投影面和右侧立投影面。在四个投影面中,水平投影面、正立投影面与左侧立投影面、右侧立投影面相互垂直,如图 1-25 所示。投影时采用正投影法,向着相应的投影面进行投影。

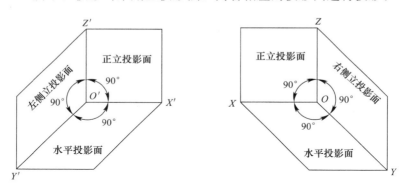

图 1-25 投影面

（2）平面图、立面图、侧面图的位置

1）正立面图（也称为主视图）。将管道（或管子、管件）从前向着后面的正立投影面投影,即得到该管道（或管子、管件）在正立投影面上的图形,其位置不动。

2）平面图（也称为俯视图）。将管道（或管子、管件）从上向着下面的水平投影面投影,即得到该管道（或管子、管件）在水平投影面上的图形;然后将该图形绕 OX 轴向下旋转 $90°$,画在其正立面图的正下方。

3）左侧立面图（也称为左视图）。将管道（或管子、管件）从左侧向着右侧的右侧立投影面投影,即得到该管道（或管子、管件）在右侧立投影面上的图形;然后将该图形绕 OZ 轴向右后方旋转 $90°$,画在其正立面图的右侧。

4）右侧立面图（也称为右视图）。将管道（或管子、管件）从右侧向着左侧的左侧立投影面投影，即得到该管道（或管子、管件）在左侧立投影面上的图形；然后将该图形绕*OZ*轴向左后方旋转90°，画在其正立面图的左侧。

（3）平面图、立面图、侧面图的"三等关系"

1）主视图和俯视图——长对正，即左右对正；

2）主视图和左（右）视图——高平齐，即上下看齐；

3）俯视图和左（右）视图——宽相等，即前后相等。

（4）管道单、双线图的概念

圆形管道实际上是空心的圆柱体，完全按照正投影图的方法绘制时，其主视图和俯视图如图1-26所示。在主视图中虚线表示管道的内壁，在俯视图的两个同心圆中，小的表示管道的内壁，大的表示管道的外壁。由于管道图中管线较多，管道和管件的内壁很难表示清楚，所以在图中将其省略，仅用两根线条表示管道和管件的形状，这样画出的图形称为双线图。

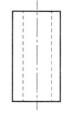

在小比例管道工程图中，往往将管道的壁厚和空心的管腔全部看成一条直线（即管道的轴线），这样用一根轴线表示管道（件）的图样称为单线图。

画图时，在同一张图纸上，一般将主要的管道画成双线图，将次要的管道画成单线图。

图1-26　圆形管道的主视图和俯视图

（5）管道的单、双线三视图

在双线图中，在与管道平行的投影面上，表示为有中心线的两条中实线；在与管道垂直的投影面上，表示为有"十"字中心线的中实线小圆。在单线图中，在与管道平行的投影面上，表示为一条粗实线；在与管道垂直的投影面上，表示为一个粗实线小圆（圆圈内可画"●"，也可不画）。管道单、双线图的几种情况见表1-4。

管道单、双线图的几种情况　　　　　　　　　　　　　　　表1-4

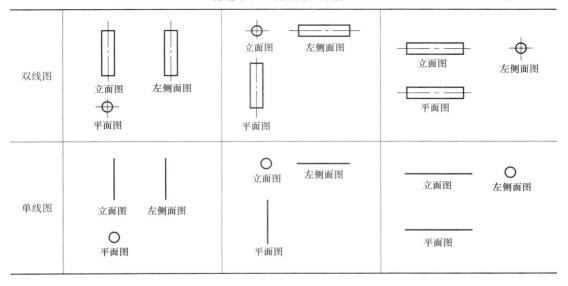

2. 管件的三视图

（1）90°弯头的单、双线三视图

表 1-5 所示为 90°弯头单、双线图的几种情况。现以第一种情况为例进行分析。

90°弯头单、双线图的几种情况 表 1-5

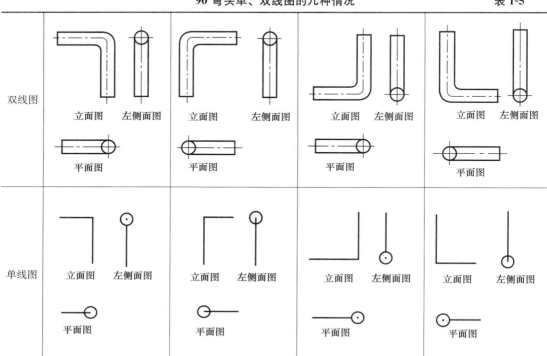

1）双线三视图。在平面图上，弯头的立管管口看不到，将其画成有"十"字中心线的半个中实线小圆，或画成中虚、实线各半组成的小圆；弯头的横管先看到，将其画成有中心线的两条水平中实线，且两条水平中实线分别画到小圆的边上。在立面图上，弯头的横管画成有中心线的两条水平中实线；弯头的立管画成有中心线的两条竖直中实线；其拐弯部分则画成有中心线的两个中实线弧。在左侧面图上，先看到弯头的横管管口，将其画成有"十"字中心线的中实线小圆；后看到弯头的立管，将其画成有中心线的两条竖直中实线，且两条竖直中实线分别画到小圆的边上。

2）单线三视图。在平面图上，弯头的立管管口看不到，将其画成一个粗实线小圆；弯头的横管先看到，将其画成一条水平的粗实线，且画到粗实线小圆的圆心。在立面图上，将弯头的横管画成一条水平的粗实线，将弯头的立管画成一条竖直的粗实线；其拐弯部分则画成粗实线弧。在左侧面图上，先看到弯头的横管管口，将其画成一个粗实线小圆（圆圈内画有"●"）；后看到弯头的立管，将其画成一条竖直的粗实线且画到粗实线小圆的边上。

（2）正三通的单线三视图

正三通可分为等径正三通和异径正三通两种。表 1-6 所示为正三通单线图的几种情况。现以第一种情况为例进行分析，在工程图纸中，双线图的情况非常少，因此只画出单线图的情况。

正三通单线图的几种情况		表 1-6
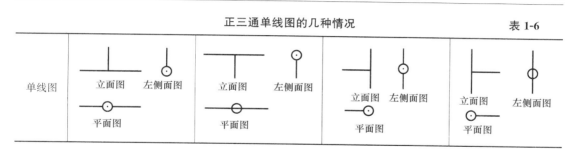		

等径正三通与异径正三通的单线图相同。在平面图上，先看到三通的立管管口，将其画成一个粗实线小圆（圆圈内画有"●"）；后看到横管，将其画成一条水平的粗实线。在立面图上，将三通的立管画成一条短的竖直粗实线，将横管画成一条水平的粗实线。在左侧面图上，三通的横管管口看不到，将其画成一个粗实线小圆（圆圈内画有"●"）；立管能看到，将其画成一条短的竖直粗实线。

（3）正四通的单线三视图

正四通可分为等径正四通和异径正四通两种。表 1-7 所示为正四通的单线三视图。

正四通的单线三视图	表 1-7
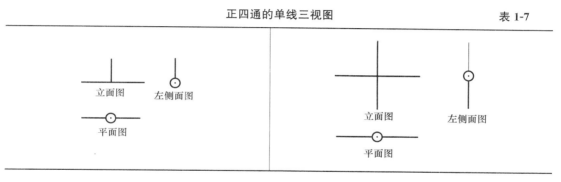	

（4）截止阀的单线三视图

在管道工程中，截止阀是使用较多的一种阀门。表 1-8 所示为截止阀的单线三视图。

截止阀的单线三视图	表 1-8
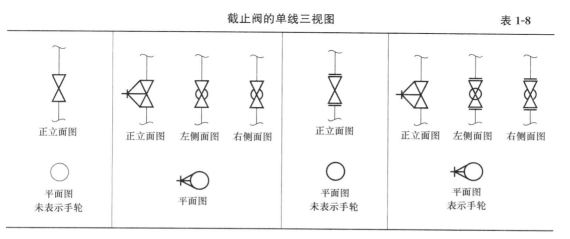	

（5）大小头的单、双线图

大小头也称异径外接头，可分为同心和偏心两种。其单、双线图见表 1-9。

大小头的单、双线图　　　　　　　　　　　　　　　　　　　表 1-9

类型	同心大小头	偏心大小头
双线图		
单线图		

3. 管道的位置关系——交叉与重叠

（1）管道在平、立面图上的交叉

1）单线图管道在平、立面图上的交叉

① 图 1-27（a）所示为 2 根单线图直管在平面图上形成交叉（交叉角一般为 90°，也可为任意角度）。从图上可以看出，1 管为高管，2 管为低管；其中 1 管未被遮挡，2 管在与 1 管交叉处有一部分被 1 管遮挡，在被遮挡处将其断开。

② 图 1-27（b）所示为 2 根单线图直管在正立面图上形成交叉。从图上可以看出，1 管为前管，2 管为后管；其中 1 管未被遮挡，2 管在与 1 管交叉处有一部分被 1 管遮挡，在被遮挡处将其断开。

2）双线图管道在平、立面图上的交叉

① 图 1-28（a）所示为 2 根双线图直管在平面图上形成交叉。从图上可以看出，1 管为高管，2 管为低管；其中 1 管未被遮挡，2 管在与 1 管交叉处有一部分被 1 管遮挡，将被遮挡的部分画成虚线。

② 图 1-28（b）所示为 2 根双线图直管在正立面图上形成交叉。从图上可以看出，1 管为前管，2 管为后管；其中 1 管未被遮挡，2 管在与 1 管交叉处有一部分被 1 管遮挡，将被遮挡的部分画成虚线。

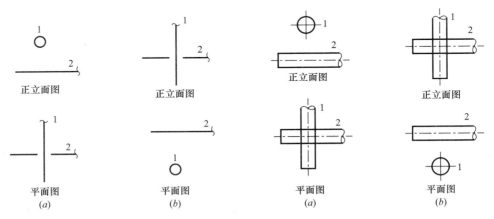

图 1-27　单线图管道的交叉　　　　　　图 1-28　双线图管道的交叉

3）单、双线图管道在平、立面图上的交叉

① 图 1-29（a）所示为一根单线图直管和一根双线图直管在平面图上形成交叉。从图上可以看出，单线图直管为高管，双线图直管为低管；其中单线图直管未被遮挡，双线图直管虽然在与单线图直管交叉处有一部分被单线图直管遮挡，但在被遮挡处既不断开，也

不画成虚线。

② 图 1-29（b）所示为一根单线图直管和一根双线图直管在正立面图上形成交叉。从图上可以看出，双线图直管为前管，单线图直管为后管；其中双线图直管未被遮挡，单线图直管在与双线图直管交叉处有一部分被双线图直管遮挡，将被遮挡的部分画成虚线。

（2）管道在平、立面图上的重叠

长短相等、直径相同的两根或两根以上叠合在一起的管道，其投影完全重合，叫作管道的重叠。

管道在平、立面图上的重叠，一般采用的方法是"折断显露法"，即假想将高（前）管的中间截去一段，在此露出低（后）管。

管道一般画成单线图，在高（前）管的两断口处画细线作为折断符号，而在低（后）管的两端不画折断符号。

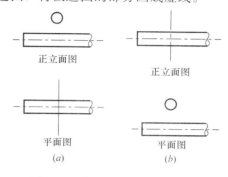

图 1-29　单、双线图管道的交叉

1）管道在平面图上的重叠

① 两根直管在平面图上的重叠。两根直管的平面图、正立面图和左侧立面图如图 1-30 所示。从图上可以看出，1 管为高管，2 管为低管；两管在平面图上形成重叠。画图时，在 1 管的两断口处各画 1 个"∫"，与 2 管段的间距为 2～3mm，2 管的两端不画"∫"。

② 多根直管在平面图上的重叠。4 根直管的平面图、正立面图和左侧立面图如图 1-31 所示。从图上可以看出，1 管为最高管，2 管为次高管，3 管为次低管，4 管为最低管；4 根直管在平面图上形成重叠。画图时，在 1 管的两断口处分别画 1 个"∫"，在 2 管的两断口处分别画 2 个"∫"，在 3 管的两断口处分别画 3 个"∫"，4 管的两端不画"∫"。

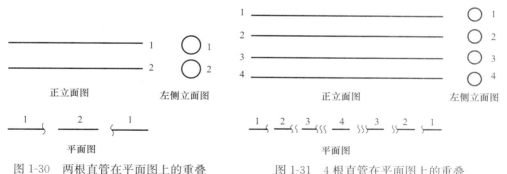

图 1-30　两根直管在平面图上的重叠　　　图 1-31　4 根直管在平面图上的重叠

2）管道在正立面图上的重叠

① 两根直管在正立面图上的重叠。两根直管的平面图、正立面图和左侧立面图如图 1-32 所示。从图上可以看出，1 管为前管，2 管为后管；两管在正立面图上形成重叠。画图时，在前管的两断口处各画成一个"∫"，与后管的间距为 2～3mm，后管的两端不画"∫"。

② 多根直管在正立面图上的重叠。4 根直管的平面图、正立面图和左侧立面图如图 1-33 所示。从图上可以看出，1 管为最前管，2 管为次前管，3 管为次后管，4 管为最后管；4 根直管在正立面图上形成重叠。画图时，在最前管的两断口处分别画 1 个"∫"，在次前管的两断口处分别画 2 个"∫"，在次后管的两断口处分别画 3 个"∫"，最后管的两端不画"∫"。

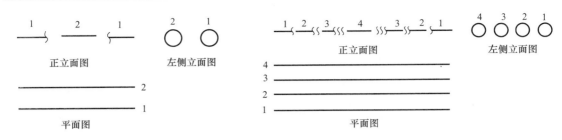

图 1-32　两根直管在正立面图上的重叠　　　　图 1-33　4 根直管在正立面图上的重叠

4. 管道三视图的识读

（1）看视图，想形状。拿到一张图，先想清楚它用了哪几个视图表示这些管线的形状，再看平面图（俯视图）与立面图（主视图）、立面图与侧面图（左视图或右视图）、侧面图与平面图之间的关系是怎样的，然后再想象出这些管线的大概形状。

（2）对线条，找关系。想象出管线的大概形状后，对于各个视图之间的相互关系，可以用对线条（即对投影关系）的方法，找出各个视图之间相对应的投影关系，尤其是积聚、重叠、交叉管线之间的投影关系。

（3）合起来，想整体。看懂了各个视图的各部分的形状后，再根据它们相应的投影关系综合起来想象，对每条管线形成一个完整的认识，这样就可以将整个管路的立体形状完整地想象出来。

5. 管道斜等轴测图

（1）管道在斜等轴测图中的方位选定

1）斜等轴测图的轴测轴和轴间角

斜等轴测图的轴测轴有 3 根，即 OZ、OX 和 OY。其中，OZ 轴为铅垂线，OX 轴为水平线，OY 轴与水平线的夹角为 45°，OY 轴的方向可向左，也可向右。轴间角有 3 个，分别是 $\angle XOY=45°$（或 135°），$\angle YOZ=135°$，$\angle ZOX=90°$。3 根轴的轴向伸缩系数（也称为变形系数）都相等，且均取 1，如图 1-34（a）、（b）所示。

2）管口在斜等轴测图中的形状

在斜等轴测图中，当管道中心线位于 OY 轴及其延长线或平行线上时，管道断口的形状是正圆；当管道中心线位于 OX 轴及其延长线或平行线上时，管道断口的形状为椭圆；当管道中心线位于 OZ 轴及其延长线或平行线上时，管道断口的形状也为椭圆，如图 1-34（c）所示。

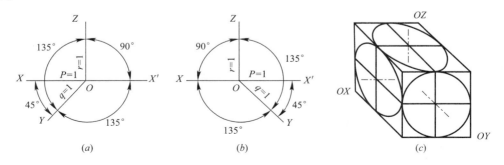

图 1-34　斜等轴测图的轴测轴、轴测角及双线图管口在该图中的形状

3）管道在斜等轴测图中的方位选定

水平管道为左右走向时，可选在 OX 轴或其延长线上（两根及以上管道时，为该轴的平行线上）。水平管道为前后走向时，可选在 OY 轴或其延长线上（两根及以上管道时，为该轴的平行线上），一般左斜 $45°$。立管（上下走向）时，选在 OZ 轴或其延长线上（两根及以上管道时，为该轴的平行线上）。

（2）管道和管件的斜等轴测图

1）单根管线的斜等轴测图

在图 1-35 （a）中，通过对平面图、立面图的分析可知，这是一根前后走向的水平管道，确定前后走向是 OY 轴，由于 X、Y、Z 三轴的简化缩短率都是 $1:1$，沿轴量取尺寸时，可从 O 点起在 OY 轴上用圆规和直尺直接量取管道在平面图上线段的实长，如图 1-35 （b）所示。

在图 1-36 （a）中，通过对平面图、立面图的分析可知，这是一根上下走向的垂直管道，确定上下走向是 OZ 轴，沿轴量取尺寸时，可从 O 点起在 OZ 轴上直接量取管道在立面图上线段的实长，如图 1-36 （b）所示。

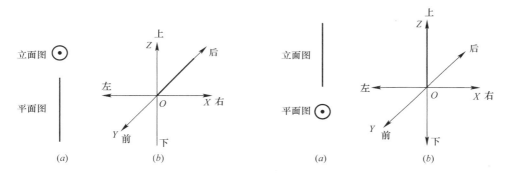

图 1-35　单根管线的斜等轴测图（一）　　图 1-36　单根管线的斜等轴测图（二）

2）多根管线的斜等轴测图

在图 1-37 （a）中，通过对平面图、立面图的分析可知，1、2、3 号管线是左右走向的水平管线，4、5 号管线是前后走向的水平管线，而且这 5 根管线的标高相同，由此确定 OX 轴是左右走向，OY 轴是前后走向，在沿轴量取尺寸时，不仅可以把尺寸量在 3 根轴线反方向的延长线上，也可以把尺寸量在 3 根轴线的平行线上，管线与管线的间距和编号应与平面图上的间距和编号一致，如图 1-37 （b）所示。

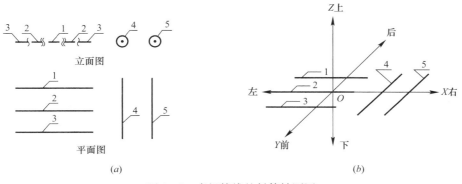

图 1-37　多根管线的斜等轴测图

3）弯头的斜等轴测图

图 1-38（a）中的弯头可以分解成两部分，一部分是水平管段，左右走向；另一部分是垂直向下的管段。在斜等轴测图上，左右走向的水平管段与 OX 轴方向一致，垂直向下的管段与 OZ 轴方向一致，沿轴量取尺寸，就可以画出这只弯头的斜等轴测图。图 1-38（b）也是如此。

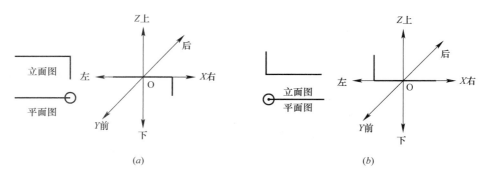

图 1-38　弯头的斜等轴测图

4）三通的斜等轴测图

分析图 1-39（a）中的三通可知，主管段是水平管段，前后走向；支管段也是水平管段，左右走向。在斜等轴测图上，前后走向的水平主管段与 OY 轴的方向一致，左右走向的支管段与 OX 轴的方向一致，沿轴量取尺寸，就可以画出这只弯头的斜等轴测图。

分析图 1-39（b）中的三通可知，主管段是水平管段，前后走向；支管段是垂直管段。在斜等轴测图上，前后走向的水平主管段与 OY 轴的方向一致，上下走向的支管段与 OZ 轴的方向一致，沿轴量取尺寸，就可以画出这只弯头的斜等轴测图。

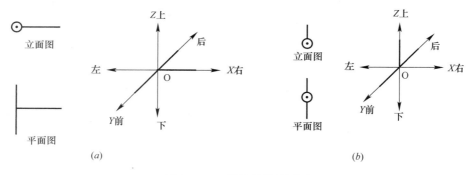

图 1-39　三通的斜等轴测图

6. 制图的一般规定

（1）比例

施工图的比例应根据图纸的种类及图面复杂程度综合确定，一般总平面图、平面图的比例可与主导专业（建筑）一致，但平面图比例一般不宜超过 1：150。机房剖面图、机房大样图的比例一般可采用 1：50、1：100。索引图、详图等反映细部节点做法的图纸，其比例可采用 1：10、1：20。施工图比例可按表 1-10 选用。设备安装专业的系统图、流程图、原理图、轴测图则一般可不必按比例绘制。

施工图比例　　　　　　　　　　　　表 1-10

图名	常用比例	可用比例
剖面图	1∶50、1∶100	1∶150、1∶200
局部放大图、管沟断面图	1∶20、1∶50、1∶100	1∶25、1∶30、1∶150、1∶200
索引图、详图	1∶1、1∶2、1∶5、1∶10、1∶20	1∶3、1∶4、1∶15

（2）图线

为便于辨认不同图线的含义，施工图的图线应有粗细之分，施工图的线宽组成称为线宽组。线宽组是在基本线宽 b 的基础上按一定比例组合而成的。基本线宽和线宽组应根据图纸的比例、图纸的复杂程度和使用方式确定，施工图基本线宽 b 一般可采用 0.35mm、0.5mm、0.7mm、1.0mm。常用线宽为 $0.25b$、$0.5b$、$0.75b$、b。施工图采用的各种线型及其含义见表 1-11。

线型及其含义　　　　　　　　　　　　表 1-11

名称		线型	线宽	用途
实线	粗	————————	b	主要可见轮廓线
	中粗	————————	$0.7b$	可见轮廓线、变更云线
	中	————————	$0.5b$	可见轮廓线、尺寸线
	细	————————	$0.25b$	图例填充线、家具线
虚线	粗	- - - - - - - -	b	见各有关专业制图标准
	中粗	- - - - - - - -	$0.7b$	不可见轮廓线
	中	- - - - - - - -	$0.5b$	不可见轮廓线、图例线
	细	- - - - - - - -	$0.25b$	图例填充线、家具线
单点长画线	粗	—·—·—·—·—	b	见各有关专业制图标准
	中	—·—·—·—·—	$0.5b$	见各有关专业制图标准
	细	—·—·—·—·—	$0.25b$	中心线、对称线、轴线等
双点长画线	粗	—··—··—··	b	见各有关专业制图标准
	中	—··—··—··	$0.5b$	见各有关专业制图标准
	细	—··—··—··	$0.25b$	假想轮廓线、成型前原始轮廓线
折断线		——∿——	$0.25b$	断开界线
波浪线		∼∼∼∼	$0.25b$	断开界线

（3）标高

在设备安装施工图中，无法标注垂直尺寸时，可用标注标高的方法来表示风管、水管、设备的安装高度。标高符号以等腰直角三角形表示，如图 1-40（a）所示。当标准层较多时，可只标注与本层楼（地）板面的相对标高，如图 1-40（b）所示，也可将标高数据放于管径标注后的括号内。标高的单位一般默认为 m，精度应精确到 cm 或 mm。水、气管道所注标高未予说明时，一般默认表示管中心标高。如果所标注的标高为管外底标高或管顶标高时，

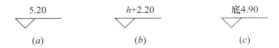

图 1-40　标高表示方法

（a）相对±0.00 标高；（b）相对本层地面标高；（c）相对±0.00 的底标高

应在数字前加"底"或"顶"的字样，如图 1-40（c）所示。矩形风管所注标高应表示管底标高；圆形风管所注标高应表示管中心标高。当不采用此方法标注时，应进行说明。

（4）管径

水暖系统的水管管径标注默认都以 mm 为单位，输送低压流体的无缝钢管、螺旋缝或直缝焊接钢管、铜管、不锈钢管用"D（或 ϕ）外径×壁厚"表示。如 $D159×4.5$ 或 $\phi159×4.5$。输送低压流体的焊接管道、镀锌钢管用工程通径"DN"表示，如 $DN25$、$DN70$ 等。塑料管道则采用外径"De"表示，如 $De25$、$De32$ 等。对于单根水平管道，水管管径标注位置一般位于管道上方，对于单根垂直管道一般标注于垂直管道左侧，识读方向逆时针旋转 $90°$，如图 1-41 所示；对于多根管道并列的情况，单独标注常常容易引起误读，可采用引出标注的方法标注，如图 1-42 所示。图中管径标注括号内的数据为管道中心距地标高，即管道中心距地 3.5m。

矩形风管尺寸一般以风管截面尺寸"$A×B$"表示，如图 1-43 所示。A 为视图投影面的长边尺寸，B 为另一边的尺寸，如 $400×320$、$800×400$，单位均为 mm。圆形风管尺寸则以其直径"ϕ"表示。

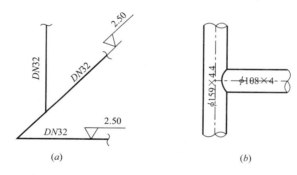

图 1-41　单管管径标注
（a）单线表示的水管；（b）双线表示的水管

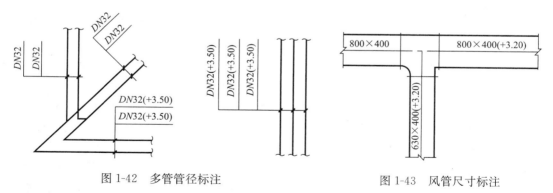

图 1-42　多管管径标注　　　　　图 1-43　风管尺寸标注

（5）编号

1）一个工程设计中同时有供暖、通风、空调等两个及以上的不同系统时，应进行系统编号。系统编号由系统代号和顺序号组成。系统代号由大写拉丁字母表示，一般以系统名称拼音的第一个字母作为代号名，顺序号则采用阿拉伯数字表示，如"N-01"表示 1 号供暖系统。

2）当建筑物的引入管或排出管的数量超过 1 根时，应进行编号。

3）建筑物穿越楼层的立管，其数量超过 1 根时，应进行编号。

4）在总平面图中，当给水排水附属构筑物的数量超过 1 个时，应进行编号。编号方法为：构筑物代号-编号；给水构筑物的编号顺序应为：从水源到干管，再从干管到支管，最后到用户；排水构筑物的编号顺序应为：从上游到下游，先干管后支管。

5）当机电设备的数量超过 1 台时，应进行编号，并应有设备编号与设备名称对照表。

三、建筑给水排水施工图识读

1. 建筑给水排水施工图的基本内容

建筑给水排水施工图一般由图纸目录、主要设备材料表、设计说明、图例、平面图、系统图（轴测图）、施工详图等组成。

（1）图纸目录

图纸目录应作为施工图首页，在图纸目录中列出本专业所绘制的所有施工图及使用的标准图，图纸列表应包括序号、图号、图纸名称、规格、数量、备注等。

（2）主要设备材料表

主要设备材料表应列出所使用的主要设备材料名称、规格型号、数量等。

（3）设计说明

凡在图上或所附表格上无法表达清楚而又必须让施工人员了解的技术数据、施工和验收要求等均需写在设计说明中。一般小型工程说明部分需直接写在图纸上，内容很多时则要另用专页编写。设计说明编制一般包括工程概况、设计依据、系统介绍、单位及标高、管材及连接方式、管道防腐及保温做法、卫生器具及设备安装、施工注意事项、其他需说明的内容等。

（4）图例

施工图应附有所使用的标准图例和自定义图例，一般通过表格的形式列出。对于系统形式比较简单的小型工程，如使用的均为标准图例，施工图中可不附图例表。

可以将上述主要设备材料表、设计说明和图例等绘制在同一张图上。

（5）平面图

平面图用于表明建筑物内用水设备及给水排水管道的平面位置，是建筑给水排水施工图的主要组成部分。建筑内部给水排水以选用的给水方式来确定平面布置图的张数：底层及地下室必须绘制；顶层若有高位水箱等设备，也必须单独绘制；建筑中间各层，如卫生设备或用水设备的种类、数量和位置都相同，绘制一张标准层平面布置图即可，否则，应逐层绘制。在各层平面布置图上，各种管道、立管应标明编号。

（6）系统图（轴测图）

系统图（轴测图）是建筑内部给水排水管道系统的轴测投影图，用于表明给水排水管道的空间位置及相互关系，一般按管道类别分别绘制。系统图上应标明管道的管径、坡度，标出支管与立管的连接处，标明管道各种附件的安装标高。系统图上各种立管的编号应与平面布置图相一致。系统图中用水设备及卫生器具的种类、数量和位置完全相同的支管、立管，可不重复完全绘出，但应用文字标明。当系统图中立管、支管在轴测方向重复交叉影响识图时，可断开移到图面空白处绘制。

（7）施工详图

当平面图、系统图中局部构造因受图面比例限制难以表示清楚时，必须绘制施工详图。通用施工详图系列，如卫生器具安装、排水检查井、雨水检查井、阀门井、水表井、局部污水处理构筑物等，均有各种施工标准图。施工详图应首先采用标准图，无标准图可供选择的设备、器具安装图及非标准设备制造图应绘制施工详图。

2. 建筑给水排水施工图的识读方法

建筑给水排水施工图识读时应将给水图和排水图分开识读。

识读给水图时，按水源→管道→用水设备的顺序，首先从平面图入手，然后看系统（轴测）图，粗看储水池、水箱及水泵等设备的位置，对系统先有一个全面的认识，分清该系统属于何种给水系统。最后综合对照各个图，弄清各个管道的走向、管径、坡度和坡向等参数以及设备位置、设备型号等参数内容。

识读排水图时，按卫生器具→排水支管→排水横管→排水立管→排出管的顺序，首先从平面图入手，然后看系统（轴测）图，分清该系统的类型，将平面图上的排水系统编号（如立管序号）与系统图上的编号相对应，然后识读每个排水系统里各个管段的管径、坡度和坡向等参数。

（1）建筑给水排水平面图的识读

建筑内部给水排水平面图主要表明建筑内部给水排水支管、横管（立管）、卫生器具及用水设备的平面布置，识读内容如下：

1）识读卫生器具、用水设备和升压设备（如洗涤盆、大便器、小便器、地漏、拖布池、淋浴器以及水箱等）的类型、数量、安装位置及定位尺寸等。

2）识读引入管和污水排出管的平面布置、走向、定位尺寸、系统编号以及室外管网的布置位置、连接形式、管径和坡度等。

3）识读给水排水立管、水平干管和支管的管径、在平面图上的位置、立管编号以及管道安装方式等。

4）识读管道配（附）件（如阀门、清扫口、水表、消火栓和清通设备等）的型号、口径大小、平面位置、安装形式及设置情况等。

（2）建筑给水排水系统图的识读

识读建筑给水系统图时，可以按照循序渐进的方法，从室外水源引入处着手，顺着管路的走向依次识读各管路及所连接的用水设备。也可以逆向进行，即从任意一个用水点开始（最好从最高用水点开始），顺着管路逐个弄清管道和所连接设备的位置、管径的变化以及所用管件（附件）等内容。

识读建筑排水系统图时，可以按照卫生器具或排水设备的存水弯→器具排水管→排水横支管→排水立管→排出管的顺序进行识读，依次弄清存水弯形式、排水管道走向、管路分支情况、管径、各管道标高、各横管坡度、通气系统形式以及清通设备位置等其他内容。

给水管道系统图中的管道一般都是采用单线图绘制，管道中的重要管件（如阀门）用图例表示，而更多的管件（如补芯、活接头、三通及弯头等）在图中并未做特别标注。这就要求熟练掌握有关的图例、符号以及各个代号的含意，并对管路构造及施工程序有足够的了解。

（3）建筑给水排水施工详图（大样图）的识读

常用的建筑给水排水施工详图有淋浴器、盥洗池、浴盆、水表节点、管道节点、排水设备、室内消火栓以及管道保温等的安装图。各种施工详图中注有详细的构造尺寸及材料的名称和数量。需先识读并了解大样图的图例与说明，再根据图纸说明识读整个施工详图（大样图）。

四、供暖施工图识读

1. 供暖施工图的组成

室内供暖施工图主要包括图纸目录、设计及施工说明、设备材料表、平面图、系统图、详图等。

（1）图纸目录

图纸目录是识图前首先需要了解的图纸，图纸目录类似于图书的目录。根据图纸目录可以了解本工程大致的信息、图纸张数、图纸名称和组成，以便根据需要抽调所需图纸。

（2）设计及施工说明

设计及施工说明是用文字来反映设计图纸中无法表达却又需向造价、施工人员交代清楚的内容。设计及施工说明一般分别编制，设计说明主要阐述本工程的供暖设计方案、设计指标和具体做法，其内容应包括设计施工依据、工程概况、设计内容和范围、室内外设计参数、供暖系统设计内容（包括热负荷、热源形式、供暖系统的设备和形式、供暖热计量及室内温度控制方式、水系统平衡调节手段等）。

施工说明则主要反映设计中各类管道及保温层的材料选用、系统工作压力及试压要求、施工安装要求及注意事项、施工验收要求及依据等。施工说明是指导工程施工的重要依据。

在设计及施工说明的图纸中，一般还会附上图例表以指导识图。

（3）设备材料表

设备材料表是反映本工程主要设备名称、性能参数、数量等情况的表格，是造价人员进行概算、预算和施工人员采购的参考依据。

（4）平面图

供暖平面图主要反映本建筑各层供暖管道与设备的平面布置，是施工图中的主要图纸，其内容主要包括：

1）建筑平面图、房间名称、轴号轴线、地面标高、指北针等。

2）供暖干管及立管的位置、编号、走向及管路上相关阀门，管道管径及标高标注。

3）散热器及供暖系统附属设备的位置、规格等。

4）管道穿墙、楼板处预埋、预留孔洞的尺寸、标高标注。

（5）系统图

系统图是反映整个建筑供暖系统的组成及各层供暖平面图之间关系的一种透视图。系统图一般按 45°或 30°轴测投影绘制，系统图中管路的走向及布置宜与平面图对应。系统图可反映平面图不能清楚表达的部分，如管路分支与设备的连接顺序、连接方式、立管管径、各层水平干管与立管的连接方式等，是供暖施工图不可缺少的部分。

典型的供暖系统图主要包括：

1）供暖系统立管的编号、管径，水平干管的管径、坡度、标高，散热器的规格和数量。

2）散热器与管道的连接方式、水平干管与立管的连接方式等。

3）供暖系统阀件及附属设备的位置、规格标注等。

（6）详图

详图是反映供暖系统中局部节点做法的图纸。平面图因受比例限制，一些管道接法、设备安装做法无法表达清楚时，就会采用详图局部放大来表示。详图也称为大样图。

2. 供暖施工图的识读

（1）平面图的识读

室内供暖平面图的主要识读步骤如下：

1）首先确认热力入口（或主立管）在建筑平面图中的位置，然后根据供回水管图例区分供回水管，确定热媒走向。

供暖系统的形式常常也能在平面图中识别出来。若供暖系统为双管上供下回式，则水平供水干管会出现在顶层平面图中，回水干管会出现在建筑底层平面图中，而中间各层平面图中只有立管没有水平干管。

2）查看散热器的位置及其接管方式，根据其标注的文字确定散热器的规格，根据散热器在建筑平面图中的位置确定其安装方式。散热器的标注方法根据散热器种类而不同，对于组装而成的柱型、长翼型散热器只标注散热器片数，单片散热器的规格在设计说明中专门说明；对于圆翼型散热器则采用"管径×管长×排数"的表示方法，如"$D89×50×2$"；对于地暖盘管散热器则需标注环路管长、管间距。

（2）系统图的识读

供暖系统图是供暖系统的概况，综合了各层平面图的内容。供暖系统图一般采用45°轴测图绘制。其识读步骤如下：

1）查找供回水干管起始段，确定热媒走向，明确供暖水系统形式。

2）根据各立管编号与平面图查找对应，以明确系统图与平面图的关系。

3）查看干管与立管的连接方式、散热器与支管的连接方式，查明整个水系统阀门的安装位置。

4）明确散热器的规格尺寸及其在系统中的位置，并与平面图核对。

（3）详图的识读

供暖施工图的详图包括标准图和节点详图，标准图反映一些施工节点的通用做法（如散热器连接方式、管道穿墙做法等），而节点详图是有针对性地对某个具体位置的做法的反映。

节点详图是针对本工程具体的部位，因平面图和系统图比例的关系，无法详细表达其做法而专门绘制的。详图应专门编制索引号并将索引标注反映于平面图中，以便对应查找。

五、通风与空调施工图识读

1. 通风与空调施工图的组成

通风与空调施工图主要包括图纸目录、设计及施工说明、设备材料表、平面图、系统图、详图等。空调系统施工图根据空调系统的种类，还包括空调系统流程图、原理图及机房平面布置图。

（1）设计及施工说明

1）通风与空调施工图的设计说明主要包括以下内容：

① 设计依据、工程概况、设计范围。

② 室内外设计参数。

③ 冷、热源设置情况，冷、热媒及冷却水供回水温度，空调冷、热负荷及冷、热负荷指标，系统水处理方式、定压补水方式等。

④ 空调水系统形式及平衡、调节手段。

⑤ 各空调区室内温度控制方式、气流组织形式等。

⑥ 建筑防排烟设计说明。

⑦ 节能环保措施等。

2）通风与空调施工图的施工说明主要包括以下内容：

① 本工程管道、风道、保温材料等的选型及做法。

② 系统工作压力及试压要求。

③ 施工安装和验收的要求及注意事项。

（2）平面图

通风与空调系统平面图主要反映各层建筑平面通风空调设备、管道的布置情况。与供暖系统不同的是，通风与空调系统同一层建筑平面一般会有2～3张图，分别是通风及防排烟平面图、空调风管平面图、空调水管（冷媒管）平面图。对于风管较少、较简单的空调系统，可将通风及防排烟平面图与空调风管平面图合为一张。

（3）系统图

空调系统相比于供暖系统，其管道较多，系统相对更复杂，常常需要通过多张系统图反映空调立管系统和冷热源工艺系统。用于反映冷热源工艺系统的图纸也可称为冷热源原理图或流程图。

（4）详图

通风与空调系统的详图也分为通用标准图和节点详图，通用标准图一般可引用国家标准图集中的详图。节点详图一般是反映通风空调设备（如冷热源设备、新风机组、风机盘管、水泵、水箱等）的安装做法。空调系统的冷热源机房和空调机房内的管道常常错综复杂，还需按一定比例将机房放大，绘制机房平面图和剖面图。这类图纸也属于详图的一种，称为机房大样图。

2. 通风与空调施工图的识读

通风与空调施工图的阅读顺序一般为：图纸目录→设计及施工说明→系统图→平面图→机房大样图、详图。

（1）系统图

通风与空调系统图主要有立管系统图、正压送风系统图等。空调水系统多采用水平双管制，故系统图一般可不必像供暖系统一样绘制整套系统的轴测图，只需绘制立管系统图即可。水平层供回水管做法已在平面图中反映。立管系统图主要反映立管管径标注、各层水平干管安装标注、接管做法及水系统相关附属设备（排气阀、泄水阀、水管调节阀等）

的安装位置。还有一种是通风及防排烟系统图，通风及防排烟系统图绘制时，常常将风井作为系统图的一部分绘入，主要反映整个垂直系统上风口、风井的安装位置及相互关系。

除以上系统图外，空调系统还需绘制原理图。原理图主要反映冷热源系统的工作原理，是空调设计的重要内容，也是冷热源机房平面图设计的依据。原理图主要表达空调系统中各设备之间的连接关系，一般可不按比例绘制。

空调系统常常会有两个以上工况，原理图的识读需要一定的专业基础，原理图识读的关键是查明不同工况下管内流体的流向。管内流体的流向可通过以下方法来判断：

1）根据水泵的安装方向判断。

2）根据 Y 形过滤器的安装方向判断。Y 形过滤器的作用是滤除空调水管中的铁锈等杂质，一般安装在制冷机组、水泵的入口端，以保护设备。Y 形过滤器下端的分支内设有滤芯，滤芯朝向与水流方向相同，可由此判断水流方向。

3）根据止回阀的安装方向判断。在空调系统中，止回阀设于水泵出口处，用于防止水泵停机时"水锤"对水泵叶轮的伤害。止回阀上标有的方向箭头即为水流方向。

4）根据集水器和分水器判断。集水器是汇集空调末端各环路回水，并将回水送回机组的容器，而分水器是将机组供往空调末端的水分流到各环路的容器。根据集水器和分水器的功能即可判断出其干管（最大管径的管道）内流体的流向。

识读系统原理图时，可先选定系统的工作状态（夏季制冷或冬季制热），以夏季制冷工况为例，首先应对照设备材料表熟悉系统中主要设备的名称和作用，然后从制冷机组冷却水管上的管道流向标注来确定冷却水流向，顺着冷却水的流向查明冷却水循环。如无法确定冷却水管路，则可由设备材料表中查找冷却水泵的方式来确定冷却水流向及管路。

冷水循环的识读方法与冷却水类似，可由制冷机组蒸发器进出口来查找冷水供回水管路，也可通过查找冷水泵的方法来确定。还可以通过查找集水器和分水器的方法来确定冷水流向。

系统原理图还需编制冷热源系统不同工况下的阀门控制表来明确系统的控制切换做法。

（2）平面图

通风与空调系统平面图是空调施工图的主要内容，包括空调风管平面图、空调水管平面图和防排烟平面图。空调水管平面图的识读步骤与供暖平面图类似。空调风管平面图的识读一般应从空气处理设备（或通风机）开始。根据空气处理设备的形式确定送风、回风管道，然后顺着气流流向查明空调风系统的布置，然后根据空调风系统上的风口标注确定风口的规格、数量及风量。

（3）详图

通风与空调系统详图中的标准图主要包括空气处理设备接管做法、管道保温做法、管道吊架做法、风管穿墙做法、风口安装做法的局部节点详图。

除通用的标准图外，还有针对本工程的一些节点详图，特别是冷热源机房、空调机房内管道复杂，一般平面图很难清楚反映机房内设备和管道的布置。此时，可将机房平面局部放大成机房平面大样图，并辅以剖面图反映各重要断面上管道、设备的垂直关系。机房平面大样图主要反映空气处理机组的定位尺寸和管道、静压箱等设备的定位。剖面图主要反映空气处理机组接管做法、静压箱与空气处理机组风管连接做法、风管和水管安装标高、静压箱安装标高等信息。

六、建筑电气施工图识读

1. 建筑电气施工图的组成

（1）首页

首页主要内容包括：电气工程图纸目录、设备材料表和电气设计说明三部分。

电气设计说明是对图纸中不能用符号标明的、与施工有关的或对工程有特殊技术要求的补充，比如强弱电线路并排敷设时的线间距离要求、电气保护措施等。

（2）电气外线总平面图

电气外线总平面图以建筑总平面图为依据，绘出架空线路或地下电缆的位置，并注明有关做法。图中还注明了各幢建筑物的面积及分类负荷数据（光、热、力等设备安装容量），注明了总建筑面积、总设备容量、总需要系数、总计算容量及总电压损失。此外，图中还标注了外线部分的图例及简要做法说明。对于建筑面积较小、外线工程简单或只是做电源引入线的工程，没有外线总平面图。

（3）电气系统图

电气系统图用以表示供电系统的组成部分及其连接方式，通常用粗实线表示。系统图通常不表明电气设备的具体安装位置，但通过系统图我们可以清楚地看到整个建筑物内配电系统的情况及配电线路所用导线的型号与截面、采用的管径以及总的设备容量等，可以了解整个工程的供电全貌和接线关系。

（4）各层电气平面图

电气平面图详细标注了所有电气线路的具体走向及电气设备的位置、坐标，并通过图形符号将某些系统图无法表达的设计意图表达出来，具体指导施工。它包括动力平面图、照明平面图、防雷平面图、弱电（电话、广播等）平面图等。在图纸上主要标明电源进户线的位置、规格、穿管管径，各种电气设备的位置，各支路的编号及要求等。

（5）原理图

原理图用来表示电气设备的工作原理及各电气元件的作用及相互之间的关系，并将各电气设备及电气元件之间的连接方式，按动作原理用展开法绘制出来，便于看清动作顺序。原理图分为一次回路（主回路）和二次回路（控制回路）。二次回路包括控制、保护、测量、信号等线路。一次回路通常用粗实线绘制，二次回路通常用细实线绘制。原理图是指导设备制作、施工和调试的主要图纸。

（6）安装图

安装图又称安装大样图，用来表示电气设备和电气元件的实际接线方式、安装位置、配线场所的形状特征等。对于某些电气设备或电气元件在安装过程中有特殊要求或无标准图的部分，设计者绘制了专门的构件大样图或安装大样图，并详细地标明了施工方法、尺寸和具体要求，指导设备制作和施工。

2. 建筑电气施工图的识读方法

首先看图上的文字说明。文字说明的主要内容包括施工图图纸目录、设备材料表和电气设计说明三部分。比较简单的工程只有几张施工图纸，往往不另编制设计说明，一般将文字说明的内容表示在平面图、剖面图或系统图上。

其次看图上所画的电源从何而来，采用哪些供电方式，使用多大截面的导线，配电使用哪些电气设备，供电给哪些用电设备等。不同的工程有不同的要求，图纸上表达的工程内容一定要搞清楚。

当看比较复杂的电气图时，首先看系统图，了解由哪些设备组成，有多少个回路，每个回路的作用和原理是什么；然后再看安装图，了解各个元件和设备安装在什么位置，如何与外部连接，采用何种敷设方式等。

另外，要熟悉建筑物的外貌、结构特点、设计功能和工艺要求，并与电气设计说明、电气图纸一起配套研究，明确施工方法。尽可能地熟悉其他专业（给水排水、动力、采暖通风等）的施工图或进行多专业交叉图纸会审，了解有争议的空间位置或相互重叠现象，尽量避免施工过程中的返工。

3. 电气照明施工图的识读

电气照明施工图有电气照明系统图、电气照明平面图和照明设计说明。阅读电气照明施工图时要将系统图和平面图对照起来读，才能弄清设计意图，指导正确施工。现在分别介绍这三种施工图的内容。

（1）电气照明系统图

从电气照明系统图上可以读懂以下几个问题：

1）供电电源。从系统图上可以看出电源是三相还是单相，表示方法是在进户线上画短撇数，如果不带短撇则为单相。也可以从标在线路旁边的文字看出。

2）配线方式。从系统图上可以直接看出配线方式是树干式还是放射式或混合式，还可以看出支线的数目及每条支路供电的范围。

3）导线的型号、截面、穿管直径、管材以及敷设方式和敷设部位。导线的型号、截面、穿管直径及管材可以从导线旁的文字标记读出。电气线路文字标记的形式为：

$$ab-c(d \times e+f \times g)i-jh \tag{1-32}$$

式中　a——线缆编号；

　　　b——线缆型号；

　　　c——线缆根数；

　　　d——电缆线芯数；

　　　e——线芯截面；

　　　f——PE 及 N 线芯数；

　　　g——线芯截面；

　　　i——导线敷设方式；

　　　j——导线敷设部位；

　　　h——导线敷设高度。

住宅内部均采用绝缘线，各户内支线一般使用 2.5～4mm² 的绝缘铜线。所谓绝缘线是指在裸导线外面加一层绝缘层的导线，主要有塑料绝缘线、橡皮绝缘线两大类，其型号和特点见表 1-12。导线型号中第 1 位字母 B 表示布置用导线；第 2 位字母表示导体材料，铜芯不表示（省略），铝芯用"L"；后几位表示绝缘材料及其他。

绝缘线的型号和特点 表 1-12

名称	类型		型号		主要特点
			铝芯	铜芯	
塑料绝缘线	聚氯乙烯绝缘线	普通型	BLV、BLVV（圆形）、BLVVB（平型）	BV、BBV（圆形）、BVVB（平型）	这类电线的绝缘性能良好，制造工艺简便，价格较低。缺点是对气候适应性能差，低温时变硬发脆，高温或日光照射下增塑剂容易挥发而使绝缘老化加快。因此，在不具备有效隔热措施的高温环境、日光、经常照射或严寒地方，宜选择相应的特殊类型塑料电线
		绝缘软线		BVR、RV、RVB（平型）、RVS（双绞型）	
		阻燃型		ZR-RV、ZR-RVB（平型）、ZR、RVS（双绞型）、ZR-RVV	
		耐热型	BLV105	BV105、RV-105	
	丁腈聚氯乙烯复合绝缘软线	双绞复合物软线		RFS	它是塑料绝缘线的新品种，这种电线具有良好的绝缘性能，并具有耐寒、耐油、耐腐蚀、不延燃、不易老化等性能，在低温下仍然柔软，使用寿命长，远比其他型号的绝缘软线性能优良。适用于交流额定电压 250V 及以下或直流电压 500V 及以下的各种移动电器、无线电设备和照明灯座的连接线
		平型复合物软线		RFB	
橡皮绝缘线	棉纱编织橡皮绝缘线		BLX	BX	这类电线弯曲性能较好，对气温适应较广，玻璃丝编织绝缘线可用于室外架空线或进户线。但是由于这两种电线生产工艺复杂，成本较高，已被塑料绝缘线取代
	玻璃丝编织橡皮绝缘线		BBLX	BBX	
	氯丁橡皮绝缘线		BLXF	BXF	这种电线绝缘性能良好，且耐油、不易发霉、不延燃、适应气候性能好、光老化过程缓慢，老化时间约为普通橡皮绝缘线的两倍，因此适宜在室外敷设。由于绝缘层机械强度比普通橡皮线弱，因此不推荐用于穿管敷设

4）配电箱中的设备。配电箱中的开关、保护、计量等设备只能在系统图中表示，平面图中看不出来。照明配电箱的标注格式为：

$$\frac{a}{b} \tag{1-33}$$

式中 a——设备型号；
b——设备功率。

（2）电气照明平面图

在电气照明平面图中，按规定的图形符号和文字标记表示出电源进户点、配电箱、配电线路及室内灯具、开关、插座等电气设备的位置和安装要求。同一方向的线路不论有几根导线，都可以用单线表示，但要在线上用短撇表示导线根数。多层建筑物的电气照明平面图应分层绘制，标准层可以用一张图纸表示各层的平面。从电气照明平面图上可以读懂以下几个问题：

59

1）进户点、总配电箱和分配电箱的位置。

2）进户线、干线、支线的走向，导线根数，导线敷设位置、敷设方式。

3）灯具、开关、插座等设备的种类、规格、安装位置、安装方式及灯具的悬挂高度。照明灯具的标注方式一般为：

$$a-b\frac{cdL}{e}F \tag{1-34}$$

式中　a——灯具的数量；

　　　b——灯具的型号或代号；

　　　c——每盏灯具的灯泡数；

　　　d——每个灯泡的瓦数，W；

　　　e——灯泡安装高度，m；

　　　L——光源的种类，白炽灯为 LN、荧光灯为 FL、碘钨灯为 I、水银灯为 Hg；

　　　F——灯具安装方式。

如 $5-\frac{60}{2.5}CS$，表明共有 5 盏灯，每盏灯内有 1 个 60W 的灯泡，链吊式安装，安装高度为距地 2.5m。

除特殊情况外，在平面图上一般不标注哪个开关控制哪盏灯具，电气安装人员在施工时，可以按一般规律根据平面图连线关系判断出来。

对于图线和结构比较简单的电气施工平面图，经常将照明线路和弱电（电话、电视）线路画在一张图纸上。

（3）照明设计说明

在电气照明系统图和平面图中表达不清楚而又与施工有关系的一些技术问题，往往在照明设计说明中加以补充。如配电箱的安装高度，灯具及插座的安装高度，图上不能注明的支线导线的型号、截面、穿管直径、敷设方式，接地方式及重复接地电阻要求，防雷装置施工要求等。因此，在阅读电气照明施工图时，还要仔细阅读照明设计说明。

4. 弱电施工图的识读

弱电施工图包括图纸目录、设计说明、系统图、平面图、剖面图、各弱电项目供电方式等。

（1）首页

首页包括设计说明、设备材料表及图例。其中设计说明包括施工时应注意的主要事项，各弱电项目中的施工要求，建筑物内布线、设备安装等有关要求。

（2）系统图

系统图包括电话、电视等各分项工程系统图。

1）电话系统图

电话系统图包括主干电缆和分支电缆，图中应注明电缆编号、电缆线序，并标明分线箱的型号和编号。电话线选用一般导线时，应注明导线的对数，选择电话线时，应留出余量，以备今后发展的需要。

2）电视系统图

电视系统图是在各分配系统计算完毕的情况下绘制的。电视系统图中包括主干电缆和分支电缆，应将电视天线、天线放大器、混合器、主放大器、分配器、分支器、终端匹配电阻等一一画出来并标识清楚。电视系统图是示意图，可不按比例绘制。

（3）平面图

平面图包括电话平面图、电视平面图等。图线和结构比较简单的电气施工平面图，往往将弱电平面图和电气照明平面图画在一张图纸上。

1）电话平面图

先绘制土建专业的建筑平面图，并标明主要轴线号、各房间名称，绘出有关设备的位置及平面布置，并标出有关尺寸，标明设备、管线编号、型号规格，说明安装方式等。绘出地沟、支架、电缆走向布置，并标出有关尺寸。平面图上还需注明预留管线、孔洞的平面布置及标高。对于不能表达清楚的，还应加注文字说明。

2）电视平面图

电视平面图应标注线路走向、线路编号、各房间名称。一般应采用穿管暗敷设。前端箱（电视系统控制器）在平面图上应标清楚布设的位置，距交流电源配电箱应保持在0.5m以上。电视平面图上的管线敷设，应避免与交流电源线路交叉，并应沿最短的线路布置，图形符号应按国家标准绘制。

第二章　法律法规相关知识

第一节　法律法规基础知识

一、建设工程法律体系

法律体系也称法的体系，通常指由一个国家现行的各个部门法构成的有机联系的统一整体。在我国法律体系中，根据所调整的社会关系性质不同，可以划分为不同的部门法。部门法又称法律部门，是根据一定标准、原则所制定的同类法律规范的总称。

建设工程法律具有综合性的特点，虽然主要是经济法的组成部分，但还包括了行政法、民法商法等的内容。建设工程法律同时又具有一定的独立性和完整性，具有自己的完整体系。建设工程法律体系，是指把已经制定的和需要制定的建设工程方面的法律、行政法规、部门规章和地方法规、地方规章有机结合起来，形成的一个相互联系、相互补充、相互协调的完整统一的体系。

目前我国已经形成一个立足中国国情和实际、适应改革开放和社会主义现代化建设需要、集中体现党和人民意志的，以宪法为统帅，以宪法相关法、民法商法等多个法律部门的法律为主干，由法律、行政法规、地方性法规等多个层次的法律规范构成的中国特色社会主义法律体系，国家经济建设、政治建设、文化建设、社会建设以及生态文明建设的各个方面均有法可依。

我国法律体系的基本框架由宪法及宪法相关法、民法商法、行政法、经济法、社会法、刑法、诉讼与非诉讼程序法等构成。

二、法的形式和效力层级

1. 法的形式

法的形式是指法律创制方式和外部表现形式。它包括四层含义：（1）法律规范创制机关的性质及级别；（2）法律规范的外部表现形式；（3）法律规范的效力等级；（4）法律规范的地域效力。法的形式取决于法的本质。在世界历史上存在过的法律形式主要有：习惯法、宗教法、判例、规范性法律文件、国际惯例、国际条约等。在我国，习惯法、宗教法、判例不是法的形式。

2. 法的分类

我国法的形式是制定法形式，具体可分为以下七类：

（1）宪法

宪法是由全国人民代表大会依照特别程序制定的具有最高效力的根本法。宪法是集中反映统治阶级的意志和利益，规定国家制度、社会制度的基本原则，具有最高法律效力的根本大法。其主要功能是制约和平衡国家权力保障公民权利。宪法是我国的根本大法，在我国法律体系中具有最高的法律地位和法律效力，是我国最高的法律形式。

宪法也是建设法规的最高形式，是国家进行建设管理、监督的权力基础。如《中华人民共和国宪法》规定："国务院行使下列职权：……（六）领导和管理经济工作和城乡建设"、"县级以上地方各级人民政府依照法律规定的权限，管理本行政区域内的……城乡建设事业……等行政工作，发布决定和命令，任免、培训、考核和奖惩行政工作人员"。

（2）法律

法律是指由全国人民代表大会和全国人民代表大会常务委员会制定颁布的规范性法律文件，即狭义的法律。法律分为基本法律和一般法律（又称非基本法律、专门法）两类。基本法律是由全国人民代表大会制定的调整国家和社会生活中带有普遍性的社会关系的规范性法律文件的统称，如刑法、民法、诉讼法以及有关国家机构的组织法等法律。一般法律是由全国人民代表大会常务委员会制定的调整国家和社会生活中某种具体社会关系或其中某一方面内容的规范性文件的统称。全国人民代表大会和全国人民代表大会常务委员会通过的法律由国家主席签署主席令予以公布。

依照 2015 年 3 月经修改后公布的《中华人民共和国立法法》（以下简称《立法法》）的规定，下列事项只能制定法律：1）国家主权的事项；2）各级人民代表大会、人民政府、人民法院和人民检察院的产生、组织和职权；3）民族区域自治制度、特别行政区制度、基层群众自治制度；4）犯罪和刑罚；5）对公民政治权利的剥夺、限制人身自由的强制措施和处罚；6）税种的设立、税率的确定和税收征收管理等税收基本制度；7）对非国有财产的征收、征用；8）民事基本制度；9）基本经济制度以及财政、海关、金融和外贸的基本制度；10）诉讼和仲裁制度；11）必须由全国人民代表大会及其常务委员会制定法律的其他事项。

建设法律既包括专门的建设领域的法律，也包括与建设活动相关的其他法律。例如，前者有《中华人民共和国城乡规划法》、《中华人民共和国建筑法》、《中华人民共和国城市房地产管理法》等，后者有《中华人民共和国民法总则》、《中华人民共和国合同法》、《中华人民共和国行政许可法》等。

（3）行政法规

行政法规是国家最高行政机关国务院根据宪法和法律就有关执行法律和履行行政管理职权的问题，以及依据全国人民代表大会及其常务委员会特别授权所制定的规范性文件的总称。行政法规由总理签署国务院令公布。

依照《立法法》的规定，国务院根据宪法和法律，制定行政法规。行政法规可以就下列事项作出规定：1）为执行法律的规定需要制定行政法规的事项；2）宪法规定的国务院行政管理职权的事项。应当由全国人民代表大会及其常务委员会制定法律的事项，国务院根据全国人民代表大会及其常务委员会的授权决定先制定行政法规，经过实践检验，制定法律的条件成熟时，国务院应当及时提请全国人民代表大会及其常务委员会制定法律。

现行的建设行政法规主要有《建设工程质量管理条例》、《建设工程安全生产管理条例》、《建设工程勘察设计管理条例》、《城市房地产开发经营管理条例》、《中华人民共和国招标投标法实施条例》等。

（4）地方性法规、自治条例和单行条例

省、自治区、直辖市的人民代表大会及其常务委员会根据本行政区域的具体情况和实际需要，在不同宪法、法律、行政法规相抵触的前提下，可以制定地方性法规。设区的市的人民代表大会及其常务委员会根据本市的具体情况和实际需要，在不同宪法、法律、行政法规和本省、自治区的地方性法规相抵触的前提下，可以对城乡建设与管理、环境保护、历史文化保护等方面的事项制定地方性法规。设区的市的地方性法规须报省、自治区的人民代表大会常务委员会批准后施行。省、自治区的人民代表大会常务委员会对报请批准的地方性法规，应当对其合法性进行审查，同宪法、法律、行政法规和本省、自治区的地方性法规不抵触的，应当在四个月内予以批准。省、自治区的人民代表大会常务委员会在对报请批准的设区的市的地方性法规进行审查时，发现其同本省、自治区的人民政府的规章相抵触的，应当作出处理决定。

地方性法规可以就下列事项作出规定：1）为执行法律、行政法规的规定，需要根据本行政区域的实际情况作具体规定的事项；2）属于地方性事务需要制定地方性法规的事项。

省、自治区、直辖市的人民代表大会制定的地方性法规由大会主席团发布公告予以公布。省、自治区、直辖市的人民代表大会常务委员会制定的地方性法规由常务委员会发布公告予以公布。设区的市、自治州的人民代表大会及其常务委员会制定的地方性法规报经批准后，由设区的市、自治州的人民代表大会常务委员会发布公告予以公布。自治条例和单行条例报经批准后，分别由自治区、自治州、自治县的人民代表大会常务委员会发布公告予以公布。

目前，各地方都制定了大量的规范建设活动的地方性法规、自治条例和单行条例，如《北京市建筑市场管理条例》、《天津市建筑市场管理条例》、《新疆维吾尔自治区建筑市场管理条例》等。

（5）部门规章

国务院各部、委员会、中国人民银行、审计署和具有行政管理职能的直属机构所制定的规范性文件称为部门规章。部门规章由部门首长签署命令予以公布。部门规章签署公布后，及时在国务院公报或者部门公报和中国政府法制信息网以及在全国范围内发行的报纸上刊载。

部门规章规定的事项应当属于执行法律或者国务院的行政法规、决定、命令的事项，其名称可以是"规定"、"办法"和"实施细则"等。没有法律或者国务院的行政法规、决定、命令的依据，部门规章不得设定减损公民、法人和其他组织权利或者增加其义务的规范，不得增加本部门的权力或者减少本部门的法定职责。目前，大量的建设法规是以部门规章的方式发布，如住房和城乡建设部发布的《房屋建筑和市政基础设施工程质量监督管理规定》、《房屋建筑和市政基础设施工程竣工验收备案管理办法》、《市政公用设施抗灾设防管理规定》，国家发展和改革委员会发布的《招标公告发布暂行办法》、《工程建设项目招标范围和规模标准规定》等。

涉及两个以上国务院部门职权范围的事项，应当提请国务院制定行政法规或者由国务院有关部门联合制定规章。目前，国务院有关部门已联合制定了一些规章，如2013年3月国家发展和改革委员会、工业和信息化部、财政部、住房和城乡建设部、交通运输部、铁道部、水利部、国家广播电影电视总局、中国民用航空局经修改后联合发布的《评标委员会和评标方法暂行规定》等。

（6）地方政府规章

省、自治区、直辖市和设区的市、自治州的人民政府，可以根据法律、行政法规和本省、自治区、直辖市的地方性法规，制定地方政府规章。地方政府规章由省长或者自治区主席或者市长签署命令予以公布。地方政府规章签署公布后，及时在本级人民政府公报和中国政府法制信息网以及在本行政区域范围内发行的报纸上刊载。

地方政府规章可以就下列事项作出规定：1）为执行法律、行政法规、地方性法规的规定需要制定规章的事项；2）属于本行政区域的具体行政管理事项。设区的市、自治州的人民政府制定地方政府规章，限于城乡建设与管理、环境保护、历史文化保护等方面的事项。已经制定的地方政府规章，涉及上述事项范围以外的，继续有效。没有法律、行政法规、地方性法规的依据，地方政府规章不得设定减损公民、法人和其他组织权利或者增加其义务的规范。

（7）国际条约

国际条约是指我国与外国缔结、参加、签订、加入、承认的双边、多边的条约、协定和其他具有条约性质的文件。国际条约的名称，除条约外，还有公约、协议、协定、议定书、宪章、盟约、换文和联合宣言等。除我国在缔结时宣布持保留意见不受其约束的以外，这些条约的内容都与国内法具有一样的约束力，所以也是我国法的形式。例如，我国加入WTO后，WTO中与工程建设有关的协定也对我国的建设活动产生约束力。

3. 法的效力层级

法的效力层级，是指法律体系中的各种法的形式，由于制定的主体、程序、时间、适用范围等的不同，具有不同的效力，形成法的效力等级体系。

（1）宪法至上

宪法是具有最高法律效力的根本大法，具有最高的法律效力。宪法作为根本法的母法，还是其他立法活动的最高法律依据。任何法律、法规都必须遵循宪法而产生，无论是维护社会稳定、保障社会秩序，还是规范经济秩序，都不能违背宪法的基本准则。

（2）上位法优于下位法

在我国法律体系中，法律是仅次于宪法而高于其他法的形式。行政法规的法律地位和法律效力仅次于宪法和法律，高于地方性法规和部门规章。地方性法规的效力高于本级和下级地方政府规章。省、自治区人民政府制定的规章的效力高于本行政区域内设区的市、自治州人民政府制定的规章。

自治条例和单行条例依法对法律、行政法规、地方性法规作变通规定的，在本自治地方适用自治条例和单行条例的规定。经济特区法规根据授权对法律、行政法规、地方性法规作变通规定的，在本经济特区适用经济特区法规的规定。

部门规章之间、部门规章与地方政府规章之间具有同等效力，在各自的权限范围内施行。

（3）特别法优于一般法

特别法优于一般法，是指公法权力主体在实施公法权力行为中，当一般规定与特别规定不一致时，优先适用特别规定。《立法法》规定：同一机关制定的法律、行政法规、地方性法规、自治条例和单行条例、规章，特别规定与一般规定不一致的，适用特别规定。

（4）新法优于旧法

新法、旧法对同一事项有不同规定时，新法的效力优于旧法。《立法法》规定：同一机关制定的法律、行政法规、地方性法规、自治条例和单行条例、规章，新的规定与旧的规定不一致的，适用新的规定。

（5）需要由有关机关裁决适用的特殊情况

法律之间对同一事项的新的一般规定与旧的特别规定不一致，不能确定如何适用时，由全国人民代表大会常务委员会裁决。

行政法规之间对同一事项的新的一般规定与旧的特别规定不一致，不能确定如何适用时，由国务院裁决。

地方性法规、规章之间不一致时，由有关机关依照下列规定的权限作出裁决：1）同一机关制定的新的一般规定与旧的特别规定不一致时，由制定机关裁决。2）地方性法规与部门规章之间对同一事项的规定不一致，不能确定如何适用时，由国务院提出意见，国务院认为应当适用地方性法规的，应当决定在该地方适用地方性法规的规定；认为应当适用部门规章的，应当提请全国人民代表大会常务委员会裁决。3）部门规章之间、部门规章与地方政府规章之间对同一事项的规定不一致时，由国务院裁决。

根据授权制定的法规与法律规定不一致，不能确定如何适用时，由全国人民代表大会常务委员会裁决。

（6）备案和审查

行政法规、地方性法规、自治条例和单行条例、规章应当在公布后的 30 日内依照下列规定报有关机关备案：1）行政法规报全国人民代表大会常务委员会备案；2）省、自治区、直辖市的人民代表大会及其常务委员会制定的地方性法规，报全国人民代表大会常务委员会和国务院备案；设区的市、自治州的人民代表大会及其常务委员会制定的地方性法规，由省、自治区的人民代表大会常务委员会报全国人民代表大会常务委员会和国务院备案；3）自治州、自治县的人民代表大会制定的自治条例和单行条例，由省、自治区、直辖市的人民代表大会常务委员会报全国人民代表大会常务委员会和国务院备案；自治条例、单行条例报送备案时，应当说明对法律、行政法规、地方性法规作出变通的情况；4）部门规章和地方政府规章报国务院备案；地方政府规章应当同时报本级人民代表大会常务委员会备案；设区的市、自治州的人民政府制定的规章应当同时报省、自治区的人民代表大会常务委员会和人民政府备案；5）根据授权制定的法规应当报授权决定规定的机关备案；经济特区法规报送备案时，应当说明对法律、行政法规、地方性法规作出变通的情况。

国务院、中央军事委员会、最高人民法院、最高人民检察院和各省、自治区、直辖市的人民代表大会常务委员会认为行政法规、地方性法规、自治条例和单行条例同宪法或者法律相抵触的，可以向全国人民代表大会常务委员会书面提出进行审查的要求，由常务委员会工作机构分送有关的专门委员会进行审查、提出意见。其他国家机关和社会团体、企业事业组织以及公民认为行政法规、地方性法规、自治条例和单行条例同宪法或者法律相抵触的，可以向全国人民代表大会常务委员会书面提出进行审查的建议，由常务委员会工作机构进行研究，必要时，送有关的专门委员会进行审查、提出意见。有关的专门委员会和常务委员会工作机构可以对报送备案的规范性文件进行主动审查。

三、建设法律、行政法规和相关法律的关系

1. 建设法的定义

建设法是调整国家行政管理机关、法人、法人以外的其他组织、公民在建设活动中产生的社会关系的法律规范的总称。建设法律和建设行政法规构成了建设法的主体。建设法是以市场经济中建设活动产生的社会关系为基础，规范国家行政管理机关对建设活动的监管、市场主体之间经济活动的法律法规。

建设法律、行政法规与所有的法律部门都有一定的关系，比较重要的是与行政法、民法商法、社会法的关系。

2. 建设法律、行政法规与行政法的关系

建设法律、行政法规在调整建设活动中产生的社会关系时，会形成行政监督管理关系。行政监督管理关系是指国家行政机关或者其正式授权的有关机构对建设活动的组织、监督、协调等形成的关系。建设活动事关国计民生，与国家、社会的发展，与公民的工作、生活以及生命财产的安全等，都有直接的关系。因此，国家必然要对建设活动进行监督和管理。古今中外，概莫能外。

我国政府一直高度重视对建设活动的监督管理。在国务院和地方各级人民政府都设有专门的建设行政管理部门，对建设活动的各个阶段依法进行监督管理，包括立项、资金筹集、勘察、设计、施工、验收等。国务院和地方各级人民政府的其他有关行政管理部门，也承担了相应的建设活动监督管理的任务。行政机关在这些监督管理中形成的社会关系就是建设行政监督管理关系。

建设行政监督管理关系是行政法律关系的重要组成部分。

3. 建设法律、行政法规与民法商法的关系

建设法律、行政法规在调整建设活动中产生的社会关系时，会形成民事商事法律关系。建设民事商事法律关系，是建设活动中由民事商事法律规范所调整的社会关系。建设民事商事法律关系有以下特点：第一，建设民事商事法律关系是主体之间的民事商事权利和民事商事义务关系。民法商法调整一定的财产关系和人身关系，赋予当事人以民事商事权利和民事商事义务。在民事商事法律关系产生以后，民事商事法律规范所确定的民事商事权利和民事商事义务便落实为约束当事人行为的具体的民事商事权利和民事商事义务。第二，建设民事商事法律关系是平等主体之间的关系。民法商法调整平等主体之间的财产关系和人身关系，这就决定了参加民事商事法律关系的主体地位平等，相互独立、互不隶属。同时，由于主体地位平等，决定了其权利义务一般也是对等的。任何一方在享受权利的同时，也要承担相应的义务。第三，建设民事商事法律关系主要是财产关系。民法商法以财产关系为其主要调整对象。因此，民事商事法律关系也主要表现为财产关系。民事商事法律关系虽然也有人身关系，但在数量上较少。第四，建设民事商事法律关系的保障措施具有补偿性和财产性。民法商法调整对象的平等性和财产性，也表现在民事商事法律关系的保障手段上，即民事商事责任以财产补偿为主要内容，惩罚性和非财产性责任不是主要的民事商事责任形式。在建设活动中，各类民事商事主体，如建设单位、施工单位、勘察设计单位、监理单位等，都是通过合同建立起相互的关系。合同关系就是一种民事商事法律关系。

建设民事商事法律关系是民事商事法律关系的重要组成部分。

4. 建设法律、行政法规与社会法的关系

建设法律、行政法规在调整建设活动中产生的社会关系时，会形成建设社会关系。例如，施工单位应当做好员工的劳动保护工作，建设单位也要提供相应的保障；建设单位、施工单位、监理单位、勘察设计单位都会与自己的员工建立劳动关系。

建设社会关系是社会关系的重要组成部分。

第二节　中华人民共和国建筑法

一、本法简介

1. 编制宗旨

为了加强对建筑活动的监督管理，维护建筑市场秩序，保证建筑工程的质量和安全，促进建筑业健康发展，制定本法。

2. 适用范围

在中华人民共和国境内从事建筑活动，实施对建筑活动的监督管理，应当遵守本法。本法所称建筑活动，是指各类房屋建筑及其附属设施的建造和与其配套的线路、管道、设备的安装活动。

3. 修订情况

1997 年 11 月 1 日第八届全国人民代表大会常务委员会第二十八次会议通过，自 1998 年 3 月 1 日起施行。

根据 2011 年 4 月 22 日第十一届全国人民代表大会常务委员会第二十次会议《关于修改〈中华人民共和国建筑法〉的决定》修正，自 2011 年 7 月 1 日起施行。

根据 2019 年 4 月 23 日第十三届全国人民代表大会常务委员会第十次会议《关于修改〈中华人民共和国建筑法〉等八部法律的决定》修正。

4. 主要内容

包括：总则；建筑许可；建筑工程发包与承包；建筑工程监理；建筑安全生产管理；建筑工程质量管理；法律责任；附则。共八章八十五条。

二、要点解读

1. 必须制定建筑法

这是指在我国存在着制定建筑法的必要性。这种必要性是立法的根据，也决定着立法的目的和立法的内容，具体分析有下列几个方面。

（1）范围广泛的建筑活动需要有统一的行为规则

人类在广泛的生产、生活领域中，总是离不开建筑活动。中国在联合国第二次人类住区大会上就提出，人居是人类生存最基本的需求，人人享有适当的住房是人的最基本权利。当然，与住房一样，人类在生产中也要使用房屋，可以说，这是最基本的生产条件之一。随着社会经济的发展、生产经营领域的扩大、物质文化生活水平的提高，人们需要使用更多的房屋，对房屋的要求也会提高，从而使建筑活动的范围日趋广泛，并显得更为重要。因此，在建筑活动中就需要确立统一的规则，以保证有秩序的进行，使之为人们提供更多、更好的房屋。比如，从事建筑活动的条件、在建筑活动中所应遵循的行为规则、违背这些规则所应承担的责任等，都应当有明确、具体的规定，并且这些规定是具有普遍约束力的，即人人必须遵守。这就需要为建筑活动制定法律，将建筑活动纳入法制的轨道，促进建筑业的健康发展。

（2）建筑活动中形成的社会经济关系必须依法调整

在建筑活动中，形成了错综复杂的社会经济关系，它们涉及的范围很广，又直接与各自的权利义务相关，比如，涉及建筑活动当事人的就有建设单位、建筑施工企业、勘察单位、设计单位和工程监理单位等，他们之间可以由建筑工程的勘察设计、发包承包、施工建造、建筑材料供给、工程监理、工程验收等事项而形成多方面的权利义务关系，相互联结，又相互制衡，它表现在招标发包时存在着的是竞争中获取合同，材料供应中存在着的是利益与责任不能分离，工程监理中存在着的是监理单位代表建设单位对施工的监督，等等。这一系列的不同内容、不同当事人之间的关系，都应当依据法律所确定的规则形成，对这种关系的调整也应当是依据公认的有权威的规则，而不应当是某一方当事人的意愿，或者是某一个部门单方面的决定，只有这样才能公正有效地协调建筑活动中的经济关系，保护有关当事人的合法权益，保障建筑活动正常进行，所以，制定建筑法是必要的，可以依法形成并调整建筑活动中的经济关系，并依法加以调整。

（3）维护建筑市场的秩序必须立法

建筑市场是一个很重要的市场，它的秩序如何，直接关系到建筑业能否健康发展、建筑活动能否正常进行，当然，更严重的是建筑市场的秩序混乱，会对人们的生命财产造成危害，甚至会造成惨重的后果。近几年来以多种形式反映出来的问题有：建筑领域中违法、违规现象大量发生；在一些地区，司法部门受理的案件中有关建筑的占有相当比重；一大批不够资质条件或者根本不具备资质条件的施工队伍进入建筑市场；对建筑工程项目倒手转包，层层盘剥，严重损害建设单位利益，致使建筑工程中问题百出；出卖证照，乱借名义，滥收费用，串通勾结，越级设计、施工，强行分包，违规指定建筑材料供应商；未经许可，擅自施工，随意违反施工管理规定，等等。对于这些违法、违规扰乱建筑市场秩序的行为，必须整顿治理，其强有力的手段就是以法律形式确立市场规则，建立建筑市场的法律秩序，并以严格执法为前提来维护建筑市场的秩序，这一切都表明必须制定建筑法，以建筑法为基本规范，来建立一个规范有序的建筑市场。这样，对建筑业自身、对人民群众、对国家都实属必要。

（4）建筑工程质量和安全必须要由法律作保障

建筑工程的质量和安全，从长远来说是百年大计，人们特别重视，殷切地希望能获得满意的质量，在一个比较安全的环境中从事生产和进行生活；从当前情况看，人们对建筑工程的质量与安全倍加关注，这是由于近几年来连续发生或者暴露出多起建筑质量与安全事故，尤其是频频塌楼，多人伤亡，财产损失的惨象，惊醒了亿万人。这些不幸事件以及其他的一些类似事件，都引起了人们的强烈反映，此外还有大量存在的质量通病也经常引起人们的不满和忧虑，从而在社会上普遍地要求保证和提高建筑工程质量，防止质量事故，保障用房者的安全。在这种情况下，法律手段是必须采用的手段，而且要从实际出发，有针对性，所以，不但应当制定建筑法，而且在立法中要把重点放在保障建筑工程的质量与安全上。

（5）对建筑活动必须依法管理

在国家对社会经济事务的管理活动中，在社会主义市场经济的体制中，都必须对建筑活动实行依法管理，这就要求有法可依，要求在建筑领域中有一部反映国家意志的建筑法，该法要具有普遍约束力，在管理建筑活动中作为依据，包括管理的权力、管理的范围、管理的体制、管理的条件、管理的程序等，凡是法律有规定的，应当尽职尽责地管好，而法律未作授权的则应防止管理上的随意性，避免造成不适当的干预。应当在法律的保障之下，使建筑业按照社会主义市场经济的要求向前发展。

上述五点是制定建筑法的必要性，当然这只是主要之点，在现实中存在着大量的事实，可以更有力地证明，在中国经济持续发展，建筑活动更为重要的今天，制定建筑法有多方面的重要意义，它已不仅仅是建筑业本身的需要，而是维护国家利益、社会公共利益、人民大众利益的迫切需要，应当将这种需要以法律形式体现出来。

2. 立法指导原则

建筑法是一部重要的产业立法，在这部法律中所体现的是国家的意志和人民的利益，所要适应的是社会主义市场经济体制的要求，所要确立的是保障建筑业健康发展的秩序，因此建筑法的立法指导原则主要有以下几点：

（1）立法的宗旨在于促进发展

在建筑法的第一条中就以明确的语言表明了制定这部法律的宗旨，或者说是立法的出发点和所要达到的目的。它是指要加强对建筑活动的监督管理，也就是要将建筑活动置于国家的监督之下，依法进行管理，并切实有所加强；要维护建筑市场秩序，就是肯定建筑活动是一种市场活动，应当遵守市场的规则，有秩序的进行，不允许有破坏市场、扰乱秩序的行为，否则就要受到限制和惩处；保证建筑工程的质量和安全，这是促进发展的前提。总之，在建筑法中，所集中体现出来的宗旨就是要使建筑业健康地向前发展，这里所以指明是"健康地"，一个用意是建筑业的发展应当坚持正确的方向，用正确的方法、正确的手段去追求发展，而不能走歪门邪道，以不正当的手段对待建筑活动，那样是难以实现发展的；另一个用意是建筑业中不健康、不正当的现象应当坚决排除，即为法律所不允许。因此，了解和运用建筑法，就应自觉地使建筑活动步入健康的轨道，而这个轨道正是依照建筑法而规范的。

（2）合理确定建筑法的适用范围

一部法律的适用范围就是这部法律中的规定在什么范围内产生效力，或者说，就是这部法律的调整对象是什么，包括对什么人、在什么地方、对什么行为起调整作用。法律的调整对象，主要是根据立法的需要、调整对象的特点、在立法上的可行性等方面的因素来确定。

关于建筑法的适用范围，是在立法过程中广泛征求意见，反复酝酿后确定的，具体规定在建筑法第一章总则的第二条中，首先规定在中国境内从事建筑活动，实施对建筑活动的监督管理，都应当遵守建筑法；而对建筑活动则具体界定为是指各类房屋建筑及其附属设施的建造和与其配套的线路、管道、设备的安装活动。之所以这样界定，主要考虑了以下几种情况：

一是建筑法中的建筑一词，如果是指建筑物，则应当是指房屋建筑，或者说建筑活动的成果就是各类房屋。在一些国家或地区的法律中对建筑物也作了类似的界定，即建筑物的特征是上面有顶、中间有柱子、周围有墙，这分明就是各类不同的房屋而已。

二是建筑一词除了指建筑物外，还表示一种营造活动，或称营建活动，在建筑法中则称为建造、安装活动，它和建设一词是有区别的，建设可以从投资立项开始，直到竣工使用，发挥效益。而建筑则是建设过程中的一个阶段，就是建造那一个阶段。

三是建筑一词是从日语引入汉语的，在汉语中是一个多义词，在法律中只能根据所界定的范围使用，而不应超出法律所确定的含义对法律作任意的解释，否则就要引起对法律的误解或曲解。

四是各类房屋建筑是指民用房屋建筑、工业用房建筑、公共用房建筑，包括居住建筑中的独户住宅、多户住宅；工业建筑中的生产厂房、仓库、动力站、水塔、烟囱等；商业建筑中的旅店、银行、冷藏库、客运站等；文教卫生建筑中的学校、医院、剧院、体育场馆、展览馆等，以及办公楼、会议厅、火车站等，都应当列为各类房屋建筑范围之内。

五是各类房屋建筑的附属设施与配套的线路、管道、设备，都是指进入房屋或者与房屋紧密联系在一起的，并且能够表明是以房屋为主体的，而不是指那些与房屋没有什么联系的，可以独立存在的设施、装备等。

（3）坚持以保证建筑工程的质量和安全为立法的重点

建筑法的制定是植根于实际的需要，有相当强的针对性，它要求在这部法律中体现人们对建筑工程质量的强烈愿望，即坚持质量第一的方针；坚持将建筑产品作为一种特殊产品，要有百年大计的考虑；对当前建筑工程质量不高的问题要充分重视，并制定出有的放矢的法律规范。因此，建筑法的立法重点就应落脚在质量和安全上，建筑工程的质量表现在两个方面，一是表现在建筑活动的过程中，即按照建筑程序进行的各个阶段的活动；二是表现在建筑产品上，即建筑活动成果的状况。控制建筑工程的质量，既要使建筑活动的整个过程，又要使建筑的产品，符合国家现行的有关法律、法规、技术标准、设计文件及工程合同中的安全、使用、经济等方面的要求，特别要强调的是建筑工程中，有关保障人体健康，人身、财产安全的标准属于是强制性标准，按照《中华人民共和国标准化法》的规定，这是必须执行的。因此，在建筑法的总则中专门规定，建筑活动应当确保建筑工程质量和安全，符合国家的建筑工程安全标准。这个规定体现了立法的目的，也直接决定或者影响了这部法律中许多条款的内容，使之反映了人民群众的切身利益，以法律的规范保护各类房屋使用者的生命、财产安全，这样也会有力地推动当前存在问题的解决。

（4）立足于扶持建筑业走向更高的水平

这是指建筑业在发展中要达到更高的水平，走向现代化，因此在建筑法中就此作出了基本规定，主要是确定：

国家扶持建筑业的发展，支持建筑科学技术研究；

在建筑业的发展过程中，应当提高房屋建筑设计水平；

在建筑活动中，要鼓励节约能源和保护环境；

在发展建筑事业，以及工程项目施工过程中，要提倡采用先进技术、先进设备、先进工艺、新型建筑材料；

在建筑业中，应当加强管理，提高管理水平，推行现代管理方式。

这些内容虽然是在总则中作了规定，但是它却对整部建筑法发挥影响，引导着建筑业的发展方向，决定着许多有关的条款，人们在进行建筑活动时应当遵循这些基本规定。

（5）强调建筑活动必须依法进行，重视合法性

这是指在制定建筑法时，很重视将建筑活动中的经济事实表现为法律关系，用法律形式来规范人们在建筑活动中的行为，对于一种行为是被允许还是不被允许，是受到鼓励还是被限制，是可以得到奖励还是会受到处罚，等等，都要以法律为根据，合法的受到保护，违法的给予制裁，所以在建筑法总则中规定：从事建筑活动应当遵守法律、法规，不得损害社会公共利益和他人的合法权益；任何单位和个人都不得妨碍和阻挠依法进行的建筑活动。这些规定和这部法律中的许多条款都明确地体现了合法性的原则，比如，建筑施工要依法领取施工许可证，从事建筑活动要依法取得从业资格，建筑工程的发包与承包都必须是合法的，建筑安全生产管理要受到法律的约束，等等。建筑法的合法性，就是要把建筑活动纳入法律秩序之中，违背这个秩序的，即不合法的、损害社会公共利益的、侵害他人合法权益的，都应当被排除在正常的、受到保护的建筑活动范围之外，这就是对建筑活动的立法原则，也只有坚持这个原则，建筑业才能在法律的保障下健康发展。

（6）建筑业依法实行统一监督管理

这是指建筑法所确定的对建筑活动实行统一监督管理的原则，这样有利于加强管理，贯彻统一有效的监督管理措施。这里所提到的有关监督管理的内容，都是指国家行使管理职能的各个事项，并不是可以去干预建筑企业本身的业务；实行监督管理的权力，必须是依据法律所授予的权力，而不是自定权力，自行其是；统一监督管理的范围只限于建筑活动，而建筑活动所涉及的内容是由法律来界定的，即从法律上说是有特定内容的，并不能任意解释，不能加以扩大或者使之缩小。至于统一监督管理中与其他有关部门的职能交叉，应当依据有关法律的规定，相互配合，各负其责。比如，火车站的修建，作为房屋建筑，应当按建筑活动去监督管理，但作为交通运输设施的一部分，有关部门也会依法行使自己的职能。所以，对于建筑活动来说，需要由国家的法定部门统一监督管理，但这种监督管理是从行业管理来考虑的，至于涉及税收、财务方面的，建筑行业还要服从统一的税法、统一的财经纪律，这是不言而喻的。

上述的建筑法的立法指导原则，是主要的或者说是在总则中作出有关规定的，建筑法的各章中都贯彻了这些原则。

3. 从事建筑活动的法定资格

进入建筑市场，从事建筑活动，必须具备一定的资质条件，这是保证建筑工程质量和维护市场秩序的关键措施。在建筑法中主要从四个方面作出了规定：

（1）审定资质的范围

按照建筑法的规定，包括从事建筑活动的建筑施工企业、勘察单位、设计单位和工程监理单位。也就是说参与建筑活动的几个主要方面都要求具备一定的资质条件，这几个方面一般来说是相互独立的，尤其是施工企业与监理单位不能合并组成，而各个方面又可以进一步的分类，分成若干个独立的企业或单位，它们都应当分别具有一定的资质条件。

（2）资质条件由法律规定

也就是说资质条件是一种法定条件，不应当是一种随意确定的条件。在法律上作了规定后，实质上就是以统一的标准去衡量那些企业或单位的资金状况、人员素质、技术装备、建筑业绩、管理水平等方面的能力，综合评价它们，达到一定标准的方可进入建筑市

场，承接工程，这样就为保证建筑业的有序发展和保证建筑工程质量奠定了一个重要的基础。

（3）划分资质等级

由于从事建筑活动的建筑施工企业、勘察单位、设计单位和工程监理单位种类较多，技术差别性大，专业性强。因此需要按照其各自资质条件的不同，划分为不同的资质等级，从而使那些具有较强经济实力、较高技术水平、良好信誉、较强管理能力的企业或单位，承接有较高要求的建筑工程项目，而那些技术、管理、声誉较为一般的企业或单位，则承接一般的建筑项目。这样的管理是比较科学的，也维护了建设单位的正当权益，所以在法律中作了肯定，并须普遍遵守对资质等级的管理。所以建筑法中规定：从事建筑活动的建筑施工企业、勘察单位、设计单位和工程监理单位，只有经资质审查合格，取得相应等级的资质证书后，方可在其资质等级许可的范围内从事建筑活动。如果未经资质审查合格，或者超越资质等级承揽工程的，则被视为违法，将被处罚。

（4）专业技术人员执业资格

这是与对建筑施工企业、勘察单位、设计单位和工程监理单位进行资质审查、划分资质等级相适应的规定，是对其中专业技术人员的单独规定，目的在于保证专业技术人员的素质条件，当然也是充分重视了专业技术人员在建筑活动中的关键作用，以人的素质、人的工作质量来保证建筑工程的质量，因此，建筑法规定：从事建筑活动的专业技术人员，应当依法取得相应的执业资格证书，并在执业资格证书许可的范围内从事建筑活动。这样的规定是必要的，有利于促进和保障建筑工程专业技术人员提高素质，形成一支合格的技术队伍。

（5）必须排除扰乱资质等级制度的行为

建筑施工企业和勘察单位、设计单位、工程监理单位都必须具有法定的资质条件，在资质等级范围内承揽工程，这是一个在建筑活动中非常必要的、科学合理的制度，不但要确立它，而且要维护它，在建筑活动的多个环节上体现出来，因而在建筑法中规定：

建筑工程实行公开招标的，应当在具备相应资质条件的投标者中，择优选定中标者（建筑法第二十条）；

建筑工程实行直接发包的，发包单位应当将建筑工程发包给具有相应资质条件的承包单位（建筑法第二十二条）；

承包建筑工程的单位应当持有依法取得的资质证书，并在其资质等级许可的业务范围内承揽工程（建筑法第二十六条）；

禁止建筑施工企业超越本企业资质等级许可的业务范围或者以任何形式用其他建筑施工企业的名义承揽工程（建筑法第二十六条）；

禁止建筑施工企业以任何形式允许其他单位或者个人使用本企业的资质证书、营业执照，以本企业的名义承揽工程（建筑法第二十六条）；

两个以上不同资质等级的单位实行联合共同承包的，应当按照资质等级低的单位的业务许可范围承揽工程（建筑法第二十七条）；

禁止总承包单位将工程分包给不具备相应资质条件的单位（建筑法第二十九条）；

工程监理单位应当在其资质等级许可的监理范围内，承担工程监理业务（建筑法第三十四条）。

上述各项规定以及若干未在这里列出的条款都表明，从事建筑活动的企业或单位必须是合格的主体，按照法定条件确定其在业务上的权利能力，鼓励合格者之间的竞争，禁止用不正当的、欺诈的手段去冒充合格的企业或单位，比如，以"挂靠"、"联营"的手段，使无资质的充当有资质的，低等级的充当高等级的，从而以虚假的从业资格承揽工程；又比如，转借、转让甚至伪造资质证书的，允许非法者使用合法名义的，更是明目张胆地进行欺诈，破坏了建筑市场的秩序。所以，无论是建筑施工企业、设计单位、勘察单位、工程监理单位，还是建设单位、有关部门，都应当遵守关于建筑从业资格的法律规定，重视以法律手段夯实建筑业发展的基础。

4. 建筑工程发包与承包的行为规则

这一部分在建筑法中占有重要的地位，因为建筑市场是整个大市场的一个重要部分，建筑产品是一种商品，建筑工程的发包与承包，就是买卖双方或称甲方与乙方所进行的交易，所以要根据这种交易的特点与实际需要确立交易规则，也就是在发包与承包中所应遵循的行为规则。但是这种规则是很多的，有必要将其基本的、关键性的部分以法律形式固定下来，并以强制的力量保证其实施，在建筑法中具体表现为以下三个方面的内容：

（1）基本的规则

一是发包和承包双方应当订立合同。这是通行的规则，所采用的应是书面形式，使之明白地确定双方的权利和义务，表示经济利益关系，订立合同时要符合有关法律规定，体现公平、自愿、平等、互利的原则。

二是全面履行合同。也就是说应当认真按照合同约定的事项履行各自的义务，当然也要保证双方的权利；如果不履行合同，违约的一方需承担违约责任。建筑法中之所以专门对违约责任作出规定，就是因为当前在建筑活动中违约现象普遍，应当以法律手段促使双方都恪守信用，重视合同。

三是招标投标应当遵循公开、公正、平等竞争的原则，依法进行。招标投标是在市场经济中的一种交易方式，建筑市场中应当积极推行，买方设定标的，招请卖方通过投标报价进行竞争，然后择优选定承包单位，这个过程应当是公开透明的，并且公正地对待各个投标者，保护公平的竞争，否则将难以发挥招标投标的积极作用，所以在建筑法中对招标投标活动作出基本规定是必要的。由于我国将较快地制定招标投标法，为了避免重复和便于衔接，所以又规定了建筑法中没有作出规定的则适用有关招标投标法律的规定，也就是说建筑法中有规定的按建筑法执行，没有规定的就要执行招标投标法。

四是禁止采用不正当手段。建筑法对发包承包双方都作出了规定，目的是维护公平、合法的竞争，保护正当的交易行为，整治发包、承包中的腐败作风，这是有现实意义的。对于发包方，建筑法规定：发包单位及其工作人员在建筑工程发包中不得收受贿赂、回扣或者索取其他好处；而对于承包方则规定：承包单位及其工作人员不得利用向发包单位及其工作人员行贿、提供回扣或者给予其他好处等不正当手段承揽工程。

五是建筑工程造价依法约定。这是指在建筑市场中，工程造价也应当按照市场经济的要求，在国家有关规定的框架中，由买卖双方约定。这里提到的国家规定，首先是价格法中的规定，或者是按照价格法的原则所作的规定，而并不是一种政府定价，因为在建筑法中很明确地规定了建筑工程造价是由双方约定的价格，并非是由双方执行政府确定的价格。公开招标发包的，其造价的约定，更应当是在竞争中形成的，不应当由政府来确定，政府也不应当直接干预具体价格，所以在这方面要执行招标投标的规定。

关于工程款项的拨付，主要是数量和期限，应当按照合同的约定执行，现实中的拖欠工程款问题，或者工程垫资问题，都应当在订立合同与履行合同中解决，依法订立合同，并重视信用，将促使一些不正常的现象逐步消除，走向规范化。

（2）发包的规则

建筑法主要从下列五个方面作了规定：

1）关于发包方式

在建筑法中是鼓励招标发包的，只有在不适于招标发包时，才可以实行直接发包，法律中确定招标发包处于优先考虑的位置。之所以如此规定是由于招标发包符合市场经济的要求，体现了公平竞争的原则。建筑工程项目由发包方发布信息，凡具备相应资质条件且符合投标要求的单位，不受地域和部门的限制，都可以申请投标，而发包方就可以在较为广泛的范围内和有竞争性的报价中，择优选择承包单位，将工程项目委托给信誉较好、技术能力较强、管理水平较高、报价合理的承包单位实施，这是一个好的发包方式，应当从法律上提倡与肯定。直接发包是限于特定的条件，难以展开公开竞争的一种发包方式，在现实中仍然是需要的，所以在法律中既是允许的，又是有一定限制的。

2）招标程序

根据公开招标的法律性质和特点，建筑法规定了公开招标的基本程序，以保证招标公开、公正地进行，主要内容为：

一是建筑工程实行公开招标的，发包单位应当依照法定程序和方式发布招标公告。这种公告又可称为招标广告，它的作用在于让投标人获得招标信息，并且标志着招标的开始。

二是提供招标文件。招标文件由发包单位提供，按照建筑法第二十条的规定其主要内容是：招标工程的主要技术要求，主要的合同条款，评标的标准和方法，开标、评标、定标的程序等。招标文件应当认真编制，保证招标投标顺利进行，当然在招标文件中还会有其他一些内容，由编制单位根据需要决定，但上述法定的内容是必不可少的。

三是在招标文件规定的时间、地点公开进行开标。这是由招标是平等竞争这一特点所决定的，开标应当由招标单位主持，所有投标人都应参加，有关部门与监督单位到场，标书启封后，应当宣读标书的主要内容，开标后，任何投标人都不允许再更改标书的内容和报价，也不允许再增加优惠条件，标书启封后，评标、定标的标准和方法都不能改动。

四是评标、定标。这是指开标后，应当按照招标文件规定的评标标准和程序对标书进行评价、比较，在具备相应资质条件的投标者中，择优选定中标者。这些规定表明，评标要按事先确定的评标标准和程序进行，评标要保证公正性、科学性；定标也称决标，是在合格的投标者中最终确定实施单位，这些行为只能强调其合法性，只有规范地进行才能达到招标的目的。

3）招标主体

招标投标是建筑市场中买卖双方自主成交的一种法定方式，从招标一方来看，则是由作为买方的业主或称建设单位对承包单位的选择，所以招标的主体应当是建设单位，因此建筑法规定：建筑工程的开标、评标、定标由建设单位依法组织实施，并接受有关行政主管部门的监督。这项规定表明，开标应当由建设单位主持，而不是由建设单位以外的人来主持，这是建设单位的权利，应当尊重；评标也应当由建设单位来组织实施，比如要设立评标小组或评标委员会，则应由建设单位负责组织，而不应由其他单位指定，如果评标中出现分歧而不能评定中标单位时，应交由建设单位去考虑；定标是指最终确定承包单位，定标前与中标单位的谈判、定标后与中标单位签订合同等，都应当是建设单位，而不应是其他的主体，这是法定的，不能改变。建设单位在开标、评标、定标过程中都必须依法行事，接受有关行政主管部门的监督。什么是有关行政主管部门，则是根据法律规定，只有在法律中规定对招标的开标、评标、定标有监督职责的部门才有权实施监督，而不是由一些部门自行决定去作干预。

4）对发包的限定

这是规范发包行为的，也是为了保护承包单位的合法权益和维护建筑市场的正常秩序，建筑法中的规定主要有下列几项：

一是建筑工程实行招标发包的，发包单位应当将建筑工程发包给依法中标的承包单位。因为这个中标的承包单位是依照法定程序投标、评标、定标而被选定的，在这个过程中形成了一系列的法律关系，中标后即享有承包该项建筑工程的合法权益，发包单位不应改变这种既定的权益。

二是政府及其所属部门不得滥用行政权力，限定发包单位将招标发包的建筑工程发包给指定的承包单位。这项法律规定表明，必须排除政府部门对招标发包的不正当干预，尊重招标投标这种交易方式所确定的权利义务，从反对不正之风来说也是有现实意义的。

三是按照合同约定，建筑材料、建筑构配件和设备由工程承包单位采购的，发包单位不得指定承包单位购入用于工程的建筑材料、建筑构配件和设备或者指定生产厂、供应商。这项规定是重要的，有多层意思，限制了发包单位利用其有利地位而违背合同的约定；保护了承包单位在合同中确定的权利，也有利于明确其责任；防止利用指定生产厂、供应商谋取不正当利益，影响工程质量。

5）发包形式的规定

这实际上也是承包形式的规定，或者说是承发包单位之间经济关系所采取的形式。由于承包的内容和承包的环境不同，就形成了多种承包形式，对此，建筑法作了基本规定：

一是提倡对建筑工程实行总承包，禁止将建筑工程肢解发包。即提倡将一个建筑工程由一个承包单位负责组织实施，由其统一指挥筹划，以求获取较好的效益和较高的效率。

二是在总承包中可以是统包也可以是分项总承包，所以建筑法第二十四条规定：建筑工程的发包单位可以将建筑工程的勘察、设计、施工、设备采购一并发包给一个工程总承包单位，也可以将建筑工程勘察、设计、施工、设备采购的一项或者多项发包给一个工程总承包单位。按照这项规定，建设单位为甲方，总承包单位为乙方。甲方可以与一个乙方订立合同，也可以与几个乙方订立合同。

三是禁止肢解发包，也就是不得将应当由一个承包单位完成的建筑工程肢解成若干部分发包给几个承包单位。因为，从理论上讲，将一个整体人为地、不合理地分割成几个部分，会造成浪费、降低效率；从实际中反映出来的情况看，肢解工程的结果是相互扯皮、费用升高、管理混乱，因此应当禁止这种有害的做法。

（3）承包的规则

建筑工程的承包是指通过招标投标，在竞争中获得合同，并组织实施以至全面履行合同的行为，因此建筑法结合中国实际情况，作出了若干基本规定：

一是承包单位只能在其资质等级许可的业务范围内承揽工程，并且不得允许他人借用自己的名义或者自己借用他人的名义，超越资质等级承揽工程。

二是大型建筑工程或者结构复杂的建筑工程，可以由两个以上的承包单位联合共同承包；共同承包的各方对承包合同的履行承担连带责任。这种责任意味着共同承包的每一个承包单位都有义务承担共同承包所应负的全部责任，在这个承包单位履行了义务之后，有权向共同承包的其他承包单位索取补偿。

三是禁止转包。这是一项非常明确的法律规定，是针对建筑市场中由于转包带来的弊端与严重后果而采取的法律措施。建筑工程中的层层转包，造成层层盘剥，侵吞了大量的工程款项，导致了偷工减料、工程质量低劣、欺诈丛生等恶劣后果，严重地侵害了国家利益、社会公共利益、建设单位的利益，以至危害人们的生命健康与财产安全，所以对此必须禁止，包括直接的转包与变相的转包都不行。因此建筑法规定：禁止承包单位将其承包的全部建筑工程转包给他人，禁止承包单位将其承包的全部建筑工程肢解以后以分包的名义分别转包给他人。

四是实行施工总承包的，建筑工程主体结构的施工必须由总承包单位自行完成。这是由于总承包单位是经过一系列程序选定的，建设单位对其给予了信任，也是由于该总承包单位自身所具有的能力才成为订立合同的乙方，为了保证工程质量，所以应当规定由其完成主体工程，这是法定的责任；如此规定，也有利于防止转包。

五是关于分包的规定。首先是总承包单位可以将部分工程分包出去，但都必须经建设单位同意，同意的方式为在总承包合同中约定，或者经建设单位认可；如果未经建设单位同意即行分包，则被视为违法分包；第二是总承包单位和分包单位就分包工程对建设单位承担连带责任，这是加重了责任的规定，原有的总承包单位按照总承包合同的约定对建设单位负责以及分包单位按照分包合同的约定对总承包单位负责的法律关系不变；第三是禁止分包单位将其承包的工程再分包，这样有利于将分包的工作内容转向拥有专业技术和专门施工设备的分包单位，减去中间层次；第四是承包单位的资质必须与所承担的建筑工程的等级相适应。

5. 施工许可制度

在建筑法中确立这项制度，目的在于保障建筑工程质量，避免不具备施工条件的工程盲目施工，这样也有利于开工的工程尽快建成和建设行政主管部门进行监督管理，它的主要内容有三项：

（1）领取施工许可证

就是指建筑工程开工前，建设单位要申请领取施工许可证，但是有两种情况在法律上例外，一是国务院建设行政主管部门确定的限额以下的小型工程除外；二是按照国务院规定的权限和程序批准开工报告的建筑工程，不再领取施工许可证。

（2）施工许可条件

建筑法中规定了六项条件，包含了施工前必须办妥的手续，必须具有的证件，必须具备的条件，比如，建筑工程用地批准手续，建设工程规划许可证，拆迁进度符合施工要求，已经确定建筑施工企业，有满足施工需要的资金安排、施工图纸及技术资料，有保证工程质量和安全的具体措施等，这些条件都符合要求的，即行颁发施工许可证。

（3）施工许可证的时效

主要是规定建设单位应当自领取施工许可证之日起三个月内开工，因故不能按期开工的，应当申请延期，延期以两次为限，每次不超过三个月，也就是最多延期半年，对于不开工也不申请延期的，或者超过延期时限的，施工许可证自行废止。对施工许可证之所以如此规定时间上的效力，主要是由于建筑工程的施工条件是会变化的，应当在动态中进行监督管理。对于建筑工程中止施工的，中止施工后又恢复施工的，批准开工报告后不开工或者中止施工的，有关的时效问题，都在建筑法中作了规定，其出发点都是为了有效地进行监督。

6. 建筑工程质量管理的法律规范

这个部分是建筑法的重点内容，在前面已经述及的几个问题中，从业资格是规范建筑市场主体的，发包与承包是规范甲方乙方市场行为的，施工许可则是对工程的开始实施进行监督管理，而对建筑工程的质量管理进行规范，应当是抓住了建筑活动的关键环节。

建筑法中关于工程质量管理的规范主要有：

（1）坚持标准

建筑工程质量不仅会长期影响建筑产品的使用，而且质量问题还会危及生命财产的安全；对建筑工程质量产生影响的因素有很多，比如设计、材料、环境、施工工艺、技术措施、管理制度、从业人员素质等都会对质量的优劣发生作用；建筑工程项目还有单一性的特点，即它是按照建设单位的意图进行设计的，同一类型的工程，各个项目还会由于地点等不同而各不相同。尽管建筑工程的质量有许多特性，但有关安全的标准仍然是质量中最重要的问题，必须坚持，并且要使这些标准能适应确保安全的需要。因此建筑法规定：建筑工程勘察、设计、施工的质量必须符合国家有关建筑工程安全标准的要求，具体管理办法由国务院规定；有关建筑工程安全的国家标准不能适应确保建筑安全的要求时，应当及时修订。

对于建设单位在工程质量上所起的作用也作了必要的限制，建筑法规定：建设单位不得以任何理由，要求建筑设计单位或者建筑施工企业在工程设计或者施工作业中，违反法律、行政法规和建筑工程质量、安全标准，降低工程质量。与此同时，还授予了设计单位和施工企业有权拒绝建设单位要求的权利，明确规定：建筑设计单位和建筑施工企业对建设单位违反前款规定提出的降低工程质量的要求，应当予以拒绝。

关于勘察、设计方面，从法律上也是同样地规定要符合工程质量、安全标准，建筑法规定：勘察、设计文件应当符合有关法律、行政法规的规定和建筑工程质量、安全标准、建筑工程勘察、设计技术规范以及合同的约定；设计文件选用的建筑材料、建筑构配件和设备，应当注明其规格、型号、性能等技术指标，其质量要求必须符合国家规定的标准。

（2）建立法定的质量责任制度

这就是以建筑法为基本规范，建立工程质量的责任制度，使参与建筑工程勘察、设计、施工的各方都承担相应的责任，以利于加强质量管理，改进和提高工程质量。在建筑法中对此所作的规定主要为：

一是建筑工程实行总承包的，工程质量由工程总承包单位负责；因为工程的总承包合同是由总承包单位与建设单位签订的，应当由总承包单位对全面履行合同负责。

二是总承包单位将建筑工程分包给其他单位的，应当对分包工程的质量与分包单位承担连带责任。这项法律规定表明，对分包工程的质量，分包单位要负责，而总承包单位同样要承担责任，由于以连带责任的形式加重他们双方的责任，防止了总承包单位在分包后推卸责任，同时又防止了分包单位向总承包单位推卸责任。

三是建筑工程的勘察、设计单位必须对其勘察、设计的质量负责。这就要求勘察、设计单位在承揽勘察、设计业务后，必须按照法律、行政法规的规定，工程质量、安全标准，现行的技术规范和勘察、设计合同，进行有关的作业，对所编制的勘察、设计文件的质量负责。这样的规定对加强勘察、设计质量的控制，保证勘察、设计质量都是有重要作用的。

四是建筑施工企业对工程的施工质量负责。这项规定加重了施工企业的责任，实际上也给予了对施工质量进行管理的权力，防止不承担此项责任的单位或个人对工程施工的不适当干预甚至非法干预。

（3）保证施工质量的法律措施

这是建筑法为了保证工程施工质量，针对现实中存在的一些不规范做法而作出的若干规定，主要有：

建筑施工企业必须按照工程设计图纸和施工技术标准施工，不得偷工减料。这是保证施工质量的根本措施，也是现实中反映出来的一个突出问题，比如，有不少工程不按图施工，擅自降低标准，严重地偷工减料，酿成大小祸害，对此必须作出法律规定，加以整治。

工程设计的修改由原设计单位负责，建筑施工企业不得擅自修改工程设计。这对建筑施工企业来说，是一项必须认真遵守的规则，也是防止乱改设计，扰乱施工、造成意外事故的必要措施。

建筑施工企业必须按照工程设计要求、施工技术标准和合同的约定，对建筑材料、建筑构配件和设备进行检验，不合格的不得使用。这项规定是针对现实中建筑材料、设备等质量没有保证，或者是需要强化对施工质量的控制而作出的决策，赋予了施工企业有复验把关的权利，以防止低劣的建筑材料、设备进入现场使用，造成质量事故。当然，这也使施工企业承担了明确的责任，即在建筑施工中使用了不合格的建筑材料、建筑构配件和设备，施工企业要承担责任。

建筑设计单位对设计文件选用的建筑材料、建筑构配件和设备，不得指定生产厂、供应商。这项规定表明，对于建筑材料、建筑构配件和设备，在设计文件中可以注明技术指标、确定质量要求，但不能指定生产厂、供应商，其目的就是为了能选用质量好的产品，防止通过不正常的供应关系使低劣产品用于建筑施工。

（4）竣工验收的基本规定

建筑工程的竣工验收，是全面检验工程质量的必经程序，也是检查承包合同履行情况的重要环节，因此在建筑法中对竣工验收的主要条件作出了规定：交付竣工验收的建筑工程，必须符合规定的建筑工程质量标准，有完整的工程技术经济资料和经签署的工程保修书，并具备国家规定的其他竣工条件；建筑工程竣工验收合格后，方可交付使用；未经验收或者验收不合格的，不得交付使用。这些规定就是要对工程质量的最终结果严格把关，即使由于质量的隐蔽性，从表面难以检查内在的质量，也要审查其完整的资料和工程保修书，以明确责任。对于竣工验收中不负责任的行为，建筑法还规定：负责工程竣工验收的部门及其工作人员，对不合格的建筑工程按合格工程验收的，由上级机关责令改正，对责任人员给予行政处分；构成犯罪的，依法追究刑事责任；造成损失的，由该部门承担相应的赔偿责任。这样的规定是必要的，有利于增强竣工验收部门及其工作人员的责任感，认真地履行职责。

（5）建立法定的工程保修制度

建筑工程的质量在法律上受到了重视，在施工过程中加强控制，但由于建筑工程的复杂性，用外观检查，尤其是一次性的外观检查难以从根本上观察工程质量，因此应当建立质量保修制度，加以弥补，就是在建筑工程竣工验收之后，在规定的期限内，如果出现质量缺陷则要由承包单位负责维修。对此建筑法作出了下列规定：

一是规定建筑工程实行质量保修制度。这项规定表明，质量保修制度成为一项法定的制度，是必须在建筑活动中执行的制度。

二是保修范围，应当包括建筑工程的地基基础工程、主体结构工程、屋面防水工程和其他土建工程，以及电气管线、上下水管线的安装工程，供热、供冷系统工程等项目。这些项目的范围比较宽，尤其是列入了必须保证质量的项目和易于出现质量缺陷的项目。

三是保修的期限，应当按照保证建筑物合理寿命年限内正常使用，维护使用者合法权益的原则确定。这就要求合理确定保修期限，不宜过短。当然也不是无限期的延长。

四是专门规定了建筑物在合理使用寿命内，必须确保地基基础工程和主体结构的质量；建筑工程竣工时，屋顶、墙面不得留有渗漏、开裂等质量缺陷；对已发现的质量缺陷，建筑施工企业应当修复。这项规定既是质量方面的要求，也是保修的根据，尤其当前存在的质量通病，群众反映强烈，应当明确地列入保修范围。

（6）质量投诉的权利

建筑质量问题应当是一个由社会各界都来监督的事项，尤其是在质量事故频频发生、质量缺陷大量存在时，更需要群众的监督，因此建筑法规定：任何单位和个人对建筑工程的质量事故、质量缺陷都有权向建设行政主管部门或者其他有关部门进行检举、控告、投诉。

7. 建筑工程监理的法律规范

建筑法是第一部对建筑工程监理作出系统规定的法律，建筑法制定后即正式确定了建筑工程监理的法律地位，成为一项法定的制度，在建筑法中主要的规定有：

（1）国家推行建筑工程监理制度。因为这是一项通行的有效的也是在我国所需要的对建筑工程项目的实施进行监督管理的制度，所以在法律上规定要加以推行，有些建筑工程需要强制实行这种制度，其具体范围由国务院规定。

（2）工程监理主体

这应当是依照建筑法第十二条、第十三条所设立的工程监理单位，在其资质等级许可的监理范围内，承担工程监理业务。工程监理单位应当是独立的中介机构，具有法人资格，所以建筑法规定：工程监理单位应当根据建设单位的委托，客观、公正地执行监理任务；工程监理单位与被监理工程的承包单位以及建筑材料、建筑构配件和设备供应单位不得有隶属关系或者其他利害关系。这就表明，工程监理单位作为独立的主体，必须与妨碍其公正履行职责的有关单位或行业分离；这种分离，一是法定的，二是严格的，不能有隶属关系，其他的利害关系也不能存在。

（3）建筑工程监理的职责

建筑工程监理是针对具体项目的，属于微观的监督管理活动，它代表建设单位的利益，但是对这种利益的维护又必须在依法行事的基础上，建筑法对这种法律关系作出了规定，主要有下列内容：

1）订立监理合同。就是实行监理的建筑工程，由建设单位委托具有相应资质条件的工程监理单位监理；建设单位与其委托的工程监理单位应当订立书面委托监理合同。

2）工程监理的法定职权。首先明确了工程监理行使职权的依据和范围，即：建筑工程监理应当依照法律、行政法规及有关的技术标准、设计文件和建筑工程承包合同，对承包单位在施工质量、建设工期和建设资金使用等方面，代表建设单位实施监督。其次规定了工程监理人员的两项权利：一是工程监理人员认为工程施工不符合工程设计要求、施工技术标准和合同约定的，有权要求建筑施工企业改正；二是工程监理人员发现工程设计不符合建筑工程质量标准或者合同约定的要求的，应当报告建设单位要求设计单位改正。

3）工程监理单位不得转让工程监理业务。这是因为工程监理单位在建筑市场上是一个特定主体，其他机构和人员不能替代；建设单位与监理单位之间是一种具体的委托与服务的关系，一旦订立合同，就不应再自行转让，何况这种合同还包含着建设单位对具体的监理单位的信任；监理单位所承担的监督管理行为，只应自己实施，有利于实现监理的目的；监理业务禁止转让，也是维护工程监理秩序所需的规则。当前有些监理单位只承揽监理业务，而自己不执行，引致的弊端也说明要确立不能转让的规则。如果工程监理单位违法转让监理业务，建筑法的规定是：责令改正，没收违法所得，可以责令停业整顿，降低资质等级；情节严重的，吊销资质证书。

4）工程监理单位的责任。这是指工程监理单位不履行应尽的义务或者有违法行为所要承担的责任，建筑法的主要规定为：工程监理单位不按照委托监理合同的约定履行监理义务，对应当监督检查的项目不检查或者不按照规定检查，给建设单位造成损失的，应当承担相应的赔偿责任；工程监理单位与承包单位串通，为承包单位谋取非法利益，给建设单位造成损失的，应当与承包单位承担连带赔偿责任；工程监理单位与建设单位或者建筑施工企业串通，弄虚作假、降低工程质量的，责令改正，处以罚款，降低资质等级或者吊销资质证书，有违法所得的予以没收，构成犯罪的依法追究刑事责任。

8. 建筑安全生产管理制度

关于安全生产管理，国家已制定了一些有关法律，其中有些规定在各行业是相通的，建筑法结合建筑业的特点作出了若干规定，主要为：

（1）建立健全安全生产的责任制度和群防群治制度；

（2）建筑工程设计应当符合按照国家规定制定的建筑安全规程和技术规范，保证工程的安全性能；

（3）建筑施工企业在编制施工组织设计时，应当根据建筑工程的特点制定相应的安全技术措施；

（4）施工现场对毗邻的建筑物、构筑物和特殊作业环境可能造成损害的，建筑施工企业应当采取安全防护措施；

（5）建筑施工企业的法定代表人对本企业的安全生产负责，施工现场安全由建筑施工企业负责，实行施工总承包的，由总承包单位负责；

（6）鼓励企业为从事危险作业的职工办理意外伤害保险，支付保险费；

（7）涉及建筑主体和承重结构变动的装修工程，施工前应提出设计方案，没有设计方案的不得施工；

（8）房屋拆除应当由具备保证安全条件的建筑施工单位承担，由建筑施工单位负责人对安全负责。

9. 建筑法的实施

制定了法律就必须实施，在实施中最重要的有三点：

（1）建筑法是国家的法律，必须严肃对待，不能漠视，否则将受到惩罚；

（2）认真学习，特别是建筑业的从业人员，必须学法、懂法、用法；

（3）必须正确地解释法律、宣传法律，不应曲解，更不应规避法律。

第三节　中华人民共和国消防法

一、本法简介

1. 编制宗旨

为了预防火灾和减少火灾危害，加强应急救援工作，保护人身、财产安全，维护公共安全，制定本法。

2. 适用范围

国务院应急管理部门对全国的消防工作实施监督管理。县级以上地方人民政府应急管理部门对本行政区域内的消防工作实施监督管理，并由本级人民政府消防救援机构负责实施。军事设施的消防工作，由其主管单位监督管理，消防救援机构协助；矿井地下部分、核电厂、海上石油天然气设施的消防工作，由其主管单位监督管理。

县级以上人民政府其他有关部门在各自的职责范围内，依照本法和其他相关法律、法规的规定做好消防工作。

法律、行政法规对森林、草原的消防工作另有规定的，从其规定。

3. 修订情况

1998 年 4 月 29 日第九届全国人民代表大会常务委员会第二次会议通过，2008 年 10 月 28 日第十一届全国人民代表大会常务委员会第五次会议修订，自 2009 年 5 月 1 日起施行。

根据 2019 年 4 月 23 日第十三届全国人民代表大会常务委员会第十次会议《关于修改〈中华人民共和国建筑法〉等八部法律的决定》修正。

4. 主要内容

包括：总则；火灾预防；消防组织；灭火救援；监督检查；法律责任；附则。共七章七十四条。

二、要点解读

1. 消防工作原则

消防法继承和发展了我国消防法制建设成果，在总则中规定："消防工作贯彻预防为主、防消结合的方针，按照政府统一领导、部门依法监管、单位全面负责、公民积极参与的原则，实行消防安全责任制，建立健全社会化的消防工作网络"，确立了消防工作的方针、原则和责任制。

消防安全是政府社会管理和公共服务的重要内容，是社会稳定、经济发展的重要保障。各级人民政府必须加强对消防工作的领导，这是贯彻落实科学发展观、建设现代服务型政府、构建社会主义和谐社会的基本要求。政府有关部门对消防工作齐抓共管，这是由消防工作的社会化属性决定的。各级公安、建设、工商、质监、教育、人力资源等部门应当依据有关法律法规和政策规定，依法履行相应的消防安全职责。单位是社会的基本单元，是消防安全管理的核心主体。公民是消防工作的基础，没有广大人民群众的参与，消防工作就不会发展进步，全社会抗御火灾的基础就不会牢固。"政府"、"部门"、"单位"、"公民"四者都是消防工作的主体，政府统一领导、部门依法监管、单位全面负责、公民积极参与，共同构筑消防安全工作格局，任何一方都非常重要，不可偏废，这是消防法确定的消防工作的原则。

2. 政府消防工作职责

消防法第三条规定：国务院领导全国的消防工作；地方各级人民政府负责本行政区域内的消防工作。这是关于各级人民政府消防工作责任的原则规定。

消防安全关系人民安居乐业、社会安定和经济建设，关系改革发展稳定大局，做好消防工作十分重要。国务院作为中央人民政府、最高国家权力机关的执行机关、最高国家行政机关，领导全国的消防工作。同时，消防工作又是一项地方性很强的政府行政工作，许多具体工作必须由地方政府负责。消防法在宏观规划、火灾预防、农村消防工作、消防组织建设、灭火救援、执法监督等方面，对政府具体消防工作责任都作出了明确的规定。

3. 应急管理部门及消防救援机构职责

消防法第四条规定：国务院应急管理部门对全国的消防工作实施监督管理。县级以上地方人民政府应急管理部门对本行政区域内的消防工作实施监督管理，并由本级人民政府消防救援机构负责实施。

消防法对应急管理部门及消防救援机构在宣传教育、监督执法、灭火救援、队伍建设、廉政建设等方面都作出了明确规定。

消防法规定：消防救援机构的工作人员在消防工作中滥用职权、玩忽职守、徇私舞弊，尚不构成犯罪的，依法给予处分。

4. 消防监督管理主体例外规定

消防法在明确消防救援机构对消防工作具体实施监督管理的同时，对一些特殊单位消防工作的监督管理主体做了例外规定，总则第四条规定：军事设施的消防工作，由其主管单位监督管理，消防救援机构协助；矿井地下部分、核电厂、海上石油天然气设施的消防工作，由其主管单位监督管理。同时，针对森林、草原消防工作的特殊性，规定：法律、行政法规对森林、草原的消防工作另有规定的，从其规定。

5. 行政主管部门消防职责

消防法第四条规定：县级以上人民政府其他有关部门在各自的职责范围内，依照本法和其他相关法律、法规的规定做好消防安全工作。

消防法规定了教育、人力资源行政主管部门和学校、有关职业培训机构应当将消防知识纳入教育、教学、培训的内容。明确了建设工程的消防设计未经依法审核或者审核不合格的，负责审批该工程施工许可的部门不得给予施工许可。规定了产品质量监督部门、工商行政管理部门应当按照职责加强对消防产品质量的监督检查；对生产、销售不合格的消防产品或者国家明令淘汰的消防产品的，由产品质量监督部门或者工商行政管理部门依照《中华人民共和国产品质量法》的规定从重处罚。

6. 单位消防安全责任

单位是社会消防管理的基本单元，单位对消防安全和致灾因素的管理能力反映了社会消防安全管理水平，在很大程度上决定了一个城市、一个地区的消防安全形势。消防法进一步强化了机关、团体、企业、事业等单位在保障消防安全方面的消防安全职责，明确了单位的主要负责人是本单位的消防安全责任人。

消防法规定：任何单位都应当无偿为报警提供便利，不得阻拦报警，严禁谎报火警；发生火灾的单位，必须立即组织力量扑救火灾，邻近单位应当给予支援；火灾扑灭后，发生火灾的单位和相关人员应当按照消防救援机构的要求保护现场，接受事故调查，如实提供与火灾有关的情况。

7. 公民的权利和义务

公民是消防工作重要的参与者和监督者。消防法关于公民在消防工作中权利和义务的规定主要有：

任何人都有维护消防安全、保护消防设施、预防火灾、报告火警的义务。任何成年人都有参加有组织的灭火工作的义务。

任何人不得损坏、挪用或者擅自拆除、停用消防设施、器材，不得埋压、圈占、遮挡消火栓或者占用防火间距，不得占用、堵塞、封闭疏散通道、安全出口、消防车通道。

任何人发现火灾都应当立即报警。任何人都应当无偿为报警提供便利，不得阻拦报警。严禁谎报火警。

火灾扑灭后，相关人员应当按照消防救援机构的要求保护现场，接受事故调查，如实提供与火灾有关的情况。

8. 建设工程实行消防审核、验收和备案抽查制度

为减少行政许可事项，适应便民利民要求，消防法改革了建设工程消防监督管理制度，明确了建设工程消防设计审核、消防验收和备案抽查制度。

消防法规定：国务院住房和城乡建设主管部门规定的特殊建设工程，建设单位应当将消防设计文件报送住房和城乡建设主管部门审查，住房和城乡建设主管部门依法对审查的结果负责。其他建设工程，建设单位申请领取施工许可证或者申请批准开工报告时应当提供满足施工需要的消防设计图纸及技术资料。

消防法明确了其他工程实行备案抽查制度。对按照国家工程建设消防技术标准需要进行消防设计的建设工程，实行建设工程消防设计审查验收制度。特殊建设工程未经消防设计审查或者审查不合格的，建设单位、施工单位不得施工；其他建设工程，建设单位未提供满足施工需要的消防设计图纸及技术资料的，有关部门不得发放施工许可证或者批准开工报告。

国务院住房和城乡建设主管部门规定应当申请消防验收的建设工程竣工，建设单位应当向住房和城乡建设主管部门申请消防验收。其他建设工程，建设单位在验收后应当报住

房和城乡建设主管部门备案，住房和城乡建设主管部门应当进行抽查。依法应当进行消防验收的建设工程，未经消防验收或者消防验收不合格的，禁止投入使用；其他建设工程经依法抽查不合格的，应当停止使用。

9. 公众聚集场所消防安全检查

公众聚集场所的消防安全，历来是消防监督管理的重点。消防法继承和发展了关于消防救援机构对公众聚集场所在使用、营业前实施消防安全检查的规定，取消了原消防法中关于对公众聚集场所未经消防安全检查或者经检查不符合消防安全要求擅自投入使用、营业的行政处罚中，限期改正的前置条件，对存在上述违法行为的，规定了直接给予责令停止施工、停止使用、停产停业和罚款的行政处罚。

10. 举办大型群众性活动消防安全有要求

为减少行政许可事项，消防法将大型群众性活动的消防安全纳入《大型群众性活动安全管理条例》规定的治安行政许可审查内容，避免了多头审批，方便社会、方便群众，同时明确了消防安全要求，消防法规定：举办大型群众性活动，承办人应当依法向公安机关申请安全许可，制定灭火和应急疏散预案并组织演练，明确消防安全责任分工，确定消防安全管理人员，保持消防设施和消防器材配置齐全、完好有效，保证疏散通道、安全出口、疏散指示标志、应急照明和消防车通道符合消防技术标准和管理规定。

11. 消防产品监督管理制度

消防产品属于安全类产品，其质量直接关系到火灾发生后消防产品能否有效地发挥作用，从而保障人身安全和财产安全。消防法进一步明确了消防产品监督管理制度。消防法规定：消防产品必须符合国家标准；没有国家标准的，必须符合行业标准。禁止生产、销售或者使用不合格的消防产品以及国家明令淘汰的消防产品。

消防法明确了消防产品强制认证制度。消防法规定：依法应当实行强制性产品认证的消防产品，由具有法定资质的认证机构按照国家标准、行业标准的强制性要求认证合格后，方可生产、销售、使用。

12. 城乡规划管理

近年来，农村消防安全形势仍然非常严峻，火灾起数、损失和人员伤亡居高不下，村庄消防安全问题突出。消防法从消防工作全局出发，适应建设社会主义新农村、构建和谐社会的要求，对农村消防工作专门作出了具体规定，明确了地方各级人民政府应当加强对农村消防工作的领导，采取措施加强公共消防设施建设，组织建立和督促落实消防安全责任制。

消防法规定：地方各级人民政府应当将包括消防安全布局、消防站、消防供水、消防通信、消防车通道、消防装备等内容的消防规划纳入城乡规划，并负责组织实施。城乡消防安全布局不符合消防安全要求的，应当调整、完善；公共消防设施、消防装备不足或者不适应实际需要的，应当增建、改建、配置或者进行技术改造。

城乡并重，体现了我国对农村消防工作的高度重视。

13. 建立多种形式的消防力量

消防工作实践证明，建立多种形式的消防力量是由我国国情决定的，是发展和保障民生的重要基础，是全面建设小康社会的必然要求。

消防法明确了建立多种形式的消防力量的总体要求，区分城市、乡镇，明确建立不同形式消防力量的要求。消防法规定：县级以上地方人民政府应当按照国家规定建立国家综合性消防救援队、专职消防队，并按照国家标准配备消防装备，承担火灾扑救工作。乡镇人民政府应当根据当地经济发展和消防工作的需要，建立专职消防队、志愿消防队，承担火灾扑救工作。

14. 承担应急救援工作

党的十七大提出了"完善应急救援机制"的要求，这是保障我国经济社会科学发展、安全发展的重要战略任务。公安消防部队作为维护公共安全的重要力量，承担着许多应急救援工作，这是世界各国的通行做法和国际社会发展趋势。

根据我国应急救援力量建设的实际需要，充分考虑公安消防部队在现役体制、器材装备、训练管理等方面的优势，以及近年来公安消防部队应急救援工作成效，消防法进一步加强了公安消防部队和政府专职消防队的应急救援能力建设及必要的保障措施，规定国家综合性消防救援队、政府专职消防队依照国家规定承担重大灾害事故和其他以抢救人员生命为主的应急救援工作。

15. 监督检查

有权必有责、用权受监督、侵权需赔偿、违法要追究，这是依法行政和建立法治政府、责任政府的必然要求。为了加强消防执法监督，消防法"监督检查"一章，着力规范和约束政府及政府各部门，特别是应急管理部门及消防救援机构权力的行使，强化了对其依法履行职责的监督，这对应急管理部门及消防救援机构依法监督管理也提出了更高、更严的要求。

16. 完善消防行政处罚制度

为适应消防工作发展的需要，消防法在有关法律责任规定的基础上作出了较大修订，加大了消防行政处罚力度，补充完善了消防行政处罚制度。

消防法增加了应予行政处罚的违反消防法规的行为，解决了对违反消防法规的行为规定不全、不严密，一些违法行为得不到及时制止、纠正和依法惩处的问题，维护了法律的严肃性和权威性。

消防法设定了警告、罚款、拘留、责令停产停业（停止施工、停止使用）、没收违法所得、责令停止执业（吊销相应资质、资格）六类行政处罚，增加了责令停止执业（吊销相应资质、资格）一类行政处罚，对一些严重违反消防法规的行为特别是危害公共安全的行为增设了拘留处罚，增强了法律的威慑力。

17. 消防违法行为

消防违法行为主要有：

（1）消防设计经消防救援机构依法抽查不合格，不停止施工的；

（2）建设工程投入使用后经消防救援机构依法抽查不合格，不停止使用的；

（3）建设单位未依法将消防设计文件报消防救援机构备案，或者在竣工后未依法报消防救援机构备案的；

（4）建设单位要求建筑设计单位或者建筑施工企业降低消防技术标准设计、施工的；

（5）建筑设计单位不按照消防技术标准强制性要求进行消防设计的；

（6）工程监理单位与建设单位或者施工企业串通，弄虚作假，降低消防施工质量的；

（7）人员密集场所在门窗上设置影响逃生和灭火救援的障碍物的；

（8）生产、储存、经营易燃易爆危险品的场所与居住场所设置在同一建筑物内，或者未与居住场所保持安全距离的；

（9）生产、储存、经营其他物品的场所与居住场所设置在同一建筑物内，不符合消防技术标准的；

（10）非法携带易燃易爆危险品进入公共场所或者乘坐公共交通工具的；

（11）阻碍消防救援机构的工作人员依法执行职务的；

（12）在火灾发生后阻拦报警，或者负有报告职责的人员不及时报警的；

（13）擅自拆封或者使用被消防救援机构查封的场所、部位的；

（14）人员密集场所使用不合格的消防产品或者国家明令淘汰的消防产品的；

（15）消防产品质量认证、消防设施检测等消防技术服务机构出具虚假、失实文件的。

这些行为，有的是消防工作机制调整后带来的新情况，有的是社会经济发展新形势下出现的新问题，也有的是近年来重特大火灾事故教训的突出反映，有的还比较突出，危害性较大。因此，消防法规定对这些行为应当给予相应的行政处罚。

18. 临时查封措施

消防法在有关强制措施的基础上，根据消防执法工作实践，增加了临时查封措施。

消防法规定：消防救援机构在消防监督检查中发现火灾隐患的，应当通知有关单位或者个人立即采取措施消除隐患；不及时消除隐患可能严重威胁公共安全的，消防救援机构应当依照规定对危险部位或者场所采取临时查封措施。

19. 公安派出所消防监督职责有规定

我国 60％以上的火灾和 60％以上的火灾伤亡发生在农村和乡镇。考虑到消防救援机构只在县级以上人民政府应急管理部门设立，而公安派出所覆盖了广大农村和城市社区，消防法赋予了公安派出所消防监督职责，规定公安派出所可以负责日常消防监督检查、开展消防宣传教育。

第四节　中华人民共和国环境保护法

一、本法简介

1. 编制宗旨

为保护和改善环境，防治污染和其他公害，保障公众健康，推进生态文明建设，促进经济社会可持续发展，制定本法。

2. 适用范围

适用于中华人民共和国领域和中华人民共和国管辖的其他海域。

3. 修订情况

1989 年 12 月 26 日第七届全国人民代表大会常务委员会第十一次会议通过，自公布之日起施行。

2014 年 4 月 24 日第十二届全国人民代表大会常务委员会第八次会议表决通过修订，自 2015 年 1 月 1 日起施行。

4. 主要内容

包括：总则；监督管理；保护和改善环境；防治污染和其他公害；信息公开和公众参与；法律责任；附则。共七章七十条。

二、要点解读

1. 强化了环境保护的战略地位

环境保护法规定"保护环境是国家的基本国策"，并明确"环境保护坚持保护优先、预防为主、综合治理、公众参与、损害担责"的原则。另外，第一条立法目的中规定"推进生态文明建设，促进经济社会可持续发展"，并进一步明确"国家支持环境保护科学技术研究、开发和应用，鼓励环境保护产业发展，促进环境保护信息化建设，提高环境保护科学技术水平"。这些规定进一步强化了环境保护的战略地位，将环境保护融入经济社会发展。

2. 突出强调了政府监督管理责任

环境保护法"监督管理"一章，突出强调了政府对环境保护的监督管理职责。具体体现在下面几个方面：

（1）在监督管理措施方面，进一步强化了地方各级人民政府对环境质量的责任。增加规定，地方各级人民政府应当对本行政区域的环境质量负责。未达到国家环境质量标准的重点区域、流域的有关地方人民政府，应当制定限制达标规划，并采取措施按期达标。

（2）在政府对排污单位的监督方面，针对当前环境设施不依法正常运行、监测记录不准确等比较突出的问题，环境保护法第二十四条规定：县级以上人民政府环境保护主管部门及其委托的环境监察机构和其他负有环境保护监督管理职责的部门，有权对排放污染物的企业事业单位和其他生产经营者进行现场检查。

（3）在上级政府机关对下级政府机关的监督方面，加强了地方政府对环境质量的责任。同时，增加规定了环境保护目标责任制和考核评价制度，并规定了上级政府及主管部门对下级部门或工作人员工作监督的责任。

（4）对于履职缺位和不到位的官员，环境保护法规定了处罚措施。环境保护法第六十八、六十九条规定：领导干部虚报、谎报、瞒报污染情况，将会引咎辞职。出现环境违法事件，造成严重后果的，地方政府分管领导、环保部门等监管部门主要负责人，要承担相应的刑事责任。

3. 企业事业单位和其他生产经营者的环保责任

企业事业单位和其他生产经营者是环境主要的污染者，是环境保护法重点规范的对象。作为一般要求，修订后的环境保护法第六条规定：企业事业单位和其他生产经营者应当防止、减少环境污染和生态破坏，对所造成的损害依法承担责任。此外，还规定了企业事业单位和其他生产经营者应当承担以下具体责任：

（1）实施清洁生产。第四十条规定：企业应当优先使用清洁能源，采用资源利用率高、污染物排放量少的工艺、设备以及废弃物综合利用技术和污染物无害化处理技术，减少污染物的产生。

（2）减少环境污染和危害。第四十二条规定：排放污染物的企业事业单位和其他生产经营者应当采取措施，防治在生产建设或者其他活动中产生的废气、废水、废渣、医疗废物、粉尘、恶臭气体、放射性物质以及噪声、振动、光辐射、电磁辐射等对环境的污染和危害。

（3）按照排污标准和总量排放。包括按照排污标准和重点污染物排放总量控制指标排放。第四十五条规定：实行排污许可管理的企业事业单位和其他生产经营者应当按照排污许可证的要求排放污染物。

（4）安装使用监测设备。第四十二条规定：重点排污单位应当按照国家有关规定和监测规范安装使用监测设备，保证监测设备正常运行，保存原始监测记录。

（5）缴纳排污费。第四十三条规定：排放污染物的企业事业单位和其他生产经营者，应当按照国家有关规定缴纳排污费。

（6）制定突发环境事件应急预案。第四十七条规定：企业事业单位应当按照国家有关规定制定突发环境事件应急预案，报环境保护主管部门和有关部门备案。在发生或者可能发生突发环境事件时，企业事业单位应当立即采取措施处理，及时通报可能受到危害的单位和居民，并向环境保护主管部门和有关部门报告。

（7）公布排污信息。第五十五条规定：重点排污单位应当如实向社会公开其主要污染物的名称、排放方式、排放浓度和总量、超标排放情况，以及防治污染设施的建设和运行情况，接受社会监督。

（8）建立环境保护责任制度。第四十二条规定：排放污染物的企业事业单位，应当建立环境保护责任制度，明确单位负责人和相关人员的责任。

4. 建立了环境监测和预警机制

近年来，以雾霾为首的恶劣天气增多，雾霾成为了一些城市的最大危害。环境保护法对雾霾等大气污染，作出了有针对性的规定。

（1）国家建立健全环境与健康监测、调查和风险评估制度。鼓励和组织开展环境质量对公众健康影响的研究，采取措施预防和控制与环境污染有关的疾病。

（2）国家建立环境污染公共监测预警的机制。县级以上人民政府建立环境污染公共预警机制，组织制定预警方案；环境受到污染，可能影响公众健康和环境安全时，依法及时公布预警信息，启动应急措施。

（3）国家建立跨行政区域的重点区域、流域环境污染和生态破坏联合防治协调机制。

5. 划定了生态保护红线

作为保护我国生态资源的重要方式，生态保护红线受到社会各界的广泛关注。国家在重点生态功能区、生态环境敏感区和脆弱区等区域，划定生态保护红线，实行严格保护，是非常必要的。环境保护法将生态保护红线写入法律。环境保护法同时规定，省级以上人民政府应当组织有关部门或者委托专业机构，对环境状况进行调查、评价，建立环境资源承载能力监测预警机制。

6. 扩大了环境公益诉讼主体

扩大环境公益诉讼主体的规定，是借鉴了国际惯例。国际上对诉讼主体的要求是由环境公益诉讼的性质和作用来决定的。由于专业性比较强，要求起诉主体对环境问题比较熟悉，要具有一定的专业性和诉讼能力以及比较好的社会公信力，或者说宗旨是专门从事环境保护工作，要致力于公益性的活动，不牟取经济利益的社会组织，才可以提起公益诉讼。

在我国，增强公众保护环境的意识，树立环境保护的公众参与理念，及时发现和制止环境违法行为，具有十分重要的意义和作用。环境保护法第五十八条扩大了环境公益诉讼的主体，规定凡依法在设区的市级以上人民政府民政部门登记的，专门从事环境保护公益活动连续五年以上且信誉良好的社会组织，都能向人民法院提起诉讼。

7.加大了违法成本

环境保护法被称为"史上最严环保法"，其针对企业事业单位和其他经营者环境违法行为规定如下处理措施：

(1) 设备扣押

环境保护法第二十五条规定：企业事业单位和其他生产经营者违反法律法规规定排放污染物，造成或者可能造成严重污染的，县级以上人民政府环境保护主管部门和其他负有环境保护监督管理职责的部门，可以查封、扣押造成污染物排放的设施、设备。

(2) 按日计罚

多年来，国家环境立法不少，但由于违法成本低，对违规企业的经济处罚并未取得应有的震慑效果，导致法律法规并未起到真正的约束作用。环境保护法第五十九条规定：企业事业单位和其他生产经营者违法排放污染物，受到罚款处罚，被责令改正，拒不改正的，依法作出处罚决定的行政机关可以自责令改正之日的次日起，按照原处罚数额按日连续处罚。前款规定的罚款处罚，依照有关法律法规按照防治污染设施的运行成本、违法行为造成的直接损失或者违法所得等因素确定的规定执行。地方性法规可以根据环境保护的实际需要，增加第一款规定的按日连续处罚的违法行为的种类。

"按日计罚"是针对企业拒不改正超标问题等比较常见的违法现象采取的措施，目的是加大违法成本，在中国现行行政法规体系里，这是一个创新性的行政处罚规则。环保部门在决定罚款时，应考虑企业污染防治设施的运行成本、违法行为造成的危害后果以及违法所得等因素，来决定罚款数额。

(3) 停业关闭

环境保护法第六十条规定：企业事业单位和其他生产经营者超过污染物排放标准或者超过重点污染物排放总量控制指标排放污染物的，县级以上人民政府环境保护主管部门可以责令其采取限制生产、停产整治等措施；情节严重的，报经有批准权的人民政府批准，责令停业、关闭。

(4) 行政责任

环境保护法第六十三条规定：企业事业单位和其他生产经营者有下列行为之一，尚不构成犯罪的，除依照有关法律法规规定予以处罚外，由县级以上人民政府环境保护主管部门或者其他有关部门将案件移送公安机关，对其直接负责的主管人员和其他直接责任人员，处十日以上十五日以下拘留；情节较轻的，处五日以上十日以下拘留：

1) 建设项目未依法进行环境影响评价，被责令停止建设，拒不执行的；

2) 违反法律规定，未取得排污许可证排放污染物，被责令停止排污，拒不执行的；

3) 通过暗管、渗井、渗坑、灌注或者篡改、伪造监测数据，或者不正常运行防治污染设施等逃避监管的方式违法排放污染物的；

4) 生产、使用国家明令禁止生产、使用的农药，被责令改正，拒不改正的。

(5) 侵权责任

环境保护法第六十四条规定：因污染环境和破坏生态造成损害的，应当依照《中华人民共和国侵权责任法》的有关规定承担侵权责任。

（6）连带责任

环境保护法第六十五条规定：环境影响评价机构、环境监测机构以及从事环境监测设备和防治污染设施维护、运营的机构，在有关环境服务活动中弄虚作假，对造成的环境污染和生态破坏负有责任的，除依照有关法律法规规定予以处罚外，还应当与造成环境污染和生态破坏的其他责任者承担连带责任。

（7）刑事责任

环境保护法第六十九条规定：违反本法规定，构成犯罪的，依法追究刑事责任。

第五节　建设工程质量管理条例

一、本法简介

1. 编制宗旨

为了加强对建设工程质量的管理，保证建设工程质量，保护人民生命和财产安全，根据《中华人民共和国建筑法》，制定本条例。

2. 适用范围

凡在中华人民共和国境内从事建设工程的新建、扩建、改建等有关活动及实施对建设工程质量监督管理的，必须遵守本条例。

3. 修订情况

2000 年 1 月 10 日，《建设工程质量管理条例》（以下简称《条例》）经国务院第 25 次常务会议通过，于 2000 年 1 月 30 日发布，自发布之日起施行。

根据 2017 年 10 月 7 日中华人民共和国国务院令第 687 号《国务院关于修改部分行政法规的决定》修订。根据 2019 年 4 月 29 日国务院令第 714 号《关于修改部分行政法规的决定》修改。

4. 主要内容

包括：总则；建设单位的质量责任和义务；勘察、设计单位的质量责任和义务；施工单位的质量责任和义务；工程监理单位的质量责任和义务；建设工程质量保修；监督管理；罚则；附则。共九章八十二条。

二、要点解读

1. 各参建单位的质量责任和义务

在建设工程的建设过程中，影响工程质量的责任主体主要有：建设单位、勘察单位、设计单位、施工单位、工程监理单位。

建设工程项目具有投资大、规模大、建设周期长、生产环节多、参与方多、影响质量形成的因素多等特点，不论是哪个主体出了问题、哪个环节出了问题，都会导致质量缺陷、甚至重大质量事故的产生。譬如，如果建设单位发包给不具备相应资质等级的单位承包工程，或指示施工单位使用不合格的建筑材料、建筑构配件和设备，或者勘察单位提供的水文地质资料不准确，或者设计单位计算错误、设备选型不准，或者施工单位不按图施工，或者工程监理单位不严格进行隐蔽工程检查等，都会造成工程质量出现缺陷，或导致重大事故。因此，建设工程质量管理最基本的原则和方法就是建立健全质量责任制，有关各方对其本身工作成果负责。《条例》在第二、三、四、五章中分别规定了建设单位、勘察设计单位、施工单位、工程监理单位的质量责任和义务，建设工程的各参与单位在进行建设工程活动中必须按照《条例》的规定承担责任和义务。

建筑材料、建筑构配件、设备的质量，也与工程质量有直接关系。考虑到建筑材料、建筑构配件、设备的质量属《中华人民共和国产品质量法》调整范围，并且《条例》第十条、第二十二条、第二十九条已从不同角度对建筑材料、建筑构配件、设备提出了要求，因此，《条例》没有专门设置"建筑材料、建筑构配件、设备的生产者和供应单位的质量责任和义务"一章。但在理解和实际运用中，应与《中华人民共和国产品质量法》结合起来。

2. 建设单位的质量责任和义务

（1）建设单位应当将工程发包给具有相应资质等级的单位。建设单位不得将建设工程肢解发包。

工程发包权是建设单位最重要的权力之一，建设单位切实用好这一权力，将工程发包给具有相应资质等级的单位来承担，是保证建设工程质量的基本前提。建设单位发包工程时，应该根据工程特点，以有利于工程的质量、进度、成本控制为原则，合理划分标段，不得肢解发包工程。根据《条例》第七十八条的定义，肢解发包是指建设单位将应当由一个承包单位完成的建设工程分解成若干部分发包给不同的承包单位的行为。这一规定的目的在于限制建设单位发包工程的最小单位。

（2）建设单位应当依法对工程建设项目的勘察、设计、施工、监理以及与工程建设有关的重要设备、材料等的采购进行招标。

建设单位选择承包单位和材料供应单位，通常有两种方式：第一种方式是直接发包，即建设单位不经过价格比较，直接将工程的勘察、设计、施工、监理、材料设备供应等委托给有关单位。第二种方式是招标采购，包括公开招标和邀请招标。招标是在市场经济条件下进行大宗货物的采购、工程建设项目的发包与承包以及服务项目的采购与提供时最常采用的一种交易方式。

（3）建设单位必须向有关的勘察、设计、施工、工程监理等单位提供与建设工程有关的原始资料。原始资料必须真实、准确、齐全。

所谓原始资料是勘察单位、设计单位、施工单位、工程监理单位赖以进行勘察作业、设计作业、施工作业、监理作业的基础性材料。建设单位作为建设活动的总负责方，向有关的勘察单位、设计单位、施工单位、工程监理单位提供原始资料，并保证这些资料的真实、准确、齐全，是其基本的责任和义务。

所谓真实是就原始资料的合法性而言的，指建设单位提供的资料的来源、内容必须符合国家有关法律、法规、规章、标准、规范和规程的要求，即必须是合法的，不得伪造、篡改。

所谓准确是就原始资料的科学性而言的，指建设单位提供的资料必须能够真实反映建设工程原貌，数据精度能够满足勘察、设计、施工、监理作业的需要。数据精度是相对而言的，譬如有关地质、水文资料，只能依据现在规范、规程和科学技术水平得出相对精确的数据，不可能得出绝对精确的数据。

所谓齐全是就原始资料的完整性而言的，指建设单位提供的资料的范围必须能够满足进行勘察、设计、施工、监理作业的需要。

（4）建设工程发包单位不得迫使承包方以低于成本的价格竞标，不得任意压缩合理工期。建设单位不得明示或者暗示设计单位或者施工单位违反工程建设强制性标准，降低建设工程质量。

成本是构成价格的主要部分，是承包方估算投标价格的依据和最低的经济界限。合理工期是指在正常建设条件下，采取科学合理的施工工艺和管理方法，以现行的建设行政主管部门颁布的工期定额为基础，结合项目建设的具体情况，而确定的使投资方和各参加单位均获得满意的经济效益的工期，合理工期要以定额工期为基础确定，但不一定与定额工期完全一致，可依施工条件等作适当调整。强制性标准是保证建设工程结构安全可靠的基础性要求，违反了这类标准，必然会给建设工程带来重大质量隐患。

（5）建设单位应当将施工图设计文件报县级以上人民政府建设行政主管部门或者其他有关部门审查。施工图设计文件审查的具体办法，由国务院建设行政主管部门会同国务院其他有关部门制定。施工图设计文件未经审查批准的，不得使用。

这一规定是政府对建设工程设计质量进行质量监督的新内容，按照这一规定，施工图设计文件审查成为基本建设必须进行的一道程序，建设单位应严格执行。施工图设计文件审查是基本建设的一项法定程序。建设单位必须在施工前将施工图设计文件送政府有关部门审查，未经审查或审查不合格的，不准使用，否则，将追究建设单位的法律责任。

（6）实行监理的建设工程，建设单位应当委托具有相应资质等级的工程监理单位进行监理，也可以委托具有工程监理相应资质等级并与被监理工程的施工承包单位没有隶属关系或者其他利害关系的该工程的设计单位进行监理。

国家对开展工程监理工作的单位实行资质许可，只有获得相应资质证书的单位才具备保证工程监理工作质量的能力，因此建设单位必须将需要监理的工程委托给具有相应资质等级的工程监理单位进行监理。目前，工程监理主要是对工程的施工过程进行监督。必须实行监理的工程有：国家重点建设工程，大中型公用事业工程，成片开发建设的住宅小区工程，利用外国政府或者国际组织贷款、援助资金的工程，国家规定必须实行监理的其他工程。

（7）建设单位在开工前，应当按照国家有关规定办理工程质量监督手续，工程质量监督手续可以与施工许可证或者开工报告合并办理。

施工许可制度是指建设行政主管部门依法对建筑工程是否具备施工条件进行审查，符合条件的准许其开始施工的一项制度。制定这一制度的目的是通过对建筑工程施工所应具备的基本条件的审查，避免不具备条件的工程盲目开工，给相关当事人造成损失和社会财富的浪费，保证建筑工程开工后的顺利建设。根据国务院关于进一步推动工程建设项目审批制度改革，减少审批环节、优化营商环境的决策部署和要求，明确工程质量监督手续可以与施工许可证或者开工报告合并办理。

（8）按照合同约定，由建设单位采购建筑材料、建筑构配件和设备的，建设单位应当保证建筑材料、建筑构配件和设备符合设计文件和合同要求。建设单位不得明示或者暗示施工单位使用不合格的建筑材料、建筑构配件和设备。

以符合设计文件和合同要求的质量标准为前提，对于哪些材料和设备由建设单位采购，哪些材料和设备由施工单位采购，要在合同中约定，谁采购的材料，谁负责保证其质量。

（9）涉及建筑主体和承重结构变动的装修工程，建设单位应当在施工前委托原设计单位或者具有相应资质等级的设计单位提出设计方案；没有设计方案的，不得施工。房屋建筑使用者在装修过程中，不得擅自变动房屋建筑主体和承重结构。

（10）建设单位收到建设工程竣工报告后，应当组织设计、施工、工程监理等有关单位进行竣工验收。

建设工程竣工验收应当具备下列条件：

1）完成建设工程设计和合同约定的各项内容；

2）有完整的技术档案和施工管理资料；

3）有工程使用的主要建筑材料、建筑构配件和设备的进场试验报告；

4）有勘察、设计、施工、工程监理等单位分别签署的质量合格文件；

5）有施工单位签署的工程保修书。

建设工程经验收合格的，方可交付使用。

（11）建设单位应当严格按照国家有关档案管理的规定，及时收集、整理建设项目各环节的文件资料，建立、健全建设项目档案，并在建设工程竣工验收后，及时向建设行政主管部门或者其他有关部门移交建设项目档案。

1）城建档案馆重点管理以下城市建设工程档案资料：

① 工业、民用建筑工程；

② 市政基础设施工程；

③ 公用基础设施工程；

④ 公共交通基础设施工程；

⑤ 园林建设、风景名胜建设工程；

⑥ 市容环境卫生设施建设工程；

⑦ 城市防洪、抗震、人防工程；

⑧ 军事工程档案资料中，除军事禁区和军事管理区以外的穿越市区的地下管线走向和有关隐蔽工程的位置图。

2）一套完整的工程建设项目档案一般包括以下文件材料：

① 立项依据审批文件；

② 征地、勘察、测绘、设计、招标投标、监理文件；

③ 项目审批文件；

④ 施工技术文件和竣工验收文件；

⑤ 竣工图。

3. 勘察、设计单位的质量责任和义务

（1）关于勘察、设计单位的市场准入条件和市场行为的规定：

从事建设工程勘察、设计的单位应当依法取得相应等级的资质证书，并在其资质等级许可的范围内承揽工程。

禁止勘察、设计单位超越其资质等级许可的范围或者以其他勘察、设计单位的名义承揽工程。禁止勘察、设计单位允许其他单位或者个人以本单位的名义承揽工程。

勘察、设计单位不得转包或者违法分包所承揽的工程。

（2）关于勘察、设计单位和注册执业人员是勘察、设计质量的责任主体的规定：

勘察、设计单位必须按照工程建设强制性标准进行勘察、设计，并对其勘察、设计的质量负责。

注册建筑师、注册结构工程师等注册执业人员应当在设计文件上签字，对设计文件负责。

（3）关于勘察质量的基本要求的规定：

勘察单位提供的地质、测量、水文等勘察成果必须真实、准确。

（4）设计单位应当根据勘察成果文件进行建设工程设计。设计文件应当符合国家规定的设计深度要求，注明工程合理使用年限。

（5）关于设计单位在设计中选用建筑材料、建筑构配件和设备时的基本要求的规定：

设计单位在设计文件中选用的建筑材料、建筑构配件和设备，应当注明其规格、型号、性能等技术指标，其质量要求必须符合国家规定的标准。

除有特殊要求的建筑材料、专用设备、工艺生产线等外，设计单位不得指定生产厂、供应商。

（6）关于设计文件交付施工时设计单位义务的规定：

设计单位应当就审查合格的施工图设计文件向施工单位作出详细的说明。

（7）关于事故发生后设计单位的义务的规定：

设计单位应当参与建设工程质量事故分析，并对因设计造成的质量事故，提出相应的技术处理方案。

4. 施工单位的质量责任和义务

（1）关于施工单位的市场准入条件和市场行为的规定：

施工单位应当依法取得相应等级的资质证书，并在其资质等级许可的范围内承揽工程。

禁止施工单位超越本单位资质等级许可的业务范围或者用其他施工单位的名义承揽工程。禁止施工单位允许其他单位或者个人以本单位的名义承揽工程。

施工单位不得转包或者违法分包工程。

所谓转包，是指承包单位承包建设工程后，不履行合同约定的责任和义务，将其承包的全部建设工程转给他人或者将其承包的全部工程肢解以后以分包的名义分别转给他人承包的行为。所谓违法分包，主要是指施工总承包单位将工程分包给不具备相应资质条件的单位；违反合同约定，又未经建设单位认可，擅自分包工程；将主体工程的施工分包给他人；分包单位再分包。

（2）关于施工单位对建设工程质量责任的规定：

施工单位对建设工程的施工质量负责。

施工单位应当建立质量责任制，确定工程项目的项目经理、技术负责人和施工管理负责人。

建设工程实行总承包的，总承包单位应当对全部建设工程质量负责；建设工程勘察、设计、施工、设备采购的一项或者多项实行总承包的，总承包单位应当对其承包的建设工程或者采购的设备的质量负责。

（3）关于总、分包单位的责任承担的规定：

总承包单位依法将建设工程分包给其他单位的，分包单位应当按照分包合同的约定对其分包工程的质量向总承包单位负责，总承包单位与分包单位对分包工程的质量承担连带责任。

（4）关于施工依据以及有义务对设计文件和图纸的差错及时提出意见和建议的规定：

施工单位必须按照工程设计图纸和施工技术标准施工，不得擅自修改工程设计，不得偷工减料。

施工单位在施工过程中发现设计文件和图纸有差错的，应当及时提出意见和建议。

（5）关于施工单位必须对建筑材料、建筑构配件、设备和商品混凝土等进行检验的规定：

施工单位必须按照工程设计要求、施工技术标准和合同约定，对建筑材料、建筑构配件、设备和商品混凝土进行检验，检验应当有书面记录和专人签字；未经检验或者检验不合格的，不得使用。

（6）关于施工质量检验制度以及隐蔽工程检查的规定：

施工单位必须建立、健全施工质量的检验制度，严格工序管理，做好隐蔽工程的质量检查和记录。隐蔽工程在隐蔽前，施工单位应当通知建设单位和建设工程质量监督机构。

施工质量检验，通常是指工程施工过程中工序质量检验，或称为过程检验。有预检及隐蔽工程检验和自检、交接检、专职检、分部工程中间检验等。施工工序也可以称为过程，各个过程之间横向和纵向的联系形成了（工序）过程网络。

（7）施工人员对涉及结构安全的试块、试件以及有关材料，应当在建设单位或者工程监理单位监督下现场取样，并送具有相应资质等级的质量检测单位进行检测。

（8）施工单位对施工中出现质量问题的建设工程或者竣工验收不合格的建设工程，应当负责返修。

因施工单位原因致使工程质量不符合约定的，建设单位有权要求施工单位在合理期限内无偿修理或者返工、改建。返修包括返工和修理。所谓返工是指工程质量不符合规定的质量标准，而又无法修理的情况下重新进行施工；修理是指工程质量不符合标准，而又有可能修复的情况下，对工程进行修补使其达到质量标准的要求。不论是施工过程中出现质量问题的建设工程，还是竣工验收时发现质量问题的建设工程，施工单位都要负责返修。

对于非施工单位造成质量问题或者竣工验收不合格的工程，施工单位也应当负责返修，但是造成的损失及返修费用由责任方承担。

（9）施工单位应当建立、健全教育培训制度，加强对职工的教育培训；未经教育培训或者考核不合格的人员，不得上岗作业。

5. 工程监理单位的质量责任和义务

（1）关于监理单位的市场准入条件和市场行为的规定：

工程监理单位应当依法取得相应等级的资质证书，并在其资质等级许可的范围内承担工程监理业务。

禁止工程监理单位超越本单位资质等级许可的范围或者以其他工程监理单位的名义承担工程监理业务。禁止工程监理单位允许其他单位或者个人以本单位的名义承担工程监理业务。

工程监理单位不得转让工程监理业务。

（2）关于工程监理单位与被监理工程的承包单位等不得有隶属关系或者其他利害关系的规定：

工程监理单位与被监理工程的施工承包单位以及建筑材料、建筑构配件和设备供应单位有隶属关系或者其他利害关系的，不得承担该项建设工程的监理业务。

（3）关于工程监理单位进行监理工作的依据、内容和监理责任的规定：

工程监理单位应当依照法律、法规以及有关技术标准、设计文件和建设工程承包合同，代表建设单位对施工质量实施监理，并对施工质量承担监理责任。

（4）关于监理单位应当选派相应资格的监理人员进驻现场对工程进行管理，以及管理工程的权利的规定：

工程监理单位应当选派具备相应资格的总监理工程师和监理工程师进驻施工现场。

未经监理工程师签字，建筑材料、建筑构配件和设备不得在工程上使用或者安装，施工单位不得进行下一道工序的施工。未经总监理工程师签字，建设单位不拨付工程款，不进行竣工验收。

（5）监理工程师应当按照工程监理规范的要求，采取旁站、巡视和平行检验等形式，对建设工程实施监理。

所谓"旁站"是指对工程中有关地基和结构安全的关键工序和关键施工过程，进行连续不断地监督检查或检验的监理活动，有时甚至要连续跟班监理。"巡视"主要是强调除了关键点的质量控制外，监理工程师还应对施工现场进行面上的巡查监理。"平行检验"主要是强调监理单位对施工单位已经检验的工程应及时进行检验。对于关键性、较大体量的工程实物，采取分段后平行检验的方式，有利于及时发现质量问题，及时采取措施予以纠正。

第六节　建设工程安全生产管理条例

一、本法简介

1. 编制宗旨

为了加强建设工程安全生产监督管理，保障人民群众生命和财产安全，根据《中华人民共和国建筑法》、《中华人民共和国安全生产法》，制定本条例。

2. 适用范围

在中华人民共和国境内从事建设工程的新建、扩建、改建和拆除等有关活动及实施对建设工程安全生产的监督管理，必须遵守本条例。

本条例所称建设工程，是指土木工程、建筑工程、线路管道和设备安装工程及装修工程。

3. 修订情况

《建设工程安全生产管理条例》（以下简称《条例》）于 2003 年 11 月 12 日国务院第 28 次常务会议通过，自 2004 年 2 月 1 日起施行。

4. 主要内容

包括：总则；建设单位的安全责任；勘察、设计、工程监理及其他有关单位的安全责任；施工单位的安全责任；监督管理；生产安全事故的应急救援和调查处理；法律责任；附则。共八章七十一条。

二、要点解读

1.《条例》出台的目的

我国正处在大规模经济建设时期，建筑业的规模逐年增加。但是，事故起数和死亡人数一直居高不下，在各行业中仅次于交通、矿山，居第三位。2003 年 1～10 月全国建筑施工企业发生事故 1001 起，死亡 1174 人，每百亿元产值死亡率为 6.42。与往年相比，虽然每百亿元产值死亡率略有下降，但事故起数和死亡人数呈上升趋势，部分地区建筑安全生产形势十分严峻，群死群伤的重特大事故时有发生。

当前，建设工程安全生产管理中存在的主要问题：一是工程建设各方主体的安全责任不够明确。工程建设涉及建设单位、勘察单位、设计单位、施工单位、工程监理单位以及其他如设备租赁单位、拆装单位等，对这些主体的安全生产责任缺乏明确规定。二是建设工程安全生产的投入不足。一些建设单位和施工单位挤占安全生产费用，致使在工程投入中用于安全生产的资金过少，不能保证正常安全生产措施的需要，导致生产安全事故不断发生。三是建设工程安全生产监督管理制度不健全。建设工程安全生产的监督管理多限于突击性的安全生产大检查，缺少日常的具体监督管理制度和措施。四是生产安全事故的应急救援制度不健全。一些施工单位没有制定应急救援预案，发生生产安全事故后得不到及时救助和处理。

1998 年《中华人民共和国建筑法》和 2002 年《中华人民共和国安全生产法》的颁布实施，为维护建筑市场秩序、加强建设工程安全生产监督管理提供了重要法律依据。《条例》根据《中华人民共和国建筑法》、《中华人民共和国安全生产法》，针对当前存在的主要问题，结合建设行业特点，确立了有关建设工程安全生产监督管理的基本制度，明确了参与建设活动各方责任主体的安全责任，加强建设工程安全生产监督管理确保参与各方责任主体安全生产利益及建筑工人安全与健康的合法权益。《条例》第一条规定：为了加强建设工程安全生产监督管理，保障人民群众生命和财产安全，根据《中华人民共和国建筑法》、《中华人民共和国安全生产法》，制定本条例。

2.《条例》的调整范围

《条例》第二条规定：在中华人民共和国境内从事建设工程的新建、扩建、改建和拆除等有关活动及实施对建设工程安全生产的监督管理，必须遵守本条例。该《条例》的调整范围涵盖了各类专业建设工程，包括土木工程、建筑工程、线路管道和设备安装工程及装修工程等各类专业建设工程；包括建设、勘察、设计、施工、监理、设备材料供应、设备机具租赁等单位，以及参与建设过程的单位和部门。涵盖范围广，制度明确具体，可操作性强，处罚力度大。

3.《条例》的基本原则

（1）首先是安全第一、预防为主的原则，肯定了安全生产在建筑活动中的首要位置和重要性，体现了控制和防范。第三条规定：建设工程安全生产管理，坚持安全第一、预防为主的方针。第四条规定：建设单位、勘察单位、设计单位、施工单位、工程监理单位及其他与建设工程安全生产有关的单位，必须遵守安全生产法律、法规的规定，保证建设工程安全生产，依法承担建设工程安全生产责任。

（2）其次是以人为本，维护作业人员合法权益的原则，对施工单位在提供安全防护设施、安全教育培训、为施工人员办理意外伤害保险、作业与生活环境标准等方面作出了明确规定。第二十五条规定：垂直运输机械作业人员、安装拆卸工、爆破作业人员、起重信号工、登高架设作业人员等特种作业人员，必须按照国家有关规定经过专门的安全作业培训，并取得特种作业操作资格证书后，方可上岗作业。第二十九条规定：施工单位应当将施工现场的办公、生活区与作业区分开设置，并保持安全距离；办公、生活区的选址应当符合安全性要求。职工的膳食、饮水、休息场所等应当符合卫生标准。施工单位不得在尚未竣工的建筑物内设置员工集体宿舍。施工现场临时搭建的建筑物应当符合安全使用要求。施工现场使用的装配式活动房屋应当具有产品合格证。第三十八条规定：施工单位应当为施工现场从事危险作业的人员办理意外伤害保险。意外伤害保险费由施工单位支付。实行施工总承包的，由总承包单位支付意外伤害保险费。意外伤害保险期限自建设工程开工之日起至竣工验收合格止。

（3）第三是实事求是的原则，在坚持法律制度统一性的前提下，对重要安全施工方案专家审查制度、专职安全人员配备等作出了原则性的规定。第二十三条规定：施工单位应当设立安全生产管理机构，配备专职安全生产管理人员。专职安全生产管理人员负责对安全生产进行现场监督检查。发现安全事故隐患，应当及时向项目负责人和安全生产管理机构报告；对违章指挥、违章操作的，应当立即制止。第二十六条规定：施工单位应当在施工组织设计中编制安全技术措施和施工现场临时用电方案，对下列达到一定规模的危险性较大的分部分项工程编制专项施工方案，并附具安全验算结果，经施工单位技术负责人、总监理工程师签字后实施，由专职安全生产管理人员进行现场监督：1）基坑支护与降水工程；2）土方开挖工程；3）模板工程；4）起重吊装工程；5）脚手架工程；6）拆除、爆破工程；7）国务院建设行政主管部门或者其他有关部门规定的其他危险性较大的工程。对前款所列工程中涉及深基坑、地下暗挖工程、高大模板工程的专项施工方案，施工单位还应当组织专家进行论证、审查。

（4）第四是现实性和前瞻性相结合的原则，注重保持法规、政策的连续性和稳定性，符合建设工程安全管理的发展趋势。

（5）第五是职权与责任一致的原则，明确了国家有关部门和建设行政主管部门对建设工程安全生产监督管理的主要职能、权限，并明确规定了相应的法律责任；对工作人员不依法履行监督管理职责给予的行政处分及追究刑事责任的范围。第五十三条规定：违反本条例的规定，县级以上人民政府建设行政主管部门或者其他有关行政管理部门的工作人员，有下列行为之一的，给予降级或者撤职的行政处分；构成犯罪的，依照刑法有关规定追究刑事责任：1）对不具备安全生产条件的施工单位颁发资质证书的；2）对没有安全施工措施的建设工程颁发施工许可证的；3）发现违法行为不予查处的；4）不依法履行监督管理职责的其他行为。

4．建设工程安全生产的基本管理制度

（1）依法批准开工报告的建设工程和拆除工程的备案制度。

建设单位应当自开工报告批准之日起 15 日内，将保证安全施工的措施报送建设工程所在地的县级以上地方人民政府建设行政主管部门或者其他有关部门备案。建设单位应当在拆除工程施工 15 日前，将施工单位资质等级证明、拟拆除建筑物、构筑物及可能危及毗邻建筑物的说明、拆除施工组织方案以及堆放、清除废弃物的措施报送建设工程所在地的县级以上地方人民政府建设行政主管部门或者其他有关部门备案。

（2）三类人员考核任职制度。

施工单位的主要负责人、项目负责人、专职安全生产管理人员应当经建设行政主管部门或者其他有关部门考核合格后方可任职，考核的内容主要是安全生产知识和安全管理能力。

（3）特种作业人员持证上岗制度。

垂直运输机械作业人员、安装拆卸工、爆破作业人员、起重信号工、登高架设作业人员等特种作业人员，必须按照国家有关规定经过专门的安全作业培训，并取得特种作业操作资格证书后，方可上岗作业。

（4）施工起重机械使用登记制度。

施工单位应当自施工起重机械和整体提升脚手架、模板等自升式架设设施验收合格之日起 30 日内，向建设行政主管部门或者其他有关部门登记。

（5）政府安全监督检查制度。

县级以上人民政府负有建设工程安全生产监督管理职责的部门在各自的职责范围内履行安全监督检查职责时，有权纠正施工中违反安全生产要求的行为，责令立即排除检查中发现的安全事故隐患，对重大隐患可以责令暂时停止施工。建设行政主管部门或者其他有关部门可以将施工现场的监督检查委托给建设工程安全监督机构具体实施。

（6）危及施工安全的工艺、设备、材料的淘汰制度。

国家对严重危及施工安全的工艺、设备、材料实行淘汰制度。

（7）生产安全事故报告制度。

施工单位发生生产安全事故，要及时、如实地向当地安全生产监督部门和建设行政管理部门报告。实行总承包的由总承包单位负责上报。

同时《条例》明确：在建设行政主管部门审核发放施工许可证时，要对建设工程是否有安全施工措施进行审查把关，没有安全施工措施的，不得颁发施工许可证。

《条例》进一步明确了施工企业的六项安全生产制度，即安全生产责任制度、安全生产教育培训制度、专项施工方案专家论证审查制度、施工现场消防安全责任制度、意外伤害保险制度和生产安全事故应急救援制度。

5．建设活动各方主体的安全责任

（1）关于建设单位的安全责任

建设单位在工程建设中居主导地位，对建设工程的安全生产负有重要的责任。《条例》规定建设单位应当在工程概算中确定并提供安全作业环境和安全施工措施费用，不得要求勘察、设计、监理、施工单位违反国家法律法规和强制性标准规定，不得任意压缩合同约定的工期，有义务向施工单位提供工程所需的有关资料，有责任将安全施工措施报送有关主管部门备案，应当将拆除工程发包给有施工资质的单位等。

（2）关于工程监理单位的安全责任

监理单位是建设工程安全生产的重要保障。《条例》规定监理单位应当审查施工组织设计中的安全技术措施或专项施工方案是否符合工程建设强制性标准，发现存在安全事故隐患时应当要求施工单位整改或暂停施工并报告建设单位。建设单位应当按照法律、法规和工程建设强制性标准实施监理，并对建设工程安全生产承担监理责任。

（3）关于施工单位的安全责任

施工单位在建设工程安全生产中处于核心地位，《条例》用了较大的篇幅对施工单位的安全责任做了全面、具体的规定，包括施工单位主要负责人和项目负责人的安全责任、施工总承包和分包单位的安全生产责任等。同时《条例》规定施工单位必须建立企业安全生产管理机构和配备专职安全管理人员，应当在施工前向作业班组和人员作出安全施工技术要求的详细说明，应当对因施工可能造成损害的毗邻建筑物、构筑物和地下管线采取专项防护措施，应当向作业人员提供安全防护用具和安全防护服装并书面告知危险岗位操作规程。

6. 建设工程安全生产监督管理体制

国务院负责安全生产监督管理的部门依照《中华人民共和国安全生产法》的规定，对全国建设工程安全生产工作实施综合监督管理，其综合监督管理职责主要体现在对安全生产工作的指导、协调和监督上。国务院建设行政主管部门对全国的建设工程安全生产实施监督管理，国务院铁路、交通、水利等有关部门按照国务院规定的职责分工，负责有关专业建设工程安全生产的监督管理，其监督管理主要体现在结合行业特点制定相关的规章制度和标准并实施行政监管上。形成统一管理与分级管理、综合管理与专门管理相结合的管理体制，分工负责、各司其职、相互配合，共同做好安全生产监督管理工作。

7. 对安全生产违法行为的处罚

一是将有关条款与刑法衔接。对建设、设计、施工、监理等单位和相关责任人，构成犯罪的，依法追究刑事责任，体现了从严惩处的精神。

二是在有关条款中增加了民事责任。如对建设单位将拆除工程发包给不具有相应资质等级的施工单位，施工单位挪用安全生产作业环境及安全施工措施所需费用等，给他人造成损失的，除了应当承担行政或刑事责任外，还要进行相应的经济赔偿。

三是加大了行政处罚力度。如规定建设单位将拆除工程发包给不具有相应资质等级的施工单位的，罚款为 20 万元以上 50 万元以下；对监理单位违反安全生产行为的，罚款为 10 万元以上 30 万元以下等。

四是规定了注册执业人员资格的处罚。注册执业人员未执行法律、法规和工程建设强制性标准的，责令停止执业 3 个月以上 1 年以下；情节严重的，吊销执业资格证书 5 年内不予注册；造成重大安全事故的，终身不予注册；构成犯罪的，依照刑法有关规定追究刑事责任。

《条例》的颁布实施为进一步做好建设工程安全生产工作和加强安全生产监管提供了强有力的法律支持。根据《条例》设置的十三项基本制度，住房和城乡建设部将在充分调研论证的基础上，尽快修订《建筑安全生产监督管理规定》和《建设工程施工现场管理规定》，组织制定施工企业安全生产条件评价管理、施工起重机械安全管理及建筑施工现场环境与卫生标准、建筑施工企业安全生产保证体系标准等管理规定和技术标准。各地也要根据《条例》，并结合本地实际情况，制定和完善地方建设安全生产法规规定，及时调整和修改与《条例》规定相抵触的内容，对尚无国家或行业标准规范、又亟待解决的技术问题，制定相应的地方技术标准，尽快形成国家和地方、行政管理和技术标准互相呼应、互为补充的建设工程安全生产法规体系。

第七节 中华人民共和国招标投标法实施条例

一、本法简介

1. 编制宗旨

为了规范招标投标活动，根据《中华人民共和国招标投标法》（以下简称招标投标法），制定本条例（以下简称《实施条例》）。

2. 适用范围

依法必须进行招标的工程建设项目的具体范围和规模标准，由国务院发展改革部门会同国务院有关部门制订，报国务院批准后公布施行。

招标投标法所称工程建设项目，是指工程以及与工程建设有关的货物、服务。

所称工程，是指建设工程，包括建筑物和构筑物的新建、改建、扩建及其相关的装修、拆除、修缮等；所称与工程建设有关的货物，是指构成工程不可分割的组成部分，且为实现工程基本功能所必需的设备、材料等；所称与工程建设有关的服务，是指为完成工程所需的勘察、设计、监理等服务。

3. 修订情况

2011 年 12 月 20 日中华人民共和国国务院令第 613 号公布，自 2012 年 2 月 1 日起施行；

根据 2017 年 3 月 1 日《国务院关于修改和废止部分行政法规的决定》第一次修订，中华人民共和国国务院令（第 676 号）；

根据 2018 年 3 月 19 日《国务院关于修改和废止部分行政法规的决定》第二次修订，中华人民共和国国务院令（第 698 号）；

根据 2019 年 3 月 2 日《国务院关于修改部分行政法规的决定》第三次修订，中华人民共和国国务院令（第 709 号）。

4. 主要内容

包括：总则；招标；投标；开标、评标和中标；投诉与处理；法律责任；附则。共七章八十四条。

二、要点解读

1. 资格预审的规定

第十五条 公开招标的项目，应当依照招标投标法和本条例的规定发布招标公告、编制招标文件。招标人采用资格预审办法对潜在投标人进行资格审查的，应当发布资格预审公告、编制资格预审文件。

第十九条 资格预审结束后，招标人应当及时向资格预审申请人发出资格预审结果通知书。未通过资格预审的申请人不具有投标资格。

通过资格预审的申请人少于 3 个的，应当重新招标。

所谓资格预审是指招标人在发出投标邀请书或者发售招标文件前，按照资格预审文件确定的资格条件、标准和方法对潜在投标人订立合同的资格和履行合同的能力等进行审查。

资格预审的目的是为了筛选出满足招标项目所需资格、能力和有参与招标项目投标意愿的潜在投标人，最大限度地调动投标人挖掘潜能，提高竞争效果。还可以有效降低招标投标的社会成本，提高评标效率。

2. 施工总承包招标的规定

第二十九条 招标人可以依法对工程以及与工程建设有关的货物、服务全部或者部分实行总承包招标。以暂估价形式包括在总承包范围内的工程、货物、服务属于依法必须进行招标的项目范围且达到国家规定规模标准的，应当依法进行招标。

（1）总承包是指广义的总承包，包括设计承包、勘察承包和施工承包等单项总承包。狭义的总承包则是指承包范围至少包括了设计和施工的总承包。

（2）暂估价：工程因功能需求仍未最终明确、设计深度不够、需专业承包人完成、重要材料设备价格因品牌和质量差异很大未能纳入总承包具体招标部分，一般认为总额不得超过合同估算价的10%或者30%。

（3）暂估价招标形式——共同招标，一是总承包发包人（也即总承包招标人）和总承包人共同招标；二是总承包发包人招标，给予总承包人参与权和知情权；三是总承包人招标，给予总承包发包人参与权和决策权。

（4）暂估价不包含工程监理费，但包含暂列金额。

3. 两阶段招标的规定

第三十条 对技术复杂或者无法精确拟定技术规格的项目，招标人可以分两阶段进行招标。

第一阶段，投标人按照招标公告或者投标邀请书的要求提交不带报价的技术建议，招标人根据投标人提交的技术建议确定技术标准和要求，编制招标文件。

第二阶段，招标人向在第一阶段提交技术建议的投标人提供招标文件，投标人按照招标文件的要求提交包括最终技术方案和投标报价的投标文件。

招标人要求投标人提交投标保证金的，应当在第二阶段提出。

（1）世界银行规定的两阶段招标适用范围可供参考：一是需要以总承包方式采购的大型复杂设施设备；二是复杂特殊的工程；三是由于技术发展迅速难以事先确定技术规格的信息通信技术。

（2）第一阶段征求技术建议：征询技术建议；提交技术建议书；评价和选择技术方案建议；编制招标文件。

（3）技术方案建议人可以不参加第二阶段的投标而无需承担责任。

4. 投标无效、否决投标的规定

第三十七条 招标人接受联合体投标并进行资格预审的，联合体应当在提交资格预审申请文件前组成。资格预审后联合体增减、更换成员的，其投标无效。联合体各方在同一招标项目中以自己名义单独投标或者参加其他联合体投标的，相关投标均无效。

第三十八条 投标人发生合并、分立、破产等重大变化的，应当及时书面告知招标人。投标人不再具备资格预审文件、招标文件规定的资格条件或者其投标影响招标公正性的，其投标无效。

第五十一条 有下列情形之一的，评标委员会应当否决其投标：

（1）投标文件未经投标单位盖章和单位负责人签字；

（2）投标联合体没有提交共同投标协议；

（3）投标人不符合国家或者招标文件规定的资格条件；

（4）同一投标人提交两个以上不同的投标文件或者投标报价，但招标文件要求提交备选投标的除外；

（5）投标报价低于成本或者高于招标文件设定的最高投标限价；

（6）投标文件没有对招标文件的实质性要求和条件作出响应；

（7）投标人有串通投标、弄虚作假、行贿等违法行为。

《中华人民共和国政府采购法》的废标与以上两名词的定义都不相同。现行关于以上概念的书面文件中不应再出现"废标"的字眼，应该准确使用投标无效、否决投标等专有名词。

5. 应当招标和公开招标范围的规定

（1）依法必须招标

1）《招标投标法》第三条

在中华人民共和国境内进行下列工程建设项目包括项目的勘察、设计、施工、监理以及与工程建设有关的重要设备、材料等的采购，必须进行招标：

① 大型基础设施、公用事业等关系社会公共利益、公众安全的项目；

② 全部或者部分使用国有资金投资或者国家融资的项目；

③ 使用国际组织或者外国政府贷款、援助资金的项目。

2）《工程建设项目招标范围和规模标准规定》（计委 3 号令）

① 施工单项合同估算价在 200 万元人民币以上的；

② 重要设备、材料等货物的采购，单项合同估算价 100 万元人民币以上；

③ 勘察、设计、监理等服务的采购，单项合同估算价 50 万元人民币以上；

④ 单项合同估算价低于前三项规定标准，但项目总投资额在 3000 万元人民币以上的重要项目。

（2）可以不招标

1）《招标投标法》第六十六条

涉及国家安全、国家秘密、抢险救灾或者属于利用扶贫资金实行以工代赈、需要使用农民工等特殊情况，不适宜进行招标的项目，按照国家有关规定可以不进行招标。

2）《实施条例》第九条

有下列情形之一的，可以不进行招标：

① 需要采用不可替代的专利或者专有技术；

② 采购人依法能够自行建设、生产或者提供；

③ 已通过招标方式选定的特许经营项目投资人依法能够自行建设、生产或者提供；

④ 需要向原中标人采购工程、货物或者服务，否则将影响施工或者功能配套要求；

⑤ 国家规定的其他特殊情形。

6. 原中标合同可以不进行招标而继续追加的情形

第九条 需要向原中标人采购工程、货物或者服务，否则将影响施工或者功能配套要求的，可以不进行招标。

（1）原项目是通过招标确定的中标人，因客观原因必须向原中标人追加采购工程、货物或者服务。

（2）原项目合同没有通过招标确定承包人或者供应商的，应视具体情况区别对待。

（3）如果不向项目原中标人追加采购，必将影响项目施工或者功能配套要求。

（4）项目原中标人必须具有继续履行合同的能力。如果因原中标人破产、违约、涉案等造成终止或无法继续履行合同的，应按规定重新组织招标选择原有合同和新增内容的中标人。

7. 资格预审文件和招标文件应当使用标准文本

第十五条　编制依法必须进行招标的项目的资格预审文件和招标文件，应当使用国务院发展改革部门会同有关行政监督部门制定的标准文本。

《实施条例》将原来规定的"参照使用"调整为"应当使用"，为强制性要求。标准文本是由国务院发展改革部门会同有关行政监督部门制定的。

8. 文件发售期及提交时间必须符合法律要求

第十六条　招标人应当按照资格预审公告、招标公告或者投标邀请书规定的时间、地点发售资格预审文件或者招标文件。资格预审文件或者招标文件的发售期不得少于5日。

第十七条　招标人应当合理确定提交资格预审申请文件的时间。依法必须进行招标的项目提交资格预审申请文件的时间，自资格预审文件停止发售之日起不得少于5日。

该条规定主要针对实践中招标人为了排挤外地投标人，故意将招标文件的发售时间缩短，使外地投标者来不及前往购买招标文件。有时候，也可能是招标人为赶项目进度而故意缩短时限。《实施条例》施行后以上规定将使这些做法不再有效，保证了投标的广泛竞争。同时对提交资格预审文件的最短时间进行了规定，也有利于所有投标人有效参与竞争。

招标投标程序主要时限小结：

（1）招标文件及资格预审文件发售时间：不少于5日（第十六条）。

（2）资格预审文件提交时间：不少于5日（第十七条）。

（3）投标文件准备时间：招标文件发出到投标截止不得少于20日（《招标投标法》第二十四条）。

（4）资格预审文件澄清与修改时间：提交资格预审文件截止时间至少3日前；招标文件澄清与修改时间：投标截止时间至少15日前（第二十一条）。

（5）资格预审文件和招标文件异议时限：2日和10日（第二十二条）。

（6）投标有效期：法律无明确规定，通常为60天、90天、120天。

（7）投标保证金有效期：与投标有效期一致。

（8）确定中标人时限：收到评标报告3日内（第五十四条）；投标有效期满前30个工作日（《评标委员会和评标方法暂行规定》第四十条）。

（9）公示中标候选人时间：公示期至少3日。

（10）签署合同时间：中标通知书发出之日起30日内。

（11）退还投标保证金时间：签约后5日内。

9. 资格预审文件和招标文件内容违法可能导致重新招标

第二十三条　招标人编制的资格预审文件、招标文件的内容违反法律、行政法规的强制性规定，违反公开、公平、公正和诚实信用原则，影响资格预审结果或者潜在投标人投标的，依法必须进行招标的项目的招标人应当在修改资格预审文件或者招标文件后重新招标。

（1）意义：该条规定能够有效防止招标人滥用两次招标失败以达到规避招标的目的。即，如出现本条例规定的违法情形，应改正后重新招标，而不是按两次招标失败后采取其他采购方式。

（2）内容：违反（法律＋行政法规）强制性规定，违反三公及诚信原则。

（3）后果：影响资格预审结果或者影响投标。

（4）处理：应改正后重新招标。

10. 资格预审评审委员会的注意事项

第十八条　资格预审应当按照资格预审文件载明的标准和方法进行。

国有资金占控股或者主导地位的依法必须进行招标的项目，招标人应当组建资格审查委员会审查资格预审申请文件。资格审查委员会及其成员应当遵守招标投标法和本条例有关评标委员会及其成员的规定。

第二十条　招标人采用资格后审办法对投标人进行资格审查的，应当在开标后由评标委员会按照招标文件规定的标准和方法对投标人的资格进行审查。

11. 规范投标保证金的收取及退回

第二十六条　招标人在招标文件中要求投标人提交投标保证金的，投标保证金不得超过招标项目估算价的 2%。投标保证金有效期应当与投标有效期一致。

依法必须进行招标的项目的境内投标单位，以现金或者支票形式提交的投标保证金应当从其基本账户转出。招标人不得挪用投标保证金。

不得超过招标项目估算价的 2%，但不限制最高数额。这可能会使投标保证金的数额增多（比如 1 亿元的项目，投标保证金最高可以到 200 万元）。巨额的投标保证金，将使投标人的违约成本显著增加，继而会敦促投标人诚信、规范操作。同时，由于投标保证金的数额可能很大，为规范管理，条例规定招标人不得挪用投标保证金。

对比之前的部门规章规定：工程施工、货物招标，一般不得超过投标总价的 2%，但最高不得超过 80 万元。勘察设计招标项目中，一般不超过勘察设计费投标报价的 2%，最多不超过 10 万元。保证金有效期与投标有效期一致。

对比之前的部门规章规定：货物招标办法与此相同，但施工招标办法规定"投标保证金有效期应当超出投标有效期 30 天"。

境内投标单位，投标保证金应从其基本账户转出，以防止串通投标。

12. 明确可设最高限价、禁止最低限价

第二十七条　招标人可以自行决定是否编制标底。一个招标项目只能有一个标底。标底必须保密。

接受委托编制标底的中介机构不得参加受托编制标底项目的投标，也不得为该项目的投标人编制投标文件或者提供咨询。

招标人设有最高投标限价的，应当在招标文件中明确最高投标限价或者最高投标限价的计算方法。招标人不得规定最低投标限价。

第五十条　招标项目设有标底的，招标人应当在开标时公布。标底只能作为评标的参考，不得以投标报价是否接近标底作为中标条件，也不得以投标报价超过标底上下浮动范围作为否决投标的条件。

以前设定最高限价并无法律法规明文规定，但根据多年来招标投标实践，《实施条例》

首次规定了可以在招标文件中明确最高限价或者最高限价的计算方法。明确禁止规定最低投标限价。

13. 关于评标委员会的细化规定

第四十八条 招标人应当向评标委员会提供评标所必需的信息，但不得明示或者暗示其倾向或者排斥特定投标人。

招标人应当根据项目规模和技术复杂程度等因素合理确定评标时间。超过三分之一的评标委员会成员认为评标时间不够的，招标人应当适当延长。

评标过程中，评标委员会成员有回避事由、擅离职守或者因健康等原因不能继续评标的，应当及时更换。被更换的评标委员会成员作出的评审结论无效，由更换后的评标委员会成员重新进行评审。

评标必需信息和数据：

（1）招标项目的范围和性质；

（2）招标文件中规定的主要技术要求、标准和商务条款；

（3）招标文件规定的评标标准、评标方法和在评标过程中考虑的相关因素；

（4）开标会记录；

（5）投标文件；

（6）采用资格预审的，还包括资格预审文件和资格预审申请文件。

第四十九条 评标委员会成员应当依照招标投标法和本条例的规定，按照招标文件规定的评标标准和方法，客观、公正地对投标文件提出评审意见。招标文件没有规定的评标标准和方法不得作为评标的依据。

评标委员会成员不得私下接触投标人，不得收受投标人给予的财物或者其他好处，不得向招标人征询确定中标人的意向，不得接受任何单位或者个人明示或者暗示提出的倾向或者排斥特定投标人的要求，不得有其他不客观、不公正履行职务的行为。

第五十六条 中标候选人的经营、财务状况发生较大变化或者存在违法行为，招标人认为可能影响其履约能力的，应当在发出中标通知书前由原评标委员会按照招标文件规定的标准和方法审查确认。

14. 排名第一的中标单位放弃中标可能导致重新招标

第五十三条 评标完成后，评标委员会应当向招标人提交书面评标报告和中标候选人名单。中标候选人应当不超过3个，并标明排序。

第五十四条 依法必须进行招标的项目，招标人应当自收到评标报告之日起3日内公示中标候选人，公示期不得少于3日。

第五十五条 国有资金占控股或者主导地位的依法必须进行招标的项目，招标人应当确定排名第一的中标候选人为中标人。排名第一的中标候选人放弃中标、因不可抗力不能履行合同、不按照招标文件要求提交履约保证金，或者被查实存在影响中标结果的违法行为等情形，不符合中标条件的，招标人可以按照评标委员会提出的中标候选人名单排序依次确定其他中标候选人为中标人，也可以重新招标。

15. 禁止限制、排斥投标人的规定

第三十二条 招标人不得以不合理的条件限制、排斥潜在投标人或者投标人。

招标人有下列行为之一的，属于以不合理条件限制、排斥潜在投标人或者投标人：

（1）就同一招标项目向潜在投标人或者投标人提供有差别的项目信息；

（2）设定的资格、技术、商务条件与招标项目的具体特点和实际需要不相适应或者与合同履行无关；

（3）依法必须进行招标的项目以特定行政区域或者特定行业的业绩、奖励作为加分条件或者中标条件；

（4）对潜在投标人或者投标人采取不同的资格审查或者评标标准；

（5）限定或者指定特定的专利、商标、品牌、原产地或者供应商；

（6）依法必须进行招标的项目非法限定潜在投标人或者投标人的所有制形式或者组织形式；

（7）以其他不合理条件限制、排斥潜在投标人或者投标人。

第五十一条　招标人以不合理的条件限制或者排斥潜在投标人的，对潜在投标人实行歧视待遇的，强制要求投标人组成联合体共同投标的，或者限制投标人之间竞争的，责令改正，可以处一万元以上五万元以下的罚款。（《招标投标法》）

16. 对串通投标进行认定的情形

《招标投标法》仅对禁止串通投标有原则性的规定。《实施条例》较《招标投标法》列举出 11 种属于和视为投标人相互串通投标的行为，以及 6 种招标人与投标人串通投标的情形，在禁止串通投标方面作出了更为明确和详细的规定，为依法认定和严厉惩治这类违法行为提供了更明确的执法依据。

（1）投标人相互串通的 11 种情形

第三十九条　禁止投标人相互串通投标。有下列情形之一的，属于投标人相互串通投标：

1）投标人之间协商投标报价等投标文件的实质性内容；

2）投标人之间约定中标人；

3）投标人之间约定部分投标人放弃投标或者中标；

4）属于同一集团、协会、商会等组织成员的投标人按照该组织要求协同投标；

5）投标人之间为谋取中标或者排斥特定投标人而采取的其他联合行动。

第四十条　有下列情形之一的，视为投标人相互串通投标：

1）不同投标人的投标文件由同一单位或者个人编制；

2）不同投标人委托同一单位或者个人办理投标事宜；

3）不同投标人的投标文件载明的项目管理成员为同一人；

4）不同投标人的投标文件异常一致或者投标报价呈规律性差异；

5）不同投标人的投标文件相互混装；

6）不同投标人的投标保证金从同一单位或者个人的账户转出。

（2）招标人与投标人串通的 6 种情形

第四十一条　禁止招标人与投标人串通投标。有下列情形之一的，属于招标人与投标人串通投标：

1）招标人在开标前开启投标文件并将有关信息泄露给其他投标人；

2）招标人直接或者间接向投标人泄露标底、评标委员会成员等信息；

3）招标人明示或者暗示投标人压低或者抬高投标报价；

4）招标人授意投标人撤换、修改投标文件；

5）招标人明示或者暗示投标人为特定投标人中标提供方便；

6）招标人与投标人为谋求特定投标人中标而采取的其他串通行为。

17. 投标主体的限制

第三十四条 与招标人存在利害关系可能影响招标公正性的法人、其他组织或者个人，不得参加投标。

单位负责人为同一人或者存在控股、管理关系的不同单位，不得参加同一标段投标或者未划分标段的同一招标项目投标。

违反前两款规定的，相关投标均无效。

根据《实施条例》的规定，与招标人存在利害关系可能影响招标公正性的法人、其他组织或者个人，不得参加投标，否则投标无效。这一规定应当引起投标人的重视。在招标投标实践中，招标人的下属单位、关联企业等参与投标的情形广泛存在，与其他投标人之间形成了明显的不公平竞争。因此《实施条例》的这条规定从出发点上是保障公平竞争，但执行难度很大，而且实践中对于"与招标人有利害关系"应如何界定也很难把握。在有权机关对于如何理解和适用本规定，尤其是如何界定"利害关系"作出进一步规定或解释前，投标人应关注并谨慎对待该类投标。为了保证投标人之间的公平竞争，《实施条例》规定存在控股、管理关系的不同单位，如母公司和其控股子公司不得参加同一标段的投标。根据《中华人民共和国公司法》的规定，控股股东是指出资额或者持有股份的比例超过50%的股东，或者出资额、股份比例虽不足50%，但其享有的表决权足以对股东会或股东大会产生重大影响的股东。需要说明的是，上述投标人可以参加同一招标项目的不同标段的投标。

18. 履约能力的检查

第五十六条 中标候选人的经营、财务状况发生较大变化或者存在违法行为，招标人认为可能影响其履约能力的，应当在发出中标通知书前由原评标委员会按照招标文件规定的标准和方法审查确认。

（1）经营状况发生较大变化既包括因为市场行情改变、管理不善或者经营决策失误而导致的经营困难，也包括所承担业务已超出经营能力，或者主要技术人员离职不再满足招标文件规定的资格条件等情形；

（2）财务状况发生较大变化，通常指资不抵债、流动资金紧张等情形；

（3）中标候选人违法行为可能导致丧失中标资格以及丧失履约能力两种后果。前者如存在串通投标、弄虚作假、行贿的，其投标应当被否决，或者在中标通知书发出后宣布中标无效；后者如因违法而被责令停产停业、查封冻结财产等。

19. 弄虚作假骗取中标

第四十二条 使用通过受让或者租借等方式获取的资格、资质证书投标的，属于招标投标法第三十三条规定的以他人名义投标。

投标人有下列情形之一的，属于招标投标法第三十三条规定的以其他方式弄虚作假的行为：

（1）使用伪造、变造的许可证件；

（2）提供虚假的财务状况或者业绩；

（3）提供虚假的项目负责人或者主要技术人员简历、劳动关系证明；

（4）提供虚假的信用状况；

（5）其他弄虚作假的行为。

《实施条例》对《招标投标法》第三十三条的弄虚作假骗取中标行为的认定作出了明确规定。此外，在"法律责任"一章，进一步充实细化了相关的法律责任，规定有上述此类行为的，中标无效，没收违法所得，处以罚款；对违法情节严重的投标人取消其一定期限内参加依法必须进行招标项目的投标资格，直至吊销其营业执照；构成犯罪的，依法追究刑事责任。

20. 应当否决投标的情形

第五十一条　有下列情形之一的，评标委员会应当否决其投标：

（1）投标文件未经投标单位盖章和单位负责人签字；

（2）投标联合体没有提交共同投标协议；

（3）投标人不符合国家或者招标文件规定的资格条件；

（4）同一投标人提交两个以上不同的投标文件或者投标报价，但招标文件要求提交备选投标的除外；

（5）投标报价低于成本或者高于投标文件设定的最高投标限价；

（6）投标文件没有对招标文件的实质性要求和条件作出响应；

（7）投标人有串通投标、弄虚作假、行贿等违法行为。

21. 背离合同实质性内容的认定

第五十七条　招标人和中标人应当依照招标投标法和本条例的规定签订书面合同，合同的标的、价款、质量、履行期限等主要条款应当与招标文件和中标人的投标文件的内容一致。招标人和中标人不得再行订立背离合同实质性内容的其他协议。

22. 投诉和处理的规定

第六十条　投标人或者其他利害关系人认为招标投标活动不符合法律、行政法规规定的，可以自知道或者应当知道之日起 10 日内向有关行政监督部门投诉。投诉应当有明确的请求和必要的证明材料。

就本条例第二十二条、第四十四条、第五十四条规定事项投诉的，应当先向招标人提出异议，异议答复期间不计算在前款规定的期限内。

第六十一条　投诉人就同一事项向两个以上有权受理的行政监督部门投诉的，由最先收到投诉的行政监督部门负责处理。

行政监督部门应当自收到投诉之日起 3 个工作日内决定是否受理投诉，并自受理投诉之日起 30 个工作日内作出书面处理决定；需要检验、检测、鉴定、专家评审的，所需时间不计算在内。

（1）投诉的时效

投诉人应在知道或者应当知道其权益受到侵害之日起 10 日内提出书面投诉。

（2）投诉的范围

1）招标程序的合法性；

2）评标结果的合法性；

3）评标委员会组成人员的合法性；

4）投标人认为其不中标理由不充分的。

（3）投诉的格式

1）投诉人的名称、地址和有效联系方式；

2）被投诉人的名称、地址和有效联系方式；

3）投诉事项的基本事实；

4）相关请求及主张；

5）有效线索和相关证明材料。

23. 法律责任条款

（1）对招标人

第六十四条　招标人有下列情形之一的，由有关行政监督部门责令改正，可以处 10 万元以下的罚款：

1）依法应当公开招标而采用邀请招标；

2）招标文件、资格预审文件的发售、澄清、修改的时限，或者确定的提交资格预审申请文件、投标文件的时限不符合招标投标法和本条例规定；

3）接受未通过资格预审的单位或者个人参加投标；

4）接受应当拒收的投标文件。

招标人有前款第一项、第三项、第四项所列行为之一的，对单位直接负责的主管人员和其他直接责任人员依法给予处分。

第六十六条　招标人超过本条例规定的比例收取投标保证金、履约保证金或者不按照规定退还投标保证金及银行同期存款利息的，由有关行政监督部门责令改正，可以处 5 万元以下的罚款，给他人造成损失的，依法承担赔偿责任。

（2）对招标代理机构

第六十五条　招标代理机构在所代理的招标项目中投标、代理投标或者向该项目投标人提供咨询的，接受委托编制标底的中介机构参加受托编制标底项目的投标或者为该项目的投标人编制投标文件、提供咨询的，依照招标投标法第五十条的规定追究法律责任。

（3）对投标人

第六十八条　投标人有下列行为之一的，属于招标投标法第五十四条规定的情节严重行为，由有关行政监督部门取消其 1 年至 3 年内参加依法必须进行招标的项目的投标资格：

1）伪造、变造资格、资质证书或者其他许可证件骗取中标；

2）3 年内 2 次以上使用他人名义投标；

3）弄虚作假骗取中标给招标人造成直接经济损失 30 万元以上；

4）其他弄虚作假骗取中标情节严重的行为。

投标人自本条第二款规定的处罚执行期限届满之日起 3 年内又有该款所列违法行为之一的，或者弄虚作假骗取中标情节特别严重的，由工商行政管理机关吊销营业执照。

第七十四条　中标人无正当理由不与招标人订立合同，在签订合同时向招标人提出附加条件，或者不按照招标文件要求提交履约保证金的，取消其中标资格，投标保证金不予退还。对依法必须进行招标的项目的中标人，由有关行政监督部门责令改正，可以处中标项目金额 10‰以下的罚款。

（4）对评标委员会

第七十一条　评标委员会成员有下列行为之一的，由有关行政监督部门责令改正；情节严重的，禁止其在一定期限内参加依法必须进行招标的项目的评标；情节特别严重的，取消其担任评标委员会成员的资格：

1）应当回避而不回避；

2）擅离职守；

3）不按照招标文件规定的评标标准和方法评标；

4）私下接触投标人；

5）向招标人征询确定中标人的意向或者接受任何单位或者个人明示或者暗示提出的倾向或者排斥特定投标人的要求；

6）对依法应当否决的投标不提出否决意见；

7）暗示或者诱导投标人作出澄清、说明或者接受投标人主动提出的澄清、说明；

8）其他不客观、不公正履行职务的行为。

第七十二条　评标委员会成员收受投标人的财物或者其他好处的，没收收受的财物，处 3000 元以上 5 万元以下的罚款，取消担任评标委员会成员的资格，不得再参加依法必须进行招标的项目的评标；构成犯罪的，依法追究刑事责任。

第八节　房屋建筑工程质量保修办法

一、本法简介

1. 编制宗旨

为保护建设单位、施工单位、房屋建筑所有人和使用人的合法权益，维护公共安全和公众利益，根据《中华人民共和国建筑法》和《建设工程质量管理条例》，制定本办法。

2. 适用范围

在中华人民共和国境内新建、扩建、改建各类房屋建筑工程（包括装修工程）的质量保修，适用本办法。

3. 修订情况

根据 2000 年 6 月 30 日中华人民共和国建设部令第 80 号，《房屋建筑工程质量保修办法》经第 24 次部常务会议讨论通过，自发布之日起施行。

4. 主要内容

全文共二十二条。

二、要点解读

1. 质量保修和质量缺陷的规定

本办法所称房屋建筑工程质量保修，是指对房屋建筑工程竣工验收后在保修期限内出现的质量缺陷，予以修复。

本办法所称质量缺陷，是指房屋建筑工程的质量不符合工程建设强制性标准以及合同的约定。

房屋建筑工程在保修范围和保修期限内出现质量缺陷，施工单位应当履行保修义务。

2. 保修范围、保修期限的规定

建设单位和施工单位应当在工程质量保修书中约定保修范围、保修期限和保修责任等，双方约定的保修范围、保修期限必须符合国家有关规定。

在正常使用下，房屋建筑工程的最低保修期限为：

（1）地基基础和主体结构工程，为设计文件规定的该工程的合理使用年限；

（2）屋面防水工程、有防水要求的卫生间、房间和外墙面的防渗漏，为5年；

（3）供热与供冷系统，为2个采暖期、供冷期；

（4）电气系统、给水排水管道、设备安装为2年；

（5）装修工程为2年。

其他项目的保修期限由建设单位和施工单位约定。

房屋建筑工程保修期从工程竣工验收合格之日起计算。

下列情况不属于本办法规定的保修范围：

（1）因使用不当或者第三方造成的质量缺陷；

（2）不可抗力造成的质量缺陷。

3. 保修程序的规定

房屋建筑工程在保修期限内出现质量缺陷，建设单位或者房屋建筑所有人应当向施工单位发出保修通知。施工单位接到保修通知后，应当到现场核查情况，在保修书约定的时间内予以保修。发生涉及结构安全或者严重影响使用功能的紧急抢修事故，施工单位接到保修通知后，应当立即到达现场抢修。

发生涉及结构安全的质量缺陷，建设单位或者房屋建筑所有人应当立即向当地建设行政主管部门报告，由原设计单位或者具有相应资质等级的设计单位提出保修方案，施工单位实施保修，原工程质量监督机构负责监督。

保修完成后，由建设单位或者房屋建筑所有人组织验收。涉及结构安全的，应当报当地建设行政主管部门备案。

4. 保修责任的规定

施工单位不按工程质量保修书约定保修的，建设单位可以另行委托其他单位保修，由原施工单位承担相应责任。

保修费用由质量缺陷的责任方承担。

在保修期内，因房屋建筑工程质量缺陷造成房屋所有人、使用人或者第三方人身、财产损害的，房屋所有人、使用人或者第三方可以向建设单位提出赔偿要求。建设单位向造成房屋建筑工程质量缺陷的责任方追偿。

因保修不及时造成新的人身、财产损害，由造成拖延的责任方承担赔偿责任。

施工单位有下列行为之一的，由建设行政主管部门责令改正，并处1万元以上3万元以下的罚款。

（1）工程竣工验收后，不向建设单位出具质量保修书的；

（2）质量保修的内容、期限违反本办法规定的。

施工单位不履行保修义务或者拖延履行保修义务的，由建设行政主管部门责令改正，处10万元以上20万元以下的罚款。

第九节　城市建设档案管理规定

一、本法简介

1. 编制宗旨

为了加强城市建设档案（以下简称城建档案）管理，充分发挥城建档案在城市规划、建设、管理中的作用，根据《中华人民共和国档案法》、《中华人民共和国城乡规划法》、《建设工程质量管理条例》、《科学技术档案工作条例》，制定本规定。

2. 适用范围

本规定适用于城市内（包括城市各类开发区）的城建档案的管理。

本规定所称城建档案，是指在城市规划、建设及其管理活动中直接形成的对国家和社会具有保存价值的文字、图纸、图表、声像等各种载体的文件材料。

3. 修订情况

根据 1997 年 12 月 23 日中华人民共和国建设部令第 61 号发布，自 1998 年 1 月 1 日起施行。

根据 2001 年 7 月 4 日《建设部发布关于修改〈城市建设档案管理规定〉的决定》修正，自发布之日起施行。

4. 主要内容

全文共十七条。

二、要点解读

1. 管理体系

国务院建设行政主管部门负责全国城建档案管理工作，业务上受国家档案部门的监督、指导。

县级以上地方人民政府建设行政主管部门负责本行政区域内的城建档案管理工作，业务上受同级档案部门的监督、指导。

2. 城建档案馆的设置

城市的建设行政主管部门应当设置城建档案工作管理机构或者配备城建档案管理人员，负责全市城建档案工作。城市的建设行政主管部门也可以委托城建档案馆负责城建档案工作的日常管理工作。

城建档案馆的建设资金按照国家或地方的有关规定，采取多种渠道解决。城建档案馆的设计应当符合档案馆建筑设计规范要求。城建档案的管理应当逐步采用新技术，实现管理现代化。

3. 城建档案馆重点管理的档案资料

（1）各类城市建设工程档案：

1）工业、民用建筑工程；

2）市政基础设施工程；

3）公用基础设施工程；

4）交通基础设施工程；

5）园林建设、风景名胜建设工程；

6）市容环境卫生设施建设工程；

7）城市防洪、抗震、人防工程；

8）军事工程档案资料中，除军事禁区和军事管理区以外的穿越市区的地下管线走向和有关隐蔽工程的位置图。

（2）建设系统各专业管理部门（包括城市规划、勘测、设计、施工、监理、园林、风景名胜、环卫、市政、公用、房地产管理、人防等部门）形成的业务管理和业务技术档案。

（3）有关城市规划、建设及其管理的方针、政策、法规、计划方面的文件、科学研究成果和城市历史、自然、经济等方面的基础资料。

4. 档案管理的规定

建设单位应当在工程竣工验收后三个月内，向城建档案馆报送一套符合规定的建设工程档案。凡建设工程档案不齐全的，应当限期补充。

停建、缓建工程的档案，暂由建设单位保管。

撤销单位的建设工程档案，应当向上级主管机关或者城建档案馆移交。

对改建、扩建和重要部位维修的工程，建设单位应当组织设计、施工单位据实修改、补充和完善原建设工程档案。凡结构和平面布置等改变的，应当重新编制建设工程档案，并在工程竣工后三个月内向城建档案馆报送。

列入城建档案馆档案接收范围的工程，建设单位在组织竣工验收前，应当提请城建档案管理机构对工程档案进行预验收。预验收合格后，由城建档案管理机构出具工程档案认可文件。

建设单位在取得工程档案认可文件后，方可组织工程竣工验收。建设行政主管部门在办理竣工验收备案时，应当查验工程档案认可文件。

5. 档案的接收和保管

建设系统各专业管理部门形成的业务管理和业务技术档案，凡具有永久保存价值的，在本单位保管使用一至五年后，按本规定全部向城建档案馆移交。有长期保存价值的档案，由城建档案馆根据城市建设的需要选择接收。

城市地下管线普查和补测补绘形成的地下管线档案应当在普查、测绘结束后三个月内接收进馆。地下管线专业管理单位每年应当向城建档案馆报送更改、报废、漏测部分的管线现状图和资料。

房地产权属档案的管理，由国务院建设行政主管部门另行规定。

城建档案馆对接收的档案应当及时登记、整理，编制检索工具。做好档案的保管、保护工作，对破损或者变质的档案应当及时抢救。特别重要的城建档案应当采取有效措施，确保其安全无损。

城建档案馆应当积极开发档案信息资源，并按照国家的有关规定，向社会提供服务。

6. 法律责任

违反本规定有下列行为之一的，由建设行政主管部门对直接负责的主管人员或者其他直接责任人员依法给予行政处分；构成犯罪的，由司法机关依法追究刑事责任：

（1）无故延期或者不按照规定归档、报送的；

（2）涂改、伪造档案的；

（3）档案工作人员玩忽职守，造成档案损失的。

建设工程竣工验收后，建设单位未按照本规定移交建设工程档案的，依照《建设工程质量管理条例》的规定处罚。

第十节　实施工程建设强制性标准监督规定

一、本法简介

1. 编制宗旨

为加强工程建设强制性标准实施的监督工作，保证建设工程质量，保障人民的生命、财产安全，维护社会公共利益，根据《中华人民共和国标准化法》、《中华人民共和国标准化法实施条例》和《建设工程质量管理条例》等法律法规，制定本规定。

2. 适用范围

在中华人民共和国境内从事新建、扩建、改建等工程建设活动，必须执行工程建设强制性标准。

3. 修订情况

根据 2000 年 8 月 25 日中华人民共和国建设部令第 81 号，《实施工程建设强制性标准监督规定》经第 27 次部常务会议通过，自发布之日起施行。

根据 2015 年 1 月 22 日住房和城乡建设部令第 23 号《住房和城乡建设部关于修改〈市政公用设施抗灾设防管理规定〉等部门规章的决定》修订。

4. 主要内容

全文共二十四条。

二、要点解读

1. 监督管理机构

《实施工程建设强制性标准监督规定》规定，国务院住房城乡建设行政主管部门负责全国实施工程建设强制性标准的监督管理工作。国务院有关行政主管部门按照国务院的职能分工负责实施工程建设强制性标准的监督管理工作。县级以上地方人民政府住房城乡建设行政主管部门负责本行政区域内实施工程建设强制性标准的监督管理工作。

建设项目规划审查机构应当对工程建设规划阶段执行强制性标准的情况实施监督；施工图设计文件审查单位应当对工程建设勘察、设计阶段执行强制性标准的情况实施监督；建筑安全监督管理机构应当对工程建设施工阶段执行施工安全强制性标准的情况实施监督；工程质量监督机构应当对工程建设施工、监理、验收等阶段执行强制性标准的情况实施监督。

建设项目规划审查机构、施工图设计文件审查单位、建筑安全监督管理机构、工程质量监督机构的技术人员必须熟悉、掌握工程建设强制性标准。

2. 监督检查的方式和内容

工程建设标准批准部门应当定期对建设项目规划审查机构、施工图设计文件审查单位、建筑安全监督管理机构、工程质量监督机构实施强制性标准的监督进行检查，对监督不力的单位和个人，给予通报批评，建议有关部门处理。

工程建设标准批准部门应当对工程项目执行强制性标准情况进行监督检查。监督检查可以采取重点检查、抽查和专项检查的方式。

强制性标准监督检查的内容包括：

（1）工程技术人员是否熟悉、掌握强制性标准；

（2）工程项目的规划、勘察、设计、施工、验收等是否符合强制性标准的规定；

（3）工程项目采用的材料、设备是否符合强制性标准的规定；

（4）工程项目的安全、质量是否符合强制性标准的规定；

（5）工程中采用的导则、指南、手册、计算机软件的内容是否符合强制性标准的规定。

住房城乡建设行政主管部门或者有关行政主管部门在处理重大工程事故时，应当有工程建设标准方面的专家参加；工程事故报告应当包括是否符合工程建设强制性标准的意见。

3. 工程建设标准强制性条文的实施

在工程建设标准的条文中，使用"必须"、"严禁"、"应"、"不应"、"不得"等属于强制性标准的用词，而使用"宜"、"不宜"、"可"等一般不是强制性标准的规定。但在工作实践中，强制性标准与推荐性标准的划分仍然存在一些困难。

自2000年起，国务院建设行政主管部门（即原建设部，现为住房和城乡建设部）对工程建设强制性标准进行了改革，严格按照《中华人民共和国标准化法》的规定，把现行工程建设强制性国家标准、行业标准中必须严格执行的直接涉及工程安全、人身健康、环境保护和公众利益的技术规定摘编出来，以工程项目类别为对象，编制完成了《工程建设标准强制性条文》，包括城乡规划、城市建设、房屋建筑、工业建筑、水利工程、电力工程、信息工程、水运工程、公路工程、铁道工程、石油和化工技术工程、矿业工程、人防工程、广播电影电视工程和民航机场工程等15个部分。

2000年8月建设部发布的《实施工程建设强制性标准监督规定》中规定，在中华人民共和国境内从事新建、扩建、改建等工程建设活动，必须执行工程建设强制性标准。工程建设强制性标准是指直接涉及工程质量、安全、卫生及环境保护等方面的工程建设标准强制性条文。国家工程建设标准强制性条文由国务院住房城乡建设行政主管部门会同国务院有关行政主管部门确定。

在工程建设中，如果拟采用的新技术、新工艺、新材料不符合现行强制性标准规定的，应当由拟采用单位提请建设单位组织专题技术论证，报批准标准的建设行政主管部门或者国务院有关主管部门审定。工程建设中采用国际标准或者国外标准，而我国现行强制性标准未作规定的，建设单位应当向国务院住房城乡建设行政主管部门或者国务院有关行政主管部门备案。

在对工程建设强制性标准实施改革后，我国目前实行的强制性标准包含三部分：（1）批准发布时已明确为强制性标准的；（2）批准发布时虽未明确为强制性标准，但其编号中不带"/T"的，仍为强制性标准；（3）自2000年后批准发布的标准，批准时虽未明确为强制性标准，但其中有必须严格执行的强制性条文（黑体字），编号也不带"/T"的，也应视为强制性标准。

4.《建筑给水排水及采暖工程施工质量验收规范》GB 50242—2002强制性条文

（1）地下室或地下构筑物外墙有管道穿过的，应采取防水措施。对有严格防水要求的建筑物，必须采用柔性防水套管。

（2）各种承压管道系统和设备应做水压试验，非承压管道系统和设备应做灌水试验。

（3）给水管道必须采用与管材相适应的管件。生活给水系统所涉及的材料必须达到饮用水卫生标准。

（4）生活给水系统管道在交付使用前必须冲洗和消毒，并经有关部门取样检验，符合国家《生活饮用水卫生标准》方可使用。

检验方法：检查有关部门提供的检测报告。

（5）室内消火栓系统安装完成后应取屋顶层（或水箱间内）试验消火栓和首层取两处消火栓做试射试验，达到设计要求为合格。

检验方法：实地试射检查。

（6）隐蔽或埋地的排水管道在隐蔽前必须做灌水试验，其灌水高度应不低于底层卫生器具的上边缘或底层地面高度。

检验方法：满水 15min 水面下降后，再灌满观察 5min，液面不降，管道及接口无渗漏为合格。

（7）管道安装坡度，当设计未注明时，应符合下列规定：

1）气、水同向流动的热水采暖管道和汽、水同向流动的蒸汽管道及凝结水管道，坡度应为 3‰，不得小于 2‰；

2）气、水逆向流动的热水采暖管道和汽、水逆向流动的蒸汽管道，坡度不应小于 5‰；

3）散热器支管的坡度应为 1%，坡向应利于排气和泄水。

检验方法：观察，水平尺、拉线、尺量检查。

（8）散热器组对后，以及整组出厂的散热器在安装之前应做水压试验。试验压力如设计无要求时应为工作压力的 1.5 倍，但不小于 0.6MPa。

检验方法：试验时间为 2～3min，压力不降且不渗不漏。

（9）地面下敷设的盘管埋地部分不应有接头。

检验方法：隐蔽前现场查看。

（10）盘管隐蔽前必须进行水压试验，试验压力为工作压力的 1.5 倍，但不小于 0.6MPa。

检验方法：稳压 1h 内压力降不大于 0.05MPa 且不渗不漏。

（11）采暖系统安装完毕，管道保温之前应进行水压试验。试验压力应符合设计要求。当设计未注明时，应符合下列规定：

1）蒸汽、热水采暖系统，应以系统顶点工作压力加 0.1MPa 做水压试验，同时在系统顶点的试验压力不小于 0.3MPa。

2）高温热水采暖系统，试验压力应为系统顶点工作压力加 0.4MPa。

3）使用塑料管及复合管的热水采暖系统，应以系统顶点工作压力加 0.2MPa 做水压试验，同时在系统顶点的试验压力不小于 0.4MPa。

检验方法：使用钢管及复合管的采暖系统应在试验压力下 10min 内压力降不大于 0.02MPa，降至工作压力后检查，不渗不漏；

使用塑料管的采暖系统应在试验压力下 1h 内压力降不大于 0.05MPa，然后降压至工作压力的 1.15 倍，稳压 2h，压力降不大于 0.03MPa，同时各连接处不渗不漏。

（12）系统冲洗完毕应充水、加热，进行试运行和调试。

检验方法：观察、测量室温应满足设计要求。

（13）给水管道在竣工后，必须对管道进行冲洗，饮用水管道还要在冲洗后进行消毒，满足饮用水卫生要求。

检验方法：观察冲洗水的浊度，查看有关部门提供的检验报告。

（14）排水管道的坡度必须符合设计要求，严禁无坡或倒坡。

检验方法：用水准仪、拉线和尺量检查。

（15）管道冲洗完毕应通水、加热，进行试运行和调试。当不具备加热条件时，应延期进行。

检验方法：测量各建筑物热力入口处供回水温度及压力。

（16）锅炉的汽、水系统安装完毕后，必须进行水压试验。水压试验的压力应符合表 2-1 的规定。

水压试验压力规定　　　　　　　　　　　　　　表 2-1

项次	设备名称	工作压力 P（MPa）	试验压力（MPa）
1	锅炉本体	$P<0.59$	$1.5P$ 但不小于 0.2
		$0.59{\leqslant}P{\leqslant}1.18$	$P+0.3$
		$P>1.18$	$1.25P$
2	可分式省煤器	P	$1.25P+0.5$
3	非承压锅炉	大气压力	0.2

注：1. 工作压力 P 对蒸汽锅炉指锅筒工作压力，对热水锅炉指锅炉额定出水压力；
　　2. 铸铁锅炉水压试验同热水锅炉；
　　3. 非承压锅炉水压试验压力为 0.2MPa，试验期间压力应保持不变。

检验方法：

1）在试验压力下 10min 内压力降不超过 0.02MPa；然后降至工作压力进行检查，压力不降，不渗不漏；

2）观察检查，不得有残余变形，受压元件金属壁和焊缝上不得有水珠和水雾。

（17）锅炉和省煤器安全阀的定压和调整应符合表 2-2 的规定。锅炉上装有两个安全阀时，其中一个按表中较高值定压，另一个按较低值定压。装有一个安全阀时，应按较低值定压。

安全阀定压规定　　　　　　　　　　　　　　表 2-2

项次	工作设备	安全阀开启压力（MPa）
1	蒸汽锅炉	工作压力+0.02
		工作压力+0.04
2	热水锅炉	1.12 倍工作压力，但不少于工作压力+0.07
		1.14 倍工作压力，但不少于工作压力+0.10
3	省煤器	1.1 倍工作压力

检验方法：检查定压合格证书。

（18）锅炉的高低水位报警器和超温、超压报警器及连锁保护装置必须按设计要求安装齐全和有效。

检验方法：启动、联动试验并做好试验记录。

（19）锅炉在烘炉、煮炉合格后，应进行 48h 的带负荷连续试运行，同时应进行安全阀的热状态定压检验和调整。

检验方法：检查烘炉、煮炉及试运行全过程。

（20）热交换器应以最大工作压力的 1.5 倍做水压试验，蒸汽部分应不低于蒸汽供汽压力加 0.3MPa；热水部分应不低于 0.4MPa。

检验方法：在试验压力下，保持 10min 压力不降。

5.《通风与空调工程施工质量验收规范》GB 50243—2016 强制性条文

（1）防火风管的本体、框架与固定材料、密封垫料等必须采用不燃材料，防火风管的耐火极限时间应符合系统防火设计的规定。

（2）复合材料风管的覆面材料必须采用不燃材料，内层的绝热材料应采用不燃或难燃且对人体无害的材料。

（3）防排烟系统的柔性短管必须采用不燃材料。

（4）当风管穿过需要封闭的防火、防爆的墙体或楼板时，必须设置厚度不小于 1.6mm 的钢制防护套管；风管与防护套管之间应采用不燃柔性材料封堵严密。

（5）风管安装必须符合下列规定：

1）风管内严禁其他管线穿越。

2）输送含有易燃、易爆气体或安装在易燃、易爆环境的风管系统必须设置可靠的防静电接地装置。

3）输送含有易燃、易爆气体的风管系统通过生活区或其他辅助生产房间时不得设置接口。

4）室外风管系统的拉索等金属固定件严禁与避雷针或避雷网连接。

（6）通风机传动装置的外露部位以及直通大气的进、出风口，必须装设防护罩、防护网或采取其他安全防护措施。

（7）静电式空气净化装置的金属外壳必须与 PE 线可靠连接。

（8）电加热器的安装必须符合下列规定：

1）电加热器与钢构架间的绝热层必须采用不燃材料，外露的接线柱应加设安全防护罩。

2）电加热器的外露可导电部分必须与 PE 线可靠连接。

3）连接电加热器的风管的法兰垫片，应采用耐热不燃材料。

（9）燃油管道系统必须设置可靠的防静电接地装置。

（10）燃气管道的安装必须符合下列规定：

1）燃气系统管道与机组的连接不得使用非金属软管。

2）当燃气供气管道压力大于 5kPa 时，焊缝无损检测应按设计要求执行；当设计无规定时，应对全部焊缝进行无损检测并合格。

3）燃气管道吹扫和压力试验的介质应采用空气或氮气，严禁采用水。

6.《建筑电气工程施工质量验收规范》GB 50303—2015 强制性条文

（1）高压的电气设备、布线系统以及继电保护系统必须交接试验合格。

（2）电气设备的外露可导电部分应单独与保护导体相连接，不得串联连接，连接导体的材质、截面积应符合设计要求。

（3）电动机、电加热器及电动执行机构的外露可导电部分必须与保护导体可靠连接。

（4）母线槽的金属外壳等外露可导电部分应与保护导体可靠连接，并应符合下列规定：

1）每段母线槽的金属外壳间应连接可靠，且母线槽全长与保护导体可靠连接不应少于 2 处；

2）分支母线槽的金属外壳末端应与保护导体可靠连接；

3）连接导体的材质、截面积应符合设计要求。

（5）金属梯架、托盘或槽盒本体之间的连接应牢固可靠，与保护导体的连接应符合下列规定：

1）梯架、托盘和槽盒全长不大于 30m 时，不应少于 2 处与保护导体可靠连接；全长大于 30m 时，每隔 20～30m 应增加一个连接点，起始端和终点端均应可靠接地。

2）非镀锌梯架、托盘和槽盒本体之间连接板的两端应跨接保护联结导体，保护联结导体的截面积应符合设计要求。

3）镀锌梯架、托盘和槽盒本体之间不跨接保护联结导体时，连接板每端不应少于 2 个有防松螺帽或防松垫圈的连接固定螺栓。

（6）钢导管不得采用对口熔焊连接；镀锌钢导管或壁厚小于或等于 2mm 的钢导管，不得采用套管熔焊连接。

（7）金属电缆支架必须与保护导体可靠连接。

（8）交流单芯电缆或分相后的每相电缆不得单根独穿于钢导管内，固定用的夹具和支架不应形成闭合磁路。

（9）同一交流回路的绝缘导线不应敷设于不同的金属槽盒内或穿于不同金属导管内。

（10）塑料护套线严禁直接敷设在建筑物顶棚内、墙体内、抹灰层内、保温层内或装饰面内。

（11）灯具固定应符合下列规定：

1）灯具固定应牢固可靠，在砌体和混凝土结构上严禁使用木楔、尼龙塞或塑料塞固定；

2）质量大于 10kg 的灯具，固定装置及悬吊装置应按灯具重量的 5 倍恒定均布载荷做强度试验，且持续时间不得少于 15min。

（12）普通灯具的 I 类灯具外露可导电部分必须采用铜芯软导线与保护导体可靠连接，连接处应设置接地标识，铜芯软导线的截面积应与进入灯具的电源线截面积相同。

（13）专用灯具的 I 类灯具外露可导电部分必须用铜芯软导线与保护导体可靠连接，连接处应设置接地标识，铜芯软导线的截面积应与进入灯具的电源线截面积相同。

（14）景观照明灯具安装应符合下列规定：

1）在人行道等人员来往密集场所安装的落地式灯具，当无围栏防护时，灯具距地面高度应大于 2.5m；

2）金属构架及金属保护管应分别与保护导体采用焊接或螺栓连接，连接处应设置接地标识。

（15）插座接线应符合下列规定：

1）对于单相两孔插座，面对插座的右孔或上孔应与相线连接，左孔或下孔应与中性导体（N）连接；对于单相三孔插座，面对插座的右孔应与相线连接，左孔应与中性导体（N）连接。

2）单相三孔、三相四孔及三相五孔插座的保护接地导体（PE）应接在上孔；插座的保护接地导体端子不得与中性导体端子连接；同一场所的三相插座，其接线的相序应一致。

3）保护接地导体（PE）在插座之间不得串联连接。

4）相线与中性导体（N）不应利用插座本体的接线端子转接供电。

（16）接地干线应与接地装置可靠连接。

（17）接闪器与防雷引下线必须采用焊接或卡接器连接，防雷引下线与接地装置必须采用焊接或螺栓连接。

7.《智能建筑工程质量验收规范》GB 50339—2013 强制性条文

（1）当紧急广播系统具有火灾应急广播功能时，应检查传输线缆、槽盒和导管的防火保护措施。

（2）智能建筑的接地系统必须保证建筑内各智能化系统的正常运行和人身、设备安全。

8.《电梯工程施工质量验收规范》GB 50310—2002 强制性条文

（1）井道必须符合下列规定：

1）当底坑底面下有人员能到达的空间存在，且对重（或平衡重）上未设有安全钳装置时，对重缓冲器必须能安装在（或平衡重运行区域的下边必须）一直延伸到坚固地面上的实心桩墩上；

2）电梯安装之前，所有层门预留孔必须设有高度不小于1.2m的安全保护围封，并应保证有足够的强度；

3）当相邻两层门地坎间的距离大于11m时，其间必须设置井道安全门，井道安全门严禁向井道内开启，且必须装有安全门处于关闭时电梯才能运行的电气安全装置。当相邻轿厢间有相互救援用轿厢安全门时，可不执行本款。

（2）层门强迫关门装置必须动作正常。

（3）层门锁钩必须动作灵活，在证实锁紧的电气安全装置动作之前，锁紧元件的最小啮合长度为7mm。

（4）限速器动作速度整定封记必须完好，且无拆动痕迹。

（5）当安全钳可调节时，整定封记应完好，且无拆动痕迹。

（6）绳头组合必须安全可靠，且每个绳头组合必须安装防螺母松动和脱落的装置。

（7）电气设备接地必须符合下列规定：

1）所有电气设备及导管、线槽的外露可导电部分均必须可靠接地（PE）；

2）接地支线应分别直接接至接地干线接线柱上，不得互相连接后再接地。

（8）层门与轿门的试验必须符合下列规定：

1）每层层门必须能够用三角钥匙正常开启；

2）当一个层门或轿门（在多扇门中任何一扇门）非正常打开时，电梯严禁启动或继续运行。

（9）在安装之前，井道周围必须设有保证安全的栏杆或屏障，其高度严禁小于1.2m。

第三章　设备安装施工技术

第一节　建筑管道工程施工技术

一、建筑管道工程的划分与施工程序

1. 建筑管道工程的划分

建筑给水排水及供暖分部工程的子分部工程、分项工程划分见表 3-1。

建筑给水排水及供暖分部工程的子分部工程、分项工程划分　　表 3-1

分部工程	子分部工程	分项工程
建筑给水排水及供暖	室内给水系统	给水管道及配件安装，给水设备安装，室内消火栓系统安装，消防喷淋系统安装，防腐，绝热，管道冲洗、消毒，试验与调试
	室内排水系统	排水管道及配件安装，雨水管道及配件安装，防腐，试验与调试
	室内热水系统	管道及配件安装，辅助设备安装，防腐，绝热，试验与调试
	卫生器具	卫生器具安装，卫生器具给水配件安装，卫生器具排水管道安装，试验与调试
	室内供暖系统	管道及配件安装，辅助设备安装，散热器安装，低温热水地板辐射供暖系统安装，电加热供暖系统安装，燃气红外辐射供暖系统安装，热风供暖系统安装，热计量及调控装置安装，试验与调试，防腐，绝热
	室外给水管网	给水管道安装，室外消火栓系统安装，试验与调试
	室外排水管网	排水管道安装，排水管沟与井池，试验与调试
	室外供热管网	管道及配件安装，系统水压试验，系统调试，防腐，绝热，试验与调试
	室外二次供热管网	管道及配件安装，土建结构，防腐，绝热，试验与调试
	建筑饮用水供应系统	管道及配件安装，水处理设备及控制设施安装，防腐，绝热，试验与调试
	建筑中水系统及雨水利用系统	建筑中水系统、雨水利用系统管道及配件安装，水处理设备及控制设施安装，防腐，绝热，试验与调试
	游泳池及公共浴池水系统	管道及配件系统安装，水处理设备及控制设施安装，防腐，绝热，试验与调试
	水景喷泉系统	管道系统及配件安装，防腐，绝热，试验与调试
	热源及辅助设备	锅炉安装，辅助设备及管道安装，安全附件安装，换热站安装，防腐，绝热，试验与调试
	监测与控制仪表	检测仪器及仪表安装，试验与调试

2. 建筑管道工程施工程序

（1）室内给水工程施工程序

施工准备→预留、预埋→管道测绘放线→管道元件检验→管道支吊架制作安装→管道

预制→给水设备安装→管道及配件安装→系统水压试验→防腐绝热→系统冲洗、消毒。

（2）室内排水工程施工程序

施工准备→预留、预埋→管道测绘放线→管道元件检验→管道支吊架制作安装→管道预制→管道及配件安装→系统灌水试验→防腐→系统通球试验。

（3）室内供暖工程施工程序

施工准备→预留、预埋→管道测绘放线→管道元件检验→管道支吊架制作安装→管道预制→管道及配件安装→系统水压试验→防腐绝热→系统冲洗→试运行和调试。

（4）室外给水管网施工程序

施工准备→测量放线→管沟、井池开挖→管道支架制作安装→管道预制→管道安装→系统水压试验→防腐绝热→系统冲洗、消毒→管沟回填。

（5）室外排水管网施工程序

施工准备→测量放线→管沟、井池开挖→管道元件检验→管道支架制作安装→管道预制→管道安装→系统灌水试验→防腐→系统通水试验→管沟回填。

（6）室外供热管网施工程序

施工准备→测量放线→管沟、井池开挖→管道支架制作安装→管道预制→管道安装→系统水压试验→防腐绝热→系统冲洗→试运行和调试→管沟回填。

（7）建筑饮用水供应工程施工程序

施工准备→预留、预埋→管道测绘放线→管道元件检验→管道支吊架制作安装→管道预制→水处理设备及控制设施安装→管道及配件安装→系统水压试验→防腐绝热→系统冲洗、消毒。

（8）建筑中水及雨水利用工程施工程序

1）中水系统给水管道施工程序：施工准备→管道测绘放线→管道元件检验→管道支吊架制作安装→管道预制→水处理设备及控制设施安装→管道及配件安装→系统水压试验→防腐→系统冲洗。

2）雨水系统排水管道施工程序：施工准备→管道测绘放线→管道元件检验→管道支吊架制作安装→管道预制→管道及配件安装→系统灌水试验→防腐→系统通球试验。

二、建筑管道工程施工技术要求

1. 建筑管道常用的连接方法

建筑管道根据用途和管材，常用的连接方法有：螺纹连接、法兰连接、焊接、沟槽连接（卡箍连接）、卡套式连接、卡压连接、热熔连接、承插连接等。

（1）螺纹连接。螺纹连接是利用带螺纹的管道配件连接，管径小于或等于80mm的镀锌钢管宜用螺纹连接，多用于明装管道。钢塑复合管一般也用螺纹连接。镀锌钢管应采用螺纹连接，套丝扣时破坏的镀锌层表面及外露螺纹部分应做防腐处理；管径大于或等于100mm的钢管一般采用法兰连接或沟槽连接，镀锌钢管与法兰的焊接处应二次镀锌。

（2）法兰连接。直径较大的管道采用法兰连接，法兰连接一般用在主干管连接阀门、水表、水泵等处，以及需要经常拆卸、检修的管段上。镀锌管如用焊接或法兰连接，焊接处应进行二次镀锌或防腐。

（3）焊接。焊接适用于非镀锌钢管，多用于暗装管道和直径较大的管道，并在高层建筑中应用较多。铜管连接可采用专用接头或焊接，当管径小于22mm时，宜采用承插或套管焊接，承口应迎介质流向安装；当管径大于或等于22mm时，宜采用对口焊接。不锈钢管可采用承插焊。

（4）沟槽连接（卡箍连接）。沟槽连接可用于消防水、空调冷热水、给水、雨水等系统直径大于或等于100mm的镀锌钢管或钢塑复合管，具有操作简单、不影响管道原有特性、施工安全、系统稳定性好、维修方便、省工省时等特点。

（5）卡套式连接。铝塑复合管一般采用螺纹卡套压接。将配件螺母套在管道端头，再把配件内芯套入端头内，用扳手拧紧配件与螺母即可。铜管的连接也可采用螺纹卡套压接。

（6）卡压连接。不锈钢卡压式管件连接技术取代了螺纹连接、焊接、胶接等传统给水管道连接技术，具有保护水质卫生、抗腐蚀性强、使用寿命长等特点。施工时将带有特种密封圈的承口管件与管道连接，用专用工具压紧管口而起到密封和紧固作用，施工中具有安装便捷、连接可靠及经济、合理等优点。

（7）热熔连接。PPR管的连接方法采用热熔器进行热熔连接。

（8）承插连接。用于给水及排水铸铁管及管件的连接。有柔性连接和刚性连接两类，柔性连接采用橡胶圈密封，刚性连接采用石棉水泥或膨胀性填料密封，重要场合可用铅密封。

2. 室内给水管道施工技术要求

（1）预留、预埋

校核土建图纸与安装图纸的一致性，现场实际检查预埋件、预留孔的位置、样式及尺寸，配合土建施工及时做好各种孔洞的预留及预埋管、预埋件的埋设，确保埋设正确、无遗漏。

（2）管道测绘放线

根据施工图纸进行现场实地测量放线，以确定管道及其支吊架的标高和位置。利用计算机CAD软件或BIM技术等进行空间模拟、管道碰撞检测，提前发现问题，避免管道之间出现"碰撞"现象。

（3）管道元件检验

1）主要材料、成品、半成品、配件、器具和设备必须具有中文质量合格证明文件，规格、型号及性能检测报告应符合国家技术标准或设计要求。生活给水系统所涉及的材料必须达到饮用水卫生标准。进场时应做检查验收，并经监理工程师核查确认。

2）应对品种、规格、外观等进行验收。包装应完好，表面无划痕及外力冲击破损。

3）管道所用流量计及压力表应进行校验检定，设备及管道上的安全阀应由具备资质的单位进行整定。

4）阀门安装前，应做强度和严密性试验。试验应在每批（同牌号、同型号、同规格）数量中抽查10%，且不少于一个。对于安装在主干管上起切断作用的闭路阀门，应逐个做强度和严密性试验。

5）阀门的强度和严密性试验，应符合以下规定：阀门的强度试验压力为公称压力的1.5倍；严密性试验压力为公称压力的1.1倍；试验压力在试验持续时间内应保持不变，且壳体填料及阀瓣密封面无渗漏。阀门试压的试验持续时间应不少于表3-2的规定。

公称直径 DN（mm）	最短试验持续时间（s）		
	严密性试验		强度试验
	金属密封	非金属密封	
≤50	15	15	15
65~200	30	15	60
250~450	60	30	180

阀门试验持续时间　　　　　　　　　　　　　　　表 3-2

（4）管道支吊架安装

1）滑动支架应灵活，滑托与滑槽两侧间应留有 3~5mm 的间隙，纵向移动量应符合设计要求。

2）无热伸长管道的吊架、吊杆应垂直安装。

3）有热伸长管道的吊架、吊杆应向热膨胀的反方向偏移。

4）塑料管及复合管垂直或水平安装的支架间距应符合规范的规定。采用金属制作的管道支架，应在管道与支架间加衬非金属垫或套管。

5）金属管道立管管卡安装应符合下列规定：楼层高度小于或等于 5m，每层必须安装 1 个；楼层高度大于 5m，每层不得少于 2 个；管卡安装高度，距地面应为 1.5~1.8m，2 个以上管卡应匀称安装，同一房间管卡应安装在同一高度上。

（5）管道预制

1）预制加工的管段应进行分组编号，非安装现场预制的管道应考虑运输的方便，预制阶段应同时进行管道的检验和底漆的涂刷工作。

2）钢管热弯时应不小于管道外径的 3.5 倍；冷弯时应不小于管道外径的 4 倍；焊接弯头应不小于管道外径的 1.5 倍；冲压弯头应不小于管道外径。

（6）给水设备安装

1）水泵就位前的基础混凝土强度、坐标、标高、尺寸和螺栓孔位置必须符合设计规定。

2）敞口水箱的满水试验和密闭水箱（罐）的水压试验必须符合设计与《建筑给水排水及采暖工程施工质量验收规范》GB 50242—2002 的规定。满水试验静置 24h 观察，不渗不漏；水压试验在试验压力下 10min 压力不降，不渗不漏。

（7）管道及配件安装

1）管道安装一般应按照先主管后支管、先上部后下部、先里后外的原则进行安装，对于不同材质的管道应先安装钢质管道，后安装塑料管道，当管道穿过地下室侧墙时应在室内管道安装结束后再进行安装，安装过程应注意成品保护。

2）冷热水管道上下平行安装时热水管道应在冷水管道上方，垂直安装时热水管道应在冷水管道左侧。

3）给水引入管与排水排出管的水平净距不得小于 1m。室内给水与排水管道平行敷设时，两管间的最小水平净距不得小于 0.5m；交叉敷设时，垂直净距不得小于 0.15m。给水管应敷设在排水管上面，若给水管必须敷设在排水管的下面时，给水管应加套管，其长度不得小于排水管管径的 3 倍。

4）给水水平管道应有 2‰~5‰ 的坡度坡向泄水装置。

5）水表应安装在便于检修、不受暴晒、污染和冻结的地方。安装螺翼式水表，表前与阀门应有不小于8倍水表接口直径的直线管段。

6）管道穿过墙壁和楼板时，应设置金属或塑料套管。安装在楼板内的套管，其顶部应高出装饰地面20mm；安装在卫生间及厨房内的套管，其顶部应高出装饰地面50mm，底部应与楼板底面相平；安装在墙壁内的套管其两端与装饰面相平。穿过楼板的套管与管道之间的缝隙应用阻燃密实材料和防水油膏填实，端面光滑。穿墙套管与管道之间的缝隙宜用阻燃密实材料填实，且端面应光滑。管道的接口不得设在套管内。

（8）系统水压试验

1）室内给水管道的水压试验必须符合设计要求。当设计未注明时，各种材质的给水管道系统试验压力均为工作压力的1.5倍，但不得小于0.6MPa。

2）金属及复合管给水管道系统在试验压力下观测10min，压力降不应大于0.02MPa，然后降到工作压力进行检查，应不渗不漏；塑料管给水管道系统应在试验压力下稳压1h，压力降不得超过0.05MPa，然后在工作压力的1.15倍状态下稳压2h，压力降不得超过0.03MPa，同时检查各连接处不得渗漏。

（9）防腐绝热

1）室内直埋给水管道（塑料管道和复合管道除外）应做防腐处理。埋地管道防腐层材质和结构应符合设计要求。

2）管道的防腐方法主要有涂漆。进行手工涂漆时，漆层厚度要均匀一致。多遍涂刷时，必须在上一遍涂膜干燥后才可涂刷第二遍。

3）管道绝热按其用途，可分为保温、保冷、加热保护三种类型。

（10）系统冲洗、消毒

1）管道系统试验合格后，应进行管道系统冲洗。

2）进行热水管道系统冲洗时，应先冲洗热水管道底部干管，后冲洗各环路支管。由临时供水入口向系统供水，关闭其他支管的控制阀门，只开启干管末端支管最底层的阀门，由底层放水并引至排水系统内。观察出水口处水质是否清洁。底层干管冲洗后再依次冲洗各分支环路，直至全系统管路冲洗完毕为止。

3）生活给水系统管道在交付使用前必须冲洗和消毒，并经有关部门取样检验，符合《生活饮用水卫生标准》GB 5749—2006方可使用。

3. 室内排水管道施工技术要求

（1）管道支吊架安装

1）金属排水管道上的吊钩或卡箍应固定在承重结构上。

2）固定件间距：横管不大于2m；立管不大于3m。楼层高度小于或等于4m，立管可安装1个固定件。

（2）管道及配件安装

1）室内生活污水管道应按铸铁管、塑料管等不同材质及管径设置排水坡度，铸铁管的坡度应大于塑料管的坡度。

2）排水塑料管必须按设计要求及位置装设伸缩节。如设计无要求时，伸缩节间距不得大于4m。高层建筑中明设排水塑料管道应按设计要求设置阻火圈或防火套管。

3）排水通气管不得与风道或烟道连接，通气管应高出屋面300mm，但必须大于最大积雪厚度。在通气管出口 4m 以内有门、窗时，通气管应高出门、窗顶 600mm 或引向无门、窗一侧。在经常有人停留的平屋顶上，通气管应高出屋面 2m，并应根据防雷要求设置防雷装置。屋顶有隔热层的应从隔热层板面算起。

4）安装未经消毒处理的医院含菌污水管道，不得与其他排水管道直接连接。

5）饮食业工艺设备引出的排水管及饮用水水箱的溢流管，不得与污水管道直接连接，并应留出不小于 100mm 的隔断空间。

（3）系统灌水试验

1）隐蔽或埋地的排水管道在隐蔽前必须做灌水试验，其灌水高度应不低于底层卫生器具的上边缘或底层地面高度。满水 15min 水面下降后，再灌满观察 5min，液面不降、管道及接口无渗漏为合格。

2）安装在室内的雨水管道安装后应做灌水试验，灌水高度必须到每根立管上部的雨水斗。灌水试验持续 1h，不渗不漏。

（4）系统通球试验

排水主立管及水平干管均应做通球试验，通球球径不小于排水管道管径的 2/3，通球率必须达到 100%。

4. 室内供暖管道施工技术要求

（1）管道及配件安装

1）管道安装坡度，当设计未注明时，气、水同向流动的热水供暖管道和汽、水同向流动的蒸汽管道及凝结水管道，坡度应为 3‰，不得小于 2‰；气、水逆向流动的热水供暖管道和汽、水逆向流动的蒸汽管道，坡度不应小于散热器支管的坡度（即不应小于 1%），坡向应利于排气和泄水。

2）方形补偿器应水平安装，并与管道的坡度一致；如其臂长方向垂直安装，则必须设排气及泄水装置。

3）上供下回式系统的热水干管变径应顶平偏心连接，蒸汽干管变径应底平偏心连接。

（2）辅助设备及散热器安装

散热器组对后，以及整组出厂的散热器在安装之前应做水压试验。试验压力如设计无要求时应为工作压力的 1.5 倍，但不得小于 0.6MPa；试验时间为 2~3min，压力不降且不渗不漏为合格。

（3）低温热水地板辐射供暖系统安装

1）地面下敷设的盘管埋地部分不应有接头。

2）盘管隐蔽前必须进行水压试验，试验压力为工作压力的 1.5 倍，但不得小于 0.6MPa；稳压 1h 内压力降不大于 0.05MPa 且不渗不漏为合格。

（4）系统水压试验

1）供暖系统安装完毕，管道保温之前应进行水压试验。试验压力应符合设计要求。当设计未注明时，蒸汽、热水供暖系统，应以系统顶点工作压力加 0.1MPa 做水压试验，同时在系统顶点的试验压力不小于 0.3MPa。高温热水供暖系统，试验压力应为系统顶点工作压力加 0.4MPa。塑料管及复合管的热水供暖系统，应以系统顶点工作压力加 0.2MPa 做水压试验，同时在系统顶点的试验压力不小于 0.4MPa。

2）钢管及复合管的供暖系统应在试验压力下 10min 内压力降不大于 0.02MPa，降至工作压力后检查，不渗不漏；塑料管的供暖系统应在试验压力下 1h 内压力降不大于 0.05MPa，然后降压至工作压力的 1.15 倍，稳压 2h，压力降不大于 0.03MPa，同时各连接处不渗不漏。

（5）系统冲洗

系统试压合格后，应对系统进行冲洗并清扫过滤器及除污器。现场观察，直至排出水不含泥沙、铁屑等杂质，且水色不浑浊为合格。

（6）试运行和调试

系统冲洗完毕应充水、加热，进行试运行和调试。

5. 室外给水管网施工技术要求

（1）管沟、井池开挖

1）管沟的沟底层应是原土层，或是夯实的回填土，沟底应平整，坡度应顺畅，不得有尖硬的物体、块石等。

2）如沟基为岩石、不易清除的块石或砾石层时，沟底应下挖 100～200mm，填铺细砂或粒径不大于 5mm 的细土，夯实到沟底标高后方可进行管道敷设。

（2）管道安装

1）给水管道与污水管道在不同标高平行敷设，其垂直间距在 500mm 以内时，给水管道管径小于或等于 200mm 的，管壁水平间距不得小于 1.5m；管径大于 200mm 的，不得小于 3m。

2）给水系统各种井室内的管道安装，如设计无要求，井壁距法兰或承口的距离：管径小于或等于 450mm 时，不得小于 250mm；管径大于 450mm 时，不得小于 350mm。

（3）系统水压试验

1）管网必须进行水压试验，试验压力为工作压力的 1.5 倍，但不得小于 0.6MPa。

2）管材为钢管、铸铁管时，试验压力下 10min 内压力降不应大于 0.05MPa，然后降至工作压力进行检查，压力应保持不变，不渗不漏。

3）管材为塑料管时，试验压力下，稳压 1h 压力降不大于 0.05MPa，然后降至工作压力进行检查，压力应保持不变，不渗不漏。

（4）系统冲洗、消毒

给水管道在竣工后，必须对管道进行冲洗，饮用水管道还要在冲洗后进行消毒，满足饮用水卫生要求。

（5）管沟回填

1）管沟回填土，管顶上部 200mm 以内应用砂子或无块石及冻土块的土，并不得用机械回填。

2）管顶上部 500mm 以内不得回填直径大于 100mm 的块石和冻土块；500mm 以上部分回填土中的块石或冻土块不得集中。

6. 室外排水管网施工技术要求

（1）管道安装

1）排水管道的坡度必须符合设计要求，严禁无坡或倒坡。

2）排水铸铁管采用水泥捻口时，油麻填塞应密实，接口水泥应密实饱满，其接口面凹入承口边缘且深度不得大于 2mm。

3）承插接口的排水管道安装时，管道和管件的承口应与水流方向相反。

（2）系统灌水、通水试验

1）管道埋设前必须做灌水试验和通水试验，排水应畅通，无堵塞，管道接口无渗漏。

2）按排水检查井分段试验，试验水头应为试验段上游管顶加 1m，时间不少于 30min，逐段观察。

7. 室外供热管网施工技术要求

（1）管道安装

1）架空敷设的供热管道安装高度，如设计无规定时，人行地区，不小于 2.5m；通行车辆地区，不小于 4.5m；跨越铁路，距轨顶不小于 6m。

2）地沟内的管道安装位置，其净距（保温层外表面）为：与沟壁 100～150mm；与沟底 100～200mm；与沟顶（不通行地沟）50～100mm；与沟顶（半通行和通行地沟）200～300mm。

（2）系统水压试验

1）供热管道的水压试验压力应为工作压力的 1.5 倍，但不得小于 0.6MPa。在试验压力下 10min 内压力降不大于 0.05MPa，然后降至工作压力下检查，不渗不漏。

2）供热管道做水压试验时，试验管道上的阀门应开启并与非试验管道隔断。

（3）系统冲洗

管道试压合格后应冲洗。现场观察，以水色不浑浊为合格。

（4）试运行和调试

管道冲洗完毕应通水、加热，进行试运行和调试，测量各建筑物热力入口处供回水温度及压力。当不具备加热条件时，应延期进行。

8. 建筑饮用水供应工程施工技术要求

（1）管道元件检验

1）管道直饮水系统的管道必须采用与管材相适应的管件。管道直饮水系统所涉及的材料与设备，必须满足饮用水卫生安全要求。

2）管道直饮水系统的管道应选用薄壁不锈钢管、铜管或其他符合食品级要求的优质给水塑料管和优质钢塑复合管。开水管道应选用工作温度大于 100℃ 的金属管道。

3）饮水器应采用不锈钢、铜镀铬制品，其表面应光洁、易于清洗。

（2）系统水压试验

1）管道安装完成后，应分别对立管、连通管及室外管段进行水压试验。系统中不同材质的管道应分别试压。水压试验必须符合设计要求。

2）当设计未注明时，各种材质的管道系统试验压力应为管道工作压力的 1.5 倍，且不得小于 0.6MPa。

3）暗装管道必须在隐蔽前进行试压。热熔连接管道，水压试验时间应在连接完成 24h 后进行。

（3）系统冲洗、消毒

管道直饮水系统试压合格后应对整个系统进行冲洗和消毒，消毒液可采用含 20～30mg/L 的游离氯或过氧化氢溶液等其他合适消毒液，并经有关部门取样检验，符合国家现行行业标准《饮用净水水质标准》CJ 94—2005 的要求方可使用。

9. 建筑中水及雨水利用工程施工技术要求

（1）管道元件检验

中水给水管道管材及配件应采用耐腐蚀的给水管道管材及附件。

（2）水处理设备及控制设施安装

中水高位水箱应与生活高位水箱分设在不同的房间内，如条件不允许只能设在同一房间时，与生活高位水箱的净距离应大于2m。

（3）管道及配件安装

1）中水给水管道不得装设取水水嘴。便器冲洗宜采用密闭型设备和器具。绿化、浇洒、汽车冲洗宜采用壁式或地下式的给水栓。

2）中水给水管道严禁与生活饮用水给水管道连接，并应采取下列措施：中水管道外壁应涂浅绿色标志；中水池（箱）、阀门、水表及给水栓均应有"中水"标志。

3）中水管道不宜暗装于墙体和楼板内。如必须暗装于墙槽内时，必须在管道上有明显且不会脱落的标志。

4）中水管道与生活饮用水管道、排水管道平行埋设时，其水平净距离不得小于0.5m；交叉埋设时，中水管道应位于生活饮用水管道的下面、排水管道的上面，其净距离不应小于0.15m。

10. 高层建筑管道安装的技术措施

（1）妥善处理好排水管道的通气问题，保证供排水安全通畅。

高层建筑给水排水系统使用的人数多，用水高峰的瞬时给水量和排水量大，一旦发生停水和排水管道堵塞事故，影响范围较大。必须具备安全可靠的供水设施、适用的给水排水材料以及优良的施工质量，保证供排水安全通畅。

（2）对给水系统和热水系统进行合理的设计，确保系统的正常运行。

高层建筑层数多、高度大，给水系统和热水系统中的静水压力大，为保证管道及配件不受破坏，设计时必须对给水系统和热水系统进行合理的竖向分区并加设减压设备。泵类设备在采购和安装时应认真核定设备型号、水泵的流量、扬程、水泵配用电机功率等，以免错用后达不到设计要求或不能满足使用需要。

施工中要保证管道的焊接质量和牢固固定，以确保系统的正常运行。

（3）采取可靠措施，按规定进行严格验收，防止重大火灾事故的发生。

高层建筑的功能多、结构复杂、涉及人员多，一旦发生火灾，容易迅速蔓延，人员疏散及扑救困难。应采取可靠措施，设置安全可靠的室内消防给水系统及室外补水系统，管道保温及管道井、穿墙套管的封堵应使用阻燃材料。保证安全，按规定进行严格验收，防止重大火灾事故的发生。

（4）必须考虑管道的防振、降噪措施。

高层建筑对防噪声、防振动等要求较高，但室内管道及设备种类繁多、管线长、噪声源和振动源多，必须保证管道安装牢固、坡度合理，并采取必要的减振隔离或加设柔性连接等措施。

（5）处理好各种管线的综合交叉，做好综合布置，合理安排施工工序。

高层建筑由于给水排水、消防、空调、电气等各种管道设备繁多，要做好综合布置，处理好各种管线的综合交叉，管道井要根据管道走向合理布置，合理安排施工工序。公用工程的管道应在施工前进行 CAD 软件或 BIM 技术三维模拟及现场实际测绘，以避免管道"打架"现象，便于后续保温、装修及日后维修工作。

（6）合理、安全地布置管道、抗震支吊架，对机电设备及管线进行有效保护。

高层建筑的机电系统中管道数量巨大、规格型号复杂、使用功能各有不同，管道经抗震设防后如何保证不跌落、防止次生灾害、避免人员伤亡，如何合理、安全地布置管道、抗震支吊架起到至关重要的作用。抗震支吊架是与建筑结构体牢固连接，以地震作用为主要荷载的抗震支撑设施，是对机电设备及管线进行有效保护的重要抗震措施。其由锚固体、加固吊杆、抗震连接构件及抗震斜撑组成。

（7）安装给水排水及室内雨落水管道时应在结构封顶并经初沉后进行施工。

高层住宅因高度大、层数多、沉降量大，安装给水排水及室内雨落水管道时，要避免地下室的管道承受沉降剪力而损坏。安装给水排水及室内雨落水管道时应在结构封顶并经初沉后进行施工，如果因赶工需要同步进行安装，则应先安装建筑物内的管道，等结构封顶初沉后，再穿外墙做出户管道。

（8）高层建筑出现渗水最多的部位，管道安装后要有可靠的防水措施。

地下室或构筑物外墙有管道穿过时往往设置有套管，是高层建筑出现渗水最多的部位，管道安装后要有可靠的防水措施。

（9）高层建筑的雨水系统应采用规定的管材。

高层建筑的雨水系统可采用镀锌焊接钢管，超高层建筑的雨水系统应采用镀锌无缝钢管。高层和超高层建筑的重力流雨水管道系统可采用球墨铸铁管。

（10）采用环保、节能的大管道闭式循环冲洗技术，清除掉管内一切杂物。

高层、超高层建筑管道管径大，在施工过程中，管道内难免落进砂、砾石、砖块、电焊条、电焊渣等杂物，残存在管道内壁的底层，另外还有管道内壁因氧化、腐蚀而残存在管道壁面的氧化薄钢管等，在管网投入运行前，必须将这些杂质清除掉，而最好的、既环保又节能的方法就是采用大管道闭式循环冲洗技术，能够清除掉管内一切杂物。

11. 建筑管道先进适用技术

（1）超高层建筑管道工程模块化安装

1）工厂化和装配化

现代建筑机电安装正朝着工厂化和装配化方向发展，其基本特点是将全部工作分为预制和装配两个部分。工厂化预制的优越性在于既不受天气影响，也不受土建和设备安装条件的限制，待现场条件具备时，即可将预制好的管段及组合件运至现场进行安装。这对于缩短施工周期，加快施工进度，减少高空作业和高空作业辅助设施的架设，保证施工质量和安全，提高技术水平和平衡施工力量等都具有十分重要的意义。

2）计算机三维技术，分段模块预制

管道按照支架的节间距或一定模数的长度，利用计算机三维技术进行分段模块预制、编码，包装成捆后批量运输，在现场按照编码对号入座进行安装。要求各类管道的管材选择、敷设形式、连接方式、支架形式在符合设计性能的同时，必须以便于批量模块化为前提；要求各公辅泵房及液压、干油、润滑等泵站的设备、管道设计以集成模块化为标准，考虑管道设备选型。

（2）管道防结露措施

选择满足防结露的保温材料，按要求做好保温，保证保温层的严密性，从而确保管道与保温层之间无积水，防结露效果明显。

（3）无负压给水设备的选用

能直接与自来水管网连接，对自来水管网不产生任何副作用的成套给水设备。真空消除器是本设备的核心。

（4）建筑中水处理技术

建筑中水系统由中水水源、中水处理设施和中水供水系统组成，主要用于建筑杂用水和城市杂用水，如冲厕、浇洒道路、绿化、消防用水、洗车、冷却用水等，其水质应符合《城市污水再生利用　城市杂用水水质》GB/T 18920—2002 的规定。

第二节　通风与空调工程施工技术

一、通风与空调工程的划分与施工程序

1. 空调系统类别

（1）空调系统按空气处理设备的设置分类

1）集中式系统：空气处理设备集中在机房内，空气经处理后，由风道送入空调区域。例如，组合式空调系统、VAV 变风量空调系统、恒温恒湿空调系统。

2）半集中式系统：除了有集中的空气处理设备外，在各个空调房间内还分别设置了处理空气的末端装置。例如，风机盘管与新风系统、多联机与新风系统、诱导器系统等。

3）全分散式系统：分别由各自的整体式或分体式空调器承担。例如，单元式空调器、多联机系统等。

（2）空调系统按承担室内空调负荷所用的介质分类

1）全空气系统：室内空调负荷全部由空气负担，有一次回风和一、二次回风系统等。

2）空气-水系统：室内空调负荷由经过处理的空气和水共同负担，如新风加风机盘管系统。

3）全水系统：室内空调负荷全部由水负担，如无新风送风的风机盘管系统。

4）制冷剂系统：蒸发器在室内，直接吸收余热余湿，如单元式空调器、多联机系统等。

（3）空调系统按风管系统工作压力分类

1）微压系统：风管内正压 $P \leqslant 125Pa$ 和管内负压 $P \geqslant -125Pa$ 的系统。

2）低压系统：风管内正压 $125Pa < P \leqslant 500Pa$ 和管内负压 $-500Pa \leqslant P < -125Pa$ 的系统。

3）中压系统：风管内正压 $500Pa < P \leqslant 1500Pa$ 和管内负压 $-1000Pa \leqslant P < -500Pa$ 的系统。

4）高压系统：风管内正压 $1500Pa < P \leqslant 2500Pa$ 和管内负压 $-2000Pa \leqslant P < -1000Pa$ 的系统。

2. 通风与空调工程的划分

通风与空调分部工程的子分部工程、分项工程划分见表 3-3。

通风与空调分部工程的子分部工程、分项工程划分　　　　表 3-3

分部工程	子分部工程	分项工程
通风与空调	送风系统	风管与配件制作，部件制作，风管系统安装，风机与空气处理设备安装，风管与设备防腐，系统调试，旋流风口、岗位送风口、织物（布）风管安装
	排风系统	风管与配件制作，部件制作，风管系统安装，风机与空气处理设备安装，风管与设备防腐，系统调试，吸风罩及其他空气处理设备安装，厨房、卫生间排风系统安装
	防排烟系统	风管与配件制作，部件制作，风管系统安装，风机与空气处理设备安装，风管与设备防腐，系统调试，排烟风阀（口）、常闭正压风口、防火风管安装
	除尘系统	风管与配件制作，部件制作，风管系统安装，风机与空气处理设备安装，风管与设备防腐，系统调试，除尘器与排污设备安装，吸尘罩安装，高温风管绝热
	舒适性空调系统	风管与配件制作，部件制作，风管系统安装，风机与空气处理设备安装，风管与设备防腐，系统调试，组合式空调机组安装，消声器、静电除尘器、换热器、紫外线灭菌器等设备安装，风机盘管、VAV 与 UFAD 地板送风装置、射流喷口等末端设备安装，风管与设备绝热
	恒温恒湿空调系统	风管与配件制作，部件制作，风管系统安装，风机与空气处理设备安装，风管与设备防腐，系统调试，组合式空调机组安装，电加热器、加湿器等设备安装，精密空调机组安装，风管与设备绝热
	净化空调系统	风管与配件制作，部件制作，风管系统安装，风机与空气处理设备安装，风管与设备防腐，系统调试，净化空调机组安装，消声器、静电除尘器、换热器、紫外线灭菌器等设备安装，中、高效过滤器及风机过滤器单元（FFU）等末端设备清洗与安装，洁净度测试，风管与设备绝热
	地下人防通风系统	风管与配件制作，部件制作，风管系统安装，风机与空气处理设备安装，风管与设备防腐，系统调试，过滤吸收器、防爆波活门、防爆超压排气活门等专用设备安装
	真空吸尘系统	风管与配件制作，部件制作，风管系统安装，风机与空气处理设备安装，风管与设备防腐，管道安装，快速接口安装，风机与滤尘设备安装，系统压力试验及调试
	冷凝水系统	管道系统及部件安装，水泵及附属设备安装，管道、设备防腐与绝热，管道冲洗与管内防腐，系统灌水渗漏及排放试验
	空调（冷、热）水系统	管道系统及部件安装，水泵及附属设备安装，管道、设备防腐与绝热，管道冲洗与管内防腐，系统压力试验及调试，板式热交换器安装，辐射板及辐射供热、供冷地埋管安装，热泵机组设备安装
	冷却水系统	管道系统及部件安装，水泵及附属设备安装，管道、设备防腐与绝热，管道冲洗与管内防腐，系统压力试验及调试，冷却塔与水处理设备安装，防冻伴热设备安装
	土壤源热泵换热系统	管道系统及部件安装，水泵及附属设备安装，管道、设备防腐与绝热，管道冲洗与管内防腐，系统压力试验及调试，埋地换热系统与管网安装
	水源热泵换热系统	管道系统及部件安装，水泵及附属设备安装，管道、设备防腐与绝热，管道冲洗与管内防腐，系统压力试验及调试，地表水源换热管及管网安装，除垢设备安装
	蓄能系统	管道系统及部件安装，水泵及附属设备安装，管道、设备防腐与绝热，管道冲洗与管内防腐，系统压力试验及调试，蓄水罐与蓄冰槽、罐安装
	压缩式制冷（热）设备系统	制冷机组及附属设备安装，管道、设备防腐与绝热，系统压力试验及调试，制冷剂管道及部件安装，制冷剂灌注

续表

分部工程	子分部工程	分项工程
通风与空调	吸收式制冷设备系统	制冷机组及附属设备安装，管道、设备防腐与绝热，试验及调试，系统真空试验，溴化锂溶液加灌，蒸汽管道系统安装，燃气或燃油设备安装
	多联机（热泵）空调系统	室外机组安装，室内机组安装，制冷剂管路连接及控制开关安装，风管安装，冷凝水管道安装，制冷剂灌注，系统压力试验及调试
	太阳能供暖空调系统	太阳能集热器安装，其他辅助能源、换热设备安装，蓄能水箱、管道及配件安装，系统压力试验及调试，防腐，绝热，低温热水地板辐射采暖系统安装
	设备自控系统	温度、压力与流量传感器安装，执行机构安装调试，防排烟系统功能测试，自动控制及系统智能控制软件调试

3．通风与空调工程施工程序

（1）风管及配件制作与安装程序

1）金属风管制作程序：板材、型材选用及复检→风管预制→角钢法兰预制→板材拼接及轧制、薄钢板法兰风管预制→防腐→风管加固→风管组合→加固、成型→质量检查。

2）金属风管安装程序：测量放线→支吊架制作→支吊架定位安装→风管检查→组合连接→风管调整→漏风量测试→质量检查。

3）风管系统阀部件安装程序：风阀及部件检查→支吊架安装→风阀及部件安装→质量检查。

4）风管漏风量测试程序：风管漏风量抽样方案确定→风管检查→测试仪器仪表检查校准→现场测试→现场数据记录→质量检查。

（2）空调水系统管道施工程序

1）空调冷热水管道施工程序：管道预制→管道支吊架制作与安装→管道与附件安装→水压试验→冲洗→质量检查。

2）水系统阀部件、仪表施工程序：阀门及部件检查→强度严密性试验→阀门及部件安装→仪器仪表安装→质量检查。

（3）设备安装程序

1）制冷机组安装程序：基础验收→机组运输吊装→机组减振安装→机组就位安装→机组配管安装→质量检查。

2）冷却塔安装程序：基础验收→冷却塔运输吊装→冷却塔减振安装→冷却塔就位安装→冷却塔配管安装→质量检查。

3）水泵安装程序：基础验收→减振装置安装→水泵就位→找正找平→配管及附件安装→质量检查。

4）组合式空调机组、新风机组安装程序：设备检查试验→基础验收→底座安装→设备减振安装→设备安装→找正找平→质量检查。

5）风机盘管安装程序：设备检查试验→支吊架安装→减振安装→设备安装及配管→质量检查。

6）风机安装程序：风机检查试验→基础验收→底座安装→减振安装→设备就位→找正找平→质量检查。

7）太阳能供暖空调系统安装程序：基础验收→设备运输吊装→设备安装→太阳能集

热器安装→管道安装→管道试验及冲洗→管道保温→质量检查→系统运行。

8）多联机系统安装程序：基础验收→室外机吊装→设备减振安装→室外机安装→室内机安装→管道连接→管道试验强度及真空试验→系统充制冷剂→调试运行→质量检查。

（4）管道防腐保温程序

1）管道及支吊架防腐程序：除锈→去污→表面清洁→底层涂料→面层涂料→质量检查。

2）风管保温程序：清理去污→保温钉固定（涂刷胶粘剂）→绝热材料下料→绝热层施工→防潮层施工→保护层施工→质量检查。

3）水管保温程序：清理去污→涂刷胶粘剂→绝热层施工→接缝处胶粘→防潮层施工→保护层施工→质量检查。

（5）系统调试程序

1）风系统调试程序：风机检查→风管、风阀、风口检查→测试仪器仪表准备→风量测试→风量平衡调整→记录测试数据→质量检查。

2）水系统调试程序：设备检查→阀部件检查→测试仪器仪表准备→水流量测试与调整→压力表、温度计数据记录→质量检查。

3）设备单机试运转程序：设备检查→设备测试运转→参数测试→数据记录→质量检查。

4）通风空调系统联合试运转程序：调试前系统检查→通风空调系统的风量、水量测定与调整→空调自动控制系统调试调整→数据记录→质量检查。

5）防排烟系统联合试运转程序：系统检查→机械正压送风系统测试与调整→机械排烟系统测试与调整→联合运转参数的测试与调整→数据记录→质量检查。

二、通风与空调工程施工技术要求

1. 风管及部件制作与安装施工技术要求

（1）风管制作

1）一般规定

① 金属风管规格以外径或外边长为准，非金属风管和风道规格以内径或内边长为准。

② 镀锌钢板及含有各类复合保护层的钢板应采用咬口连接或铆接，不得采用焊接连接。

③ 风管的密封应以板材连接的密封为主，也可采用密封胶嵌缝与其他方法。密封胶的性能应符合使用环境的要求，密封面宜设在风管的正压侧。

④ 防火风管的本体、框架与固定材料、密封垫料等必须为不燃材料，防火风管的耐火极限时间应符合系统防火设计的规定。

⑤ 金属风管的材料品种、规格、性能与厚度应符合设计要求。当风管厚度设计无要求时，应符合规范的规定。

2）镀锌钢板风管制作

① 镀锌钢板的镀锌层厚度应符合设计及合同的规定，当设计无规定时，不应采用低于 $80g/m^2$ 的板材。镀锌钢板风管表面不得有 10％以上的花白、锌层粉化等镀锌层严重损坏的现象。

② 风管与配件的咬口缝应紧密、宽度应一致，折角应平直，圆弧均匀且两端面应平行。风管表面应平整，无明显扭曲及翘角，凹凸不应大于 10mm。风管板材拼接的接缝应错开，不得有十字形接缝。

③ 风管板材采用咬口连接时，咬口的形式有单咬口、联合角咬口、转角咬口、按扣式咬口和立咬口。其中单咬口、联合角咬口、转角咬口适用于微压、低压、中压及高压系统；按扣式咬口适用于微压、低压及中压系统。

④ 圆形风管无法兰连接形式包括：承插连接、带加强筋承插、角钢加固承插、芯管连接、立筋抱箍连接、抱箍连接、内胀芯管连接。其中承插连接、抱箍连接适用于 $\phi < 700$mm 的微压、低压风管；带加强筋承插、角钢加固承插、芯管连接、立筋抱箍连接适用于微压、低压及中压风管；内胀芯管连接适用于大口径螺旋风管。

⑤ 矩形风管无法兰连接形式包括：S 形插条、C 形插条、立咬口、包边立咬口、薄钢板法兰插条、薄钢板法兰弹簧夹、直角形平插条。其中，S 形插条、直角形平插条适用于微压、低压风管；其他形式适用于微压、低压及中压风管。矩形风管的弯头可采用直角、弧形或内斜线形，宜采用内外同心圆弧。

⑥ 风管的加固形式有：角钢加固、折角加固、立咬口加固、扁钢内支撑加固、镀锌螺杆内支撑加固、钢管内支撑加固。

3）普通钢板风管制作

① 普通钢板风管采用焊接连接，焊缝应饱满、平整，不应有凸瘤、穿透的夹渣和气孔、裂缝缺陷。

② 风管与法兰的焊缝应低于法兰的端面，除尘系统风管应采用内侧满焊、外侧间断焊的形式。当风管与法兰采用点焊固定连接时，焊缝应熔合良好，间距不大于 100mm。

③ 焊接完成后，应对焊缝除渣、防腐和板材校平。

4）不锈钢板风管制作

① 不锈钢板风管法兰采用不锈钢材质，法兰与风管采用内侧满焊、外侧点焊的形式。加固法兰采用两侧点焊的形式与风管固定，点焊的间距不大于 150mm。

② 铆钉连接时铆钉材质与风管材质相同，防止产生电化学腐蚀。

5）复合材料风管制作

① 复合材料风管包括：双面铝箔复合绝热材料风管、铝箔玻璃纤维复合材料风管和机制玻璃纤维增强氯氧镁水泥复合材料风管。双面铝箔复合绝热材料风管又包括聚氨酯铝箔复合风管和酚醛铝箔复合风管。

② 双面铝箔复合绝热材料风管的边长大于 1600mm 时，板材拼接应采用 H 形 PVC 或铝合金加固条。内支撑加固的镀锌螺杆直径不小于 8mm，穿管壁处应进行密封处理。

③ 铝箔玻璃纤维复合材料风管可采用承插阶梯接口和外套角钢法兰两种形式。

6）非金属风管制作

① 硬聚氯乙烯风管制作

a. 风管两端面应平行，不应有扭曲，外径或外边长的允许偏差不应大于 2mm。表面应平整，圆弧应均匀，凹凸不应大于 5mm。

b. 矩形风管的四角可采用煨角或焊接连接。当采用煨角连接时，纵向焊缝距煨角处宜大于 80mm。

② 玻璃钢风管制作

a. 微压、低压及中压系统有机玻璃钢风管板材的厚度、无机玻璃钢（氯氧镁水泥）风管板材的厚度、风管玻璃纤维布的厚度与层数应符合规范的规定，且不得采用高碱玻璃纤维布。风管表面不得出现泛卤及严重泛霜。

b. 玻璃钢风管法兰螺栓孔的间距不得大于120mm。矩形风管法兰的四角处，应设有螺孔。法兰与风管的连接应牢固，内角交界处应采用圆弧过渡。管口与风管轴线成直角，平面度的允许偏差不应大于3mm；螺孔的排列应均匀，至管口的距离应一致，允许偏差不应大于2mm。

c. 矩形玻璃钢风管的边长大于900mm且管段长度大于1250mm时，应采取加固措施。加固筋的分布应均匀、整齐。玻璃钢风管的加固应为本体材料或防腐性能相同的材料，加固件应与风管成为整体。

（2）部件制作

1）成品风阀

① 风阀应设有开度指示装置，并应能准确反映阀片开度。

② 手动风量调节阀的手轮或手柄应以顺时针方向转动为关闭。

③ 电动、气动调节阀的驱动执行装置，动作应可靠，且在最大工作压力下工作应正常。

④ 工作压力大于1000Pa的调节风阀，生产厂应提供在1.5倍工作压力下能自由开关的强度测试合格的证书或试验报告。

⑤ 密闭阀应能严密关闭，漏风量应符合设计要求。

2）消声器、消声弯头

① 消声器的类别、消声性能及空气阻力应符合设计要求和产品技术文件的规定。

② 矩形消声弯管平面边长大于800mm时，应设置吸声导流片。

③ 消声器内消声材料的织物覆面层应平整，不应有破损，并应顺气流方向进行搭接。

④ 消声器内消声材料的织物覆面层应有保护层，保护层应采用不易锈蚀的材料，不得使用普通钢丝网。当使用穿孔板保护层时，穿孔率应大于20%。

3）柔性短管

① 防排烟系统的柔性短管必须为不燃材料。

② 应采用抗腐、防潮、不透气及不易霉变的柔性材料。

③ 柔性短管的长度宜为150~250mm，接缝的缝制或粘结应牢固、可靠，不应有开裂；成型短管应平整，无扭曲等现象。

④ 柔性短管不应为异径连接管；矩形柔性短管与风管连接不得采用抱箍固定的形式。

⑤ 柔性短管与法兰组装宜采用压板铆接连接，铆钉间距宜为60~80mm。

（3）风管系统安装

1）一般规定

① 当风管穿过需要封闭的防火、防爆的墙体或楼板时，必须设置厚度不小于1.6mm的钢制防护套管；风管与防护套管之间应采用不燃柔性材料封堵严密。

② 风管安装必须符合下列规定：

a. 风管内严禁其他管线穿越。

b. 输送含有易燃、易爆气体或安装在易燃、易爆环境的风管系统必须设置可靠的防静电接地装置。

c. 输送含有易燃、易爆气体的风管系统通过生活区或其他辅助生产房间时不得设置接口。

d. 室外风管系统的拉索等金属固定件严禁与避雷针或避雷网连接。

③ 风管系统安装完毕后，应按系统类别要求进行施工质量外观检验。合格后，应进行风管系统的严密性检验，漏风量应符合规范允许的数值。

2) 金属风管安装

① 风管支吊架安装

a. 金属风管水平安装，直径或边长小于等于 400mm 时，支吊架间距不应大于 4m；大于 400mm 时，间距不应大于 3m。螺旋风管的支吊架间距可为 5m 与 3.75m；薄钢板法兰风管的支吊架间距不应大于 3m。垂直安装时，应设置至少 2 个固定点，支架间距不应大于 4m。

b. 支吊架的设置不应影响阀门、自控机构的正常动作，且不应设置在风口、检查门处，离风口和分支管的距离不宜小于 200mm。

c. 悬吊的水平主干风管直线长度大于 20m 时，应设置防晃支架或防止摆动的固定点。

d. 风管或空调设备使用的可调节减振支吊架，其拉伸或压缩量应符合设计要求。

e. 不锈钢板、铝板风管与碳素钢支架的接触处，应采取隔绝或防腐绝缘措施。

② 风管安装

a. 风管安装的位置、标高、走向，应符合设计要求。现场风管接口的配置应合理，不得缩小其有效截面。

b. 法兰的连接螺栓应均匀拧紧，螺母宜在同一侧。

c. 风管接口的连接应严密、牢固。风管法兰的垫片材质应符合系统功能的要求，厚度不应小于 3mm。垫片不应凸入管内，且不宜凸出法兰外；垫片接口交叉长度不应小于 30mm。

d. 风管与砖、混凝土风道的连接接口，应顺着气流方向插入，并应采取密封措施。

e. 风管穿出屋面处应设置防雨装置，且不得渗漏。

f. 外保温风管必须穿越封闭的墙体时，应加设套管。

g. 风管的连接应平直。明装风管水平安装时，水平度的允许偏差应为 3‰，总偏差不应大于 20mm；明装风管垂直安装时，垂直度的允许偏差应为 2‰，总偏差不应大于 20mm。暗装风管安装的位置应正确，不应有侵占其他管线安装位置的现象。

③ 金属无法兰连接风管的安装应符合下列规定：

a. 风管连接处应完整，表面应平整。

b. 承插式风管的四周缝隙应一致，不应有折叠状褶皱。内涂的密封胶应完整，外粘的密封胶带应粘贴牢固。

c. 矩形薄钢板法兰风管可采用弹性插条、弹簧夹或 U 形紧固螺栓连接。连接固定的间隔不应大于 150mm，净化空调系统风管的间隔不应大于 100mm 且分布均匀。当采用弹簧夹连接时，宜采用正反交叉固定方式且不应松动。

④ 柔性短管安装

松紧适度，目测平顺、不应有强制性的扭曲。可伸缩金属或非金属柔性短管的长度不宜大于 2m。柔性短管支吊架的间距不应大于 1500mm，承托的座或箍的宽度不应小于

25mm，两支架间风道的最大允许下垂应为 100mm，且不应有死弯或塌凹。

3）复合材料风管安装

① 复合材料风管的连接处，接缝应牢固，不应有孔洞和开裂。当采用插接连接时，接口应匹配，不应松动，端口缝隙不应大于 5mm。

② 复合材料风管采用金属法兰连接时，应采取防冷桥的措施。

③ 酚醛铝箔复合风管与聚氨酯铝箔复合风管的安装要求：

a. 插接连接法兰四角的插条端头与护角应有密封胶封堵。

b. 中压风管的插接连接法兰之间应加密封垫或采取其他密封措施。

④ 铝箔玻璃纤维复合材料风管的安装要求：

a. 风管的铝箔复合面与丙烯酸等树脂涂层不得损坏，风管的内角接缝处应采用密封胶勾缝。

b. 采用槽形插接等连接构件时，风管端切口应采用铝箔胶带或刷密封胶封堵。

c. 风管垂直安装宜采用井字形支架，连接应牢固。

⑤ 玻璃纤维增强氯氧镁水泥复合材料风管应采用粘结连接。直管长度大于 30m 时，应设置伸缩节。

4）阀门、部件安装

① 风阀安装

a. 风管部件及操作机构的安装，应便于操作。

b. 斜插板风阀安装时，阀板应顺气流方向插入；水平安装时，阀板应向上开启。

c. 止回阀、定风量阀的安装方向应正确。

d. 风阀应安装在便于操作及检修的部位。安装后，手动或电动操作装置应灵活可靠，阀板关闭应严密。

e. 直径或长边尺寸大于等于 630mm 的防火阀，应设置独立支吊架。

f. 排烟阀（排烟口）及手控装置（包括钢索预埋套管）的位置应符合设计要求。钢索预埋套管弯管不应大于 2 个。

g. 除尘系统吸入管段的调节阀，宜安装在垂直管段上。

② 消声器及静压箱的安装应符合下列规定：

a. 消声器及静压箱安装时，应设置独立支吊架，固定应牢固。

b. 当采用回风箱作为静压箱时，回风口处应设置过滤网。

③ 风口的安装应符合下列规定：

a. 风口表面应平整、不变形，调节应灵活、可靠。同一厅室、房间内的相同风口的安装高度应一致，排列应整齐。

b. 明装无吊顶的风口，安装位置和标高允许偏差应为 10mm。

c. 风口水平安装时，水平度的允许偏差应为 3‰。

d. 风口垂直安装时，垂直度的允许偏差应为 2‰。

2. 空调水系统管道安装施工技术要求

（1）水管道安装技术要求

1）冷冻、冷却水管道安装技术要求

① 管道焊接对口平直度的允许偏差应为 1‰，全长不应大于 10mm。管道与设备的固

定焊口应远离设备，且不宜与设备接口中心线相重合。

② 螺纹连接管道的螺纹应清洁规整，断丝或缺丝不应大于螺纹全扣数的 10%。管道的连接应牢固，接口处的外露螺纹应为 2~3 扣，不应有外露填料。镀锌管道的镀锌层应保护完好，局部破损处应进行防腐处理。

③ 法兰连接管道的法兰面应与管道中心线垂直，且应同心。法兰对接应平行，偏差不应大于管道外径的 1.5‰ 且不得大于 2mm。连接螺栓长度应一致，螺母应在同一侧，并应均匀拧紧。紧固后的螺母应与螺栓端部平齐或略低于螺栓。法兰衬垫的材料、规格与厚度应符合设计要求。

④ 管道与水泵、制冷机组的接口应为柔性接管，且不得强行对口连接。与其连接的管道应设置独立支架。

⑤ 固定在建筑结构上的管道支吊架，不得影响结构体的安全。管道穿越墙体或楼板处应设钢制套管，管道接口不得置于套管内，钢制套管应与墙体装饰面或楼板底部平齐，上部应高出楼层地面 20~50mm，且不得将套管作为管道支撑。当穿越防火分区时，应采用不燃材料进行防火封堵；保温管道与套管四周的缝隙，应使用不燃绝热材料填塞紧密。

⑥ 管道与设备连接处应设置独立支吊架。当设备安装在减振基座上时，独立支吊架的固定点应为减振基座。

⑦ 冷（热）水、冷却水系统管道机房内总、干管的支吊架，应采用承重防晃管架，与设备连接的管道管架宜采取减振措施。当水平支管的管架采用单杆吊架时，应在系统管道的起始点、阀门、三通、弯头处及长度每隔 15m 处设置承重防晃支吊架。

⑧ 冷（热）水管道与支吊架之间应设置衬垫。衬垫的承压强度应满足管道全重，且应采用不燃与难燃硬质绝热材料或经防腐处理的木衬垫。衬垫的厚度不应小于绝热层厚度，宽度应大于等于支吊架支承面的宽度。衬垫的表面应平整、上下两衬垫结合面的空隙应填实。

2）冷凝水管道安装技术要求

冷凝水排水管的坡度应符合设计要求。当设计无要求时，管道坡度宜大于或等于 8‰，且应坡向出水口。设备与排水管的连接应采用软接，并应保持畅通。

（2）水系统阀部件安装技术要求

1）阀门的安装

① 阀门安装的位置、高度、进出口方向应正确，且应便于操作。连接应牢固紧密，启闭应灵活。成排阀门的排列应整齐美观，在同一平面上的允许偏差不应大于 3mm。

② 安装在保温管道上的手动阀门的手柄不得朝向下。

③ 电动阀门的执行机构应能全程控制阀门的开启与关闭。

2）补偿器的安装

① 补偿器的补偿量和安装位置应符合设计文件的要求，并应根据设计计算的补偿量进行预拉伸或预压缩。

② 波纹管膨胀节或补偿器内套有焊缝的一端，水平管路上应安装在水流的流入端，垂直管路上应安装在上端。

3）除污器、自动排气装置的安装

① 电动、气动等自控阀门安装前应进行单体调试，启闭试验应合格。

② 冷（热）水和冷却水系统的水过滤器应安装在进入机组、水泵等设备前端的管道上，安装方向应正确，安装位置应便于滤网的拆装和清洗，与管道连接应牢固严密。

③ 闭式管路系统应在系统最高处及所有可能积聚空气的管段高点设置排气阀，在管路最低点应设有排水管及排水阀。

（3）水系统强度严密性试验及管道冲洗技术要求

1）冷冻、冷却水管道水压试验

管道系统安装完毕，外观检查合格后，应按设计要求进行水压试验。当设计无要求时，应符合下列规定：

① 冷（热）水、冷却水与蓄能（冷、热）系统的试验压力，当工作压力小于等于1.0MPa时，应为工作压力的 1.5 倍，最低不应小于 0.6MPa；当工作压力大于 1.0MPa时，应为工作压力加 0.5MPa。

② 系统最低点压力升至试验压力后，应稳压 10min，压力下降不得大于 0.02MPa，然后将系统压力降至工作压力，外观检查无渗漏为合格。对于大型、高层建筑等垂直位差较大的冷（热）水、冷却水管道系统，当采用分区、分层试压时，在该部位的试验压力下，应稳压 10min，压力不得下降，再将系统压力降至该部位的工作压力，在 60min 内压力不下降、外观检查无渗漏为合格。

③ 各类耐压塑料管的强度试验压力（冷水）应为 1.5 倍工作压力，且不应小于0.9MPa；严密性试验压力应为 1.15 倍设计工作压力。

2）冷凝水管道通水试验

凝结水系统采用通水试验，应以不渗漏、排水畅通为合格。

3）风机盘管水压试验

机组安装前宜进行风机试运转及盘管水压试验。试验压力应为系统工作压力的 1.5 倍，试验观察时间应为 2min，不渗漏为合格。

4）空调水系统管路冲洗、排污

合格的条件是目测排出口的水色和透明度与入口的水对比应相近，且无可见杂物。当系统继续运行 2h 以上，水质保持稳定后方可与设备相贯通。

3. 设备安装施工技术要求

（1）制冷机组及附属设备安装技术要求

1）整体组合式制冷机组机身纵、横向水平度的允许偏差应为 1‰。当采用垫铁调整机组水平度时，应接触紧密并相对固定。

2）制冷设备或制冷附属设备基（机）座下减振器的安装位置应与设备重心相匹配，各个减振器的压缩量应均匀一致，且偏差不应大于 2mm。

3）采用弹性减振器的制冷机组，应设置防止机组运行时水平位移的定位装置。

4）冷热源与辅助设备的安装位置应满足设备操作及维修空间要求，四周应有排水设施。

（2）冷却塔安装技术要求

1）基础的位置、标高应符合设计要求，允许误差应为 ±20mm，进风侧距建筑物应大于 1m。冷却塔部件与基座的连接应采用镀锌或不锈钢螺栓，固定应牢固。

2）冷却塔安装应水平，单台冷却塔安装的水平度和垂直度允许偏差均为 2‰。同一冷却系统的多台冷却塔安装时，排列应整齐，各台开式冷却塔的水面高度应一致，高度偏差值不应大于 30mm。当采用共用集管并联运行时，冷却塔集水盘（槽）之间的连通管应符合设计要求。

3）冷却塔的集水盘应严密、无渗漏，进、出水口的方向和位置应正确。静止分水器的布水应均匀；转动布水器喷水出口方向应一致，转动应灵活，水量应符合设计或产品技术文件的要求。

（3）水泵安装技术要求

1）整体安装的泵的纵向水平偏差不应大于 0.1‰，横向水平偏差不应大于 0.2‰。组合安装的泵的纵、横向水平偏差不应大于 0.05‰。水泵与电机采用联轴器连接时，联轴器两轴芯的轴向倾斜不应大于 0.2‰，径向位移不应大于 0.05mm。整体安装的小型管道水泵目测应水平，不应有偏斜。

2）减振器与水泵及水泵基础的连接，应牢固、平稳、接触紧密。

（4）组合式空调机组、新风机组安装技术要求

1）供、回水管与机组的连接应正确，机组下部冷凝水管的水封高度应符合设计或设备技术文件的要求。

2）机组与风管采用柔性短管连接时，柔性短管的绝热性能应符合风管系统的要求。

3）机组内空气过滤器（网）和空气热交换器翅片应清洁、完好，安装位置应便于维护和清理。

4）空气热回收器的安装位置及接管应正确，转轮式空气热回收器的转轮旋转方向应正确，运转应平稳，且不应有异常振动与声响。

（5）风机盘管安装技术要求

1）机组安装前宜进行风机三速试运转及盘管水压试验。

2）机组应设置独立支吊架，固定应牢固，高度与坡度应正确。

（6）风机安装技术要求

1）落地安装时，应按设计要求设置减振装置，并应采取防止设备水平位移的措施。悬挂安装时，吊架及减振装置应符合设计及产品技术文件的要求。

2）减振器的安装位置应正确，各组或各个减振器承受荷载的压缩量应均匀一致，偏差应小于 2mm。

3）风机的进、出口不得承受外加的重量，相连接的风管、阀件应设置独立支吊架。

4. 管道防腐、绝热施工技术要求

（1）管道及支吊架防腐施工技术要求

1）防腐工程施工时，应采取防火、防冻、防雨等措施，且不应在潮湿或低于 5℃ 的环境下作业，并应采取相应的环境保护和劳动保护措施。

2）防腐涂料的涂层应均匀，不应有堆积、漏涂、皱纹、气泡、掺杂及混色等缺陷。

（2）风管及管道绝热施工技术要求

1）绝热层应满铺，表面应平整，不应有裂缝、空隙等缺陷。当采用卷材或板材时，允许偏差应为 5mm；当采用涂抹或其他方式时，允许偏差应为 10mm。

2）风管及管道的绝热防潮层（包括绝热层的端部）应完整，并应封闭良好。立管的防潮层环向搭接缝应顺水流方向设置；水平管的纵向缝应位于管道的侧面，并应顺水流方向设置；带有防潮层绝热材料的拼接缝应采用胶带封严，缝两侧胶带粘接的宽度不应小于

20mm。胶带应牢固地粘贴在防潮层面上，不得有胀裂和脱落。

3）橡塑绝热材料的施工应符合下列规定：

① 绝热层的纵向、横向接缝应错开，缝间不应有孔隙，与管道表面应贴合紧密，不应有气泡。

② 矩形风管绝热层的纵向接缝宜处于管道上部。

③ 多重绝热层施工时，层间的拼接缝应错开。

4）风管绝热材料采用保温钉固定时，应符合下列规定：

① 保温钉与风管、部件及设备表面的连接，应采用粘接或焊接，结合应牢固，不应脱落；不得采用抽芯铆钉或自攻螺钉等破坏风管严密性的固定方法。

② 矩形风管及设备表面的保温钉应均布，风管保温钉数量应符合规定。首行保温钉距绝热材料边沿的距离应小于120mm，保温钉的固定压片应松紧适度、均匀压紧。

③ 绝热材料纵向接缝不宜设在风管底面。

5）管道采用玻璃棉或岩棉管壳保温时，管壳规格与管道外径应相匹配，管壳的纵向接缝应错开，管壳应采用金属丝、粘结带等捆扎，间距应为300～350mm，且每节至少应捆扎两道。

（3）金属保护壳施工技术要求

1）圆形保护壳应贴紧绝热层，不得有脱壳、褶皱、强行接口等现象。接口搭接应顺水流方向设置，并应有凸筋加强，搭接尺寸应为20～25mm。采用自攻螺钉紧固时，螺钉间距应匀称，且不得刺破防潮层。

2）矩形保护壳表面应平整，棱角应规则，圆弧应均匀，底部与顶部不得有明显的凸肚及凹陷。

5. 多联机系统施工技术要求

（1）室内机、室外机安装技术要求

1）安装在户外的室外机应可靠接地，并应采取防雷保护措施。室外机应安装在设计专用平台上，并应采取减振与防止紧固螺栓松动的措施。

2）室外机的通风应通畅，不应有短路现象，运行时不应有异常噪声。当多台机组集中安装时，不应影响相邻机组的正常运行。

3）风管式室内机的送、回风口之间，不应形成气流短路。风口安装应平整，且应与装饰线条相一致。

（2）制冷剂管道、管件安装技术要求

1）制冷剂管道弯管的弯曲半径不应小于3.5倍管道直径，最大外径与最小外径之差不应大于0.08倍管道直径，且不应使用焊接弯管及皱褶弯管。

2）制冷剂管道的分支管，应按介质流向弯成90°与主管连接，不宜使用弯曲半径小于1.5倍管道直径的压制弯管。

3）铜管切口应平整，不得有毛刺、凹凸等缺陷，切口允许倾斜偏差应为管径的1%；管扩口应保持同心，不得有开裂及皱褶，并应有良好的密封面。

4）铜管采用承插钎焊焊接连接时，承口应迎着介质流动方向。当采用套管钎焊焊接连接时，插接深度应符合规定；当采用对接焊接时，管道内壁应齐平，错边量不应大于0.1倍壁厚且不大于1mm。

（3）冷媒管道试验要求

1）应进行系统管路吹污、气密性试验、真空试验和充注制冷剂检漏试验，技术数据应符合产品技术文件和国家现行标准的有关规定。

2）制冷系统的吹扫排污应采用压力为 0.5～0.6MPa（表压）的干燥压缩空气或氮气，应以白色（布）标识靶检查 5min，目测无污物为合格。系统吹扫干净后，系统中阀门的阀芯应拆下清洗干净。

（4）系统调试要求

多联式空调（热泵）机组系统应在充灌定量制冷剂后，进行系统的试运转，并应符合下列规定：

1）系统应能正常输出冷风或热风，在常温条件下可进行冷热的切换与调控。

2）室内机的试运转不应有异常振动与声响，百叶板动作应正常，不应有渗漏水现象，运行噪声应符合设备技术文件要求。

3）具有可同时供冷、供热的系统，应在满足当季工况运行条件下，实现局部内机反向工况的运行。

6. 太阳能供暖空调系统施工技术要求

（1）太阳能集热器安装技术要求

1）支撑集热器的支架应按设计要求可靠固定在基座上或基座的预埋件上，位置准确，角度一致，集热器安装倾角误差不应大于±3°。

2）集热器与集热器之间的连接宜采用柔性连接方式，且密封可靠、无泄漏、无扭曲变形。

3）钢结构支架及预埋件应做防腐处理。集热器支架和金属管路系统应与建筑物防雷接地系统可靠连接。

（2）蓄能水箱安装技术要求

1）蓄能水箱采用钢板焊接水箱时，水箱内外壁均应进行防腐处理，内壁防腐材料应卫生、无毒，且应能承受热水的最高温度。

2）蓄能水箱和支架之间应有隔热垫。水箱应进行检漏试验，蓄能水箱的保温应在检漏试验合格后进行。

7. 净化空调系统施工技术要求

（1）洁净度等级划分

1）洁净度等级是指洁净室（区）内悬浮粒子洁净度的水平。

2）洁净度等级给出规定粒径粒子的最大允许浓度，用每立方米空气中的粒子数量表示。

3）现行规范规定了 N1～N9 级 9 个洁净度等级。N1 级洁净水平最高。

（2）风管制作要求

1）风管制作材料要求

宜采用镀锌钢板，且镀锌层厚度不应小于 $100g/m^2$。当生产工艺或环境条件要求采用非金属风管时，应采用不燃材料或难燃材料，且表面应光滑、平整、不产尘、不易霉变。

2）净化空调系统风管制作要求

① 风管内表面应平整、光滑，管内不得设有加固框或加固筋。镀锌钢板风管的镀锌

层不应有多处或 10％表面积的损伤、粉化脱落等现象。咬口缝处所涂密封胶宜在正压侧。镀锌钢板风管的咬口缝、折边和铆接等处有损伤时，应进行防腐处理。

② 风管所用的螺栓、螺母、垫圈和铆钉的材料应与管材性能相适应，不应产生电化学腐蚀。当空气洁净度等级为 N1～N5 级时，风管法兰的螺栓及铆钉孔的间距不应大于 80mm；当空气洁净度等级为 N6～N9 级时，不应大于 120mm。不得采用抽芯铆钉。

③ 矩形风管不得使用 S 形插条及直角形插条连接。边长大于 1000mm 的净化空调系统风管，无相应的加固措施，不得使用薄钢板法兰弹簧夹连接。空气洁净度等级为 N1～N5 级的净化空调系统风管，不得采用按扣式咬口连接。

④ 风管制作完毕后，应清洗。清洗剂不应对人体、管材和产品等产生危害。风管清洗达到清洁要求后，应对端部进行密闭封堵，并应存放在清洁的房间。

3）净化系统阀部件要求

① 净化空调系统的静压箱本体、箱内高效过滤器的固定框架及其他固定件应为镀锌、镀镍件或其他防腐件。

② 净化空调系统的风阀、活动件、固定件以及紧固件均应采取防腐措施，风阀叶片主轴与阀体轴套配合应严密，且应采取密封措施。

③ 净化空调系统消声器内的覆面材料应采用尼龙布等不易产尘的材料。

（3）风管安装技术要求

1）在安装前风管、静压箱及其他部件的内表面应擦拭干净，且应无油污和浮尘。当施工停顿或完毕时，端口应封堵。

2）法兰垫料应采用不产尘、不易老化，且具有强度和弹性的材料，厚度应为 5～8mm，不得采用乳胶海绵。法兰垫片宜减少拼接，且不得采用直缝对接连接，不得在垫料表面涂刷涂料。

3）风管穿过洁净室（区）吊顶、隔墙等围护结构时，应采取可靠的密封措施。

4）净化空调系统进行风管严密性检验时，N1～N5 级的系统按高压系统风管的规定执行；N6～N9 级且工作压力小于等于 1500Pa 的系统，均按中压系统风管的规定执行。

5）净化空调系统风管及其部件的安装，应在该区域的建筑地面工程施工完成，且室内具有防尘措施的条件下进行。

（4）高效过滤器安装技术要求

1）机械密封时，应采用密封垫料，厚度宜为 6～8mm，密封垫料应平整。安装后垫料的压缩应均匀，压缩率宜为 25％～30％。

2）采用液槽密封时，槽架应水平安装，不得有渗漏现象，槽内不应有污物和水分，槽内密封液高度不应超过 2/3 槽深。密封液的熔点宜高于 50℃。

3）在净化系统中，高效过滤器应在洁净室（区）进行清洁，系统中末端过滤器前的所有空气过滤器应安装完毕，且系统应连续试运转 12h 以上，应在现场拆开包装并进行外观检查，合格后应立即安装。高效过滤器安装方向应正确，密封面应严密，并应按规范要求进行现场扫描检漏，且应合格。

（5）洁净层流罩安装技术要求

1）应采用独立的吊杆或支架，并应采取防晃措施，且不得利用生产设备或壁板作为支撑。

2）直接安装在吊顶上的层流罩，应采取减振措施，箱体四周与吊顶板之间应密封。

3）洁净层流罩安装的水平度允许偏差应为1‰，高度允许偏差应为1mm。

4）安装后，应进行不少于1h的连续试运转，且运行应正常。

（6）洁净室（区）内风口安装技术要求

1）风口安装前应擦拭干净，不得有油污、浮尘等。

2）风口边框与建筑顶棚或墙壁装饰面应紧贴，接缝处应采取可靠的密封措施。

3）带高效空气过滤器的送风口，四角应设置可调节高度的吊杆。

（7）系统调试要求

1）单向流洁净室系统的系统总风量允许偏差应为0～＋10％，室内各风口风量的允许偏差应为0～＋15％。

2）单向流洁净室系统的室内截面平均风速允许偏差应为0～＋10％，且截面风速不均匀度不应大于0.25。

3）相邻不同级别洁净室之间和洁净室与非洁净室之间的静压差不应小于5Pa，洁净室与室外的静压差不应小于10Pa。

4）净化空调系统运行前，应在回风、新风的吸入口处和粗效、中效过滤器前设置临时无纺布过滤器。净化空调系统的检测和调整，应在系统正常运行24h及以上达到稳定后进行。工程竣工洁净室（区）洁净度的检测，应在空态或静态下进行。检测时，室内人员不宜多于3人，并应穿着与洁净室等级相适应的洁净工作服。

8. 系统调试要求

（1）调试准备

1）通风与空调工程竣工验收的系统调试，应由施工单位负责，监理单位监督，设计单位与建设单位参与和配合。

2）系统调试前应编制调试方案，并应报送专业监理工程师审核批准。系统调试应由专业施工和技术人员实施，调试结束后，应提供完整的调试资料和报告。

3）系统调试所使用的测试仪器应在使用合格检定或校准合格有效期内，精度等级及最小分度值应能满足工程性能测定的要求。

（2）设备单机试运转要求

1）通风机、空气处理机组中的风机，叶轮旋转方向应正确、运转应平稳、应无异常振动与声响，电机运行功率应符合设备技术文件要求。

2）水泵叶轮旋转方向应正确，应无异常振动与声响，紧固连接部位应无松动，电机运行功率应符合设备技术文件要求。

3）冷却塔风机与冷却水系统循环试运行不应少于2h，运行应无异常。冷却塔本体应稳固、无异常振动。冷却塔运行产生的噪声不应大于设计及设备技术文件的规定值，水流量应符合设计要求。

4）制冷机组运转应平稳、应无异常振动与声响。各连接和密封部位不应有松动、漏气、漏油等现象。吸、排气的压力和温度应在正常工作范围内。能量调节装置及各保护继电器、安全装置的动作应正确、灵敏、可靠。正常运转不应少于8h。

5）风机盘管机组的调速、温控阀的动作应正确，并应与机组运行状态一一对应，中档风量的实测值应符合设计要求。

（3）系统联合试运转及调试要求

1）系统总风量调试结果与设计风量的允许偏差应为−5％～+10％，建筑内各区域的压差应符合设计要求。系统经过风量平衡调整，各风口及吸风罩的风量与设计风量的允许偏差不应大于15％。设备及系统主要部件的联动应符合设计要求，动作应协调正确，不应有异常现象。

2）空调水系统应排除管道系统中的空气；系统连续运行应正常平稳；水泵的流量、压差和水泵电机的电流不应出现10％以上的波动。空调冷（热）水、冷却水系统的总流量与设计流量的偏差不应大于10％。

3）水系统平衡调整后，定流量系统的各空气处理机组的水流量应符合设计要求，允许偏差应为15％；变流量系统的各空气处理机组的水流量应符合设计要求，允许偏差应为10％。

4）冷水机组的供回水温度和冷却塔的出水温度应符合设计要求；多台制冷机或冷却塔并联运行时，各台制冷机及冷却塔的水流量与设计流量的偏差不应大于10％。

5）舒适性空调的室内温度应优于或等于设计要求；恒温恒湿和净化空调的室内温、湿度应符合设计要求。

9. 通风与空调节能验收要求

（1）材料、设备的见证取样复试

1）通风与空调工程的绝热材料，要对导热系数、密度、吸水率等指标进行复试，检验方法为现场随机抽样送检，核查复验报告，要求同一厂家同材质的绝热材料复验不得少于2次。

2）风机盘管机组要对供冷量、供热量、风量、出口静压、噪声及功率等参数进行复试，检验方法为随机抽样送检，核查复验报告，要求同一厂家的风机盘管机组按数量复验2％，不得少于2台。

（2）通风与空调系统节能性能检测

1）室内温度的检测要求居住户每户抽测卧室或起居室1间，其他建筑按房间总数抽测10％，冬季不得低于设计计算温度2℃，且不应高于1℃，夏季不得高于设计计算温度2℃，且不应低于1℃。

2）通风与空调系统的总风量与设计风量允许偏差为−5％～+10％。各风口的风量与设计风量允许偏差小于等于15％。

3）空调系统的冷（热）水、冷却水总流量应全系统检测，与设计流量允许偏差小于等于10％。空调机组的水流量与设计流量允许偏差小于等于15％。

第三节　建筑电气工程施工技术

一、建筑电气工程的划分与施工程序

1. 建筑电气工程的划分

建筑电气工程的子分部工程、分项工程划分见表3-4。

建筑电气工程的子分部工程、分项工程划分　　　　表 3-4

分部工程	子分部工程	分项工程
建筑电气	室外电气	变压器、箱式变电所安装，成套配电柜、控制柜（屏、台）和动力、照明配电箱（盘）及控制柜安装，梯架、托盘和槽盒安装，导管敷设，电缆敷设，管内穿线和槽盒内敷线，电缆头制作，导线连接，线路绝缘测试，普通灯具安装，专用灯具安装，建筑照明通电试运行，接地装置安装
	变配电室	变压器、箱式变电所安装，成套配电柜、控制柜（屏、台）和动力、照明配电箱（盘）安装，母线槽安装，梯架、托盘和槽盒安装，电缆敷设，电缆头制作，导线连接，线路电气试验，接地装置安装，接地干线敷设
	供电干线	电气设备试验和试运行，母线槽安装，梯架、托盘和槽盒安装，导管敷设，电缆敷设，管内穿线和槽盒内敷线，电缆头制作，导线连接，线路绝缘测试，接地干线敷设
	电气动力	成套配电柜、控制柜（屏、台）和动力、照明配电箱（盘）安装，电动机、电加热器及电动执行机构检查接线，电气设备试验和试运行，梯架、托盘和槽盒安装，导管敷设，电缆敷设，管内穿线和槽盒内敷线，电缆头制作，导线连接，线路绝缘测试，开关、插座、风扇安装
	电气照明	成套配电柜、控制柜（屏、台）和动力、照明配电箱（盘）安装，梯架、托盘和槽盒安装，导管敷设，管内穿线和槽盒内敷线，塑料护套线直敷布线，钢索配线，电缆头制作，导线连接，线路绝缘测试，普通灯具安装，专用灯具安装，开关、插座、风扇安装，建筑照明通电试运行
	备用和不间断电源	成套配电柜、控制柜（屏、台）和动力、照明配电箱（盘）安装，柴油发电机组安装，不间断电源装置（UPS）及应急电源装置（EPS）安装，母线槽安装，导管敷设，电缆敷设，管内穿线和槽盒内敷线，电缆头制作，导线连接，线路绝缘测试，接地装置安装
	防雷及接地	接地装置安装，避雷引下线及接闪器安装，建筑物等电位连接

2. 建筑电气工程施工程序

（1）变配电工程施工程序

1）开关柜、配电柜施工程序：开箱检查→二次搬运→基础框架制作安装→柜体固定→母线连接→二次线路连接→试验调整→送电运行验收。

2）干式变压器施工程序：开箱检查→变压器二次搬运→变压器本体安装→附件安装→变压器交接试验→送电前检查→送电运行验收。

（2）供电干线及室内配线施工程序

1）母线槽施工程序：开箱检查→支架安装→单节母线槽绝缘测试→母线槽安装→通电前绝缘测试→送电验收。

2）室内梯架电缆施工程序：电缆检查→电缆搬运→电缆敷设→电缆绝缘测试挂标志→质量验收。

3）线槽配线施工程序：测量定位→支架制作→支架安装→线槽安装→接地线连接→槽内配线→线路测试。

4）金属导管施工程序：测量定位→支架制作安装（明装导管敷设时）→导管预制→导管连接→接地线跨接。

5）管内穿线施工程序：选择导线→管内穿引线→导线与引线的绑扎→安放护圈（金属导管敷设时）→穿导线→导线并头绝缘→线路检查→绝缘测试。

（3）电气动力工程施工程序

1）明装动力配电箱施工程序：基础框架制作安装→配电箱安装固定→导线连接→送电前检查→送电运行。

2）动力设备施工程序：设备开箱检查→设备安装→电动机检查、接线→电机干燥（受潮时）→控制设备安装→送电前检查→送电运行。

（4）电气照明工程施工程序

1）暗装照明配电箱施工程序：配电箱固定→配管→管内穿线→导线连接→送电前检查→送电运行。

2）照明灯具施工程序：灯具开箱检查→灯具组装→灯具安装接线→送电前检查→送电运行。

（5）防雷接地装置施工程序

接地体施工→接地干线施工→引下线敷设→均压环施工→接闪带（接闪杆、接闪网）施工。

二、建筑电气工程施工技术要求

1. 供电干线及室内配线施工技术要求

（1）母线槽施工技术要求

1）母线槽开箱检查要求

① 母线槽防潮密封应良好，附件应齐全、无缺损，外壳应无明显变形，母线螺栓搭接面应平整，镀层覆盖应完整、无起皮和麻面。

② 插接母线槽上的静触头应无缺损、表面光滑、镀层完整。

③ 有防护等级要求的母线槽应检查产品及附件的防护等级，其标识应完整。防火型母线槽应有防火等级和燃烧报告。

2）母线槽支架安装技术要求

① 母线槽支架安装应牢固、无明显扭曲。采用金属吊架固定时，应设有防晃支架。

② 室内配电母线槽的圆钢吊架直径不得小于 8mm，室内照明母线槽的圆钢吊架直径不得小于 6mm。

③ 水平或垂直敷设的母线槽固定点应每段设置一个，且每层不得少于一个支架，其间距应符合产品技术文件的要求，距拐弯 0.4～0.6m 处应设置支架，固定点位置不应设置在母线槽的连接处或分接单元处。

3）母线槽安装连接要求

① 母线槽直线段安装应平直，配电母线槽水平度与垂直度偏差不宜大于 1.5‰，全长最大偏差不宜大于 20mm；照明母线槽水平偏差全长不应大于 5mm，垂直偏差不应大于 10mm。母线应与外壳同心，允许偏差应为 5mm。

② 母线槽跨越建筑物变形缝时，应设置补偿装置；母线槽直线敷设长度超过 80m 时，每 50～60m 宜设置伸缩节。

③ 母线槽不宜安装在水管的正下方。

④ 母线槽段与段的连接口不应设置在穿越楼板或墙体处，垂直穿越楼板处应设置与建（构）筑物固定的专用部件支座，其孔洞四周应设置高度为 50mm 及以上的防水台，并

应采取防火封堵措施。

⑤ 母线槽段与段连接时，相邻两段母线及外壳宜对准，相序应正确，连接后不应使母线及外壳受额外应力；母线的连接方法应符合产品技术文件要求；母线槽连接用部件的防护等级应与母线槽本体的防护等级一致。

⑥ 母线槽的连接紧固应采用力矩扳手，搭接螺栓紧固力矩应符合产品技术文件要求或规范标准要求。母线搭接螺栓的拧紧力矩见表 3-5。母线槽连接的接触电阻应小于 0.1Ω。

母线搭接螺栓的拧紧力矩

表 3-5

螺栓规格	力矩值（N·m）
M8	8.8～10.8
M10	17.7～22.6
M12	31.4～39.2
M14	51.0～60.8
M16	78.5～98.1
M18	98.0～127.4
M20	156.9～196.2
M24	274.6～343.2

⑦ 母线槽的金属外壳等外露可导电部分应与保护导体可靠连接，每段母线槽的金属外壳间应连接可靠，且母线槽全长与保护导体可靠连接不应少于 2 处；分支母线槽的金属外壳末端应与保护导体可靠连接；连接导体的材质、截面应符合设计要求。

4）母线槽通电前检查要求

① 母线槽通电运行前应进行检验或试验，高压母线交流工频耐压试验应符合交接试验规定；低压母线绝缘电阻值不应小于 $0.5M\Omega$。

② 分接单元插入时，接地触头应先于相线触头接触，且触头连接紧密；退出时，接地触头应后于相线触头脱开。

③ 母线槽与配电柜、电气设备的接线相序应一致。

（2）梯架、托盘和槽盒施工技术要求

1）梯架、托盘和槽盒进场验收要求

① 配件应齐全，表面应光滑、无变形；钢制梯架、托盘和槽盒涂层应完整、无锈蚀。

② 塑料槽盒应无破损、色泽均匀，对阻燃性能有异议时，应按批抽样送到有资质的试验室检测。

③ 铝合金梯架、托盘和槽盒涂层应完整，不应有扭曲变形、压扁或表面划伤等现象。

2）支架安装技术要求

① 建筑钢结构构件上不得熔焊支架，且不得热加工开孔。

② 水平安装的支架间距宜为 1.5～3.0m，垂直安装的支架间距不应大于 2m。

③ 采用金属吊架固定时，圆钢直径不得小于 8mm，并应有防晃支架，在分支处或端部 0.3～0.5m 处应有固定支架。

3）金属梯架、托盘和槽盒安装技术要求

① 电缆金属梯架、托盘和槽盒转弯、分支处宜采用专用连接配件，其弯曲半径不应

小于金属梯式、托盘式和槽式桥架内电缆最小允许弯曲半径，电缆最小允许弯曲半径应符合表 3-6 的规定。

电缆最小允许弯曲半径 表 3-6

电缆形式		电缆外径（mm）	多芯电缆	单芯电缆
塑料绝缘电缆	无铠装		15D	20D
	有铠装		12D	15D
橡皮绝缘电缆		—	10D	
控制电缆	非铠装型、屏蔽型软电缆		6D	—
	铠装型、铜屏蔽型电缆		12D	
	其他		10D	
铝合金导体电力电缆			7D	
氧化镁绝缘刚性矿物绝缘电缆		<7	2D	
		≥7，且<12	3D	
		≥12，且<15	4D	
		≥15	6D	
其他矿物绝缘电缆		<12	15D	

注：D 为电缆外径。

② 配线槽盒与水管同侧上下敷设时，宜安装在水管的上方；与热水管、蒸汽管平行上下敷设时，应敷设在热水管、蒸汽管的下方；相互间的最小距离宜符合《建筑电气工程施工质量验收规范》GB 50303—2015 的规定。

③ 敷设在电气竖井内穿楼板处和穿越不同防火区的梯架、托盘和槽盒，应有防火隔离措施。

④ 敷设在电气竖井内的电缆梯架或托盘，其固定支架不应安装在固定电缆的横担上，且每隔 3～5 层应设置承重支架。

⑤ 对于敷设在室外的梯架、托盘和槽盒，当进入室内或配电箱（柜）时应有防雨水措施，槽盒底部应有泄水孔。

4）金属梯架、托盘和槽盒接地跨接要求

① 金属梯架、托盘和槽盒全长不大于 30m 时，不应少于 2 处与保护导体可靠连接。

② 全长大于 30m 时，每隔 20～30m 应增加一个接地连接点，起始端和终点端均应可靠地接地。

③ 非镀锌金属梯架、托盘和槽盒之间连接的两端应跨接保护导体，保护导体的截面应符合设计要求。

④ 镀锌金属梯架、托盘和槽盒之间不跨接保护导体时，连接板每端不应少于 2 个有防松螺帽或防松垫圈的连接固定螺栓。

（3）导管施工技术要求

1）金属镀锌导管进场验收要求

① 查验产品质量证明书；

② 镀锌层应覆盖完整、表面无锈斑，金具配件应齐全、无砂眼；

③ 埋入土壤中的热浸镀锌钢材，其镀锌层厚度不应小于 $63\mu m$；

④ 对镀锌质量有异议时，应按批抽样送到有资质的试验室检测。

2）支架安装技术要求

① 承力建筑钢结构构件上不得熔焊导管支架，且不得热加工开孔；

② 当导管采用金属吊架固定时，圆钢直径不得小于8mm并应设置防晃支架；

③ 在距离盒（箱）、分支处或端部0.3~0.5m处应设置固定支架。

3）金属导管施工技术要求

① 钢导管不得采用对口熔焊连接；镀锌钢导管或壁厚小于或等于2mm的钢导管，不得采用套管熔焊连接。

② 镀锌钢导管、可弯曲金属导管和金属柔性导管不得熔焊连接。

③ 暗装导管的表面埋设深度与建筑物、构筑物表面的距离不应小于15mm。当塑料导管在墙体上剔槽埋设时，应采用强度等级不小于M10的水泥砂浆抹面保护。

④ 导管穿越密闭或防护密闭隔墙时，应设置预埋套管，预埋套管的制作和安装应符合设计要求，套管两端伸出墙面的长度宜为30~50mm，导管穿越密闭穿墙套管的两侧应设置过线盒，并应做好封堵。

⑤ 导管弯曲半径要求：

a. 明装导管的弯曲半径不宜小于管外径的6倍。当两个接线盒间只有一个弯曲时，其弯曲半径不宜小于管外径的4倍。

b. 埋设于混凝土内的导管的弯曲半径不宜小于管外径的6倍。当直埋于地下时，其弯曲半径不宜小于管外径的10倍。

c. 电缆导管的弯曲半径不应小于电缆最小允许弯曲半径，电缆最小允许弯曲半径应符合规范的规定。

⑥ 明装电气导管应排列整齐、固定点间距均匀、安装牢固；在距终端、弯头中点或柜、台、箱、盘等边缘150~500mm范围内应设有固定管卡，中间直线段固定管卡间的最大距离应符合规范的规定；明装导管采用的接线盒或过渡盒（箱）应选用明装盒（箱）。

⑦ 进入配电（控制）柜、台、箱、盘内的导管管口，当箱底无封板时，管口应高出柜、台、箱、盘的基础面50~80mm。

⑧ 室外埋地敷设的钢导管，埋设深度应符合设计要求，钢导管的壁厚应大于2mm；导管的管口不应敞口垂直向上，导管管口应在盒、箱内或导管端部设置防水弯；导管的管口在穿入绝缘导线、电缆后应做密封处理。

⑨ 由箱式变电所或落地式配电箱引向建筑物的导管，建筑物一侧的导管管口应设在建筑物内。

4）金属导管与保护导体连接要求

① 当非镀锌钢导管采用螺纹连接时，连接处的两端应熔焊焊接保护导体；熔焊焊接的保护导体宜为圆钢，直径不应小于6mm，其搭接长度应为圆钢直径的6倍。

② 镀锌钢导管、可弯曲金属导管和金属柔性导管连接处的两端宜采用专用接地卡固定保护导体；专用接地卡固定的保护导体应为铜芯软导线，截面不应小于4mm²。

③ 机械连接的金属导管，管与管、管与盒（箱）体的连接配件应选用配套部件，其连接应符合产品技术文件要求，当连接处的接触电阻值符合现行国家标准要求时，连接处可不设置保护导体，但导管不应作为保护导体的接续导体。

④ 金属导管与金属梯架、托盘连接时，镀锌材质的连接端宜用专用接地卡固定保护

导体，非镀锌材质的连接处应熔焊焊接保护导体。

5）塑料导管敷设要求

① 管口应平整、光滑，管与管、管与盒（箱）等器件采用插入法连接时，连接处结合面应涂专用胶粘剂，接口应牢固密封。

② 直埋于地下或楼板内的刚性塑料导管，在穿出地面或楼板易受机械损伤的一段应采取保护措施。

③ 埋设在墙内或混凝土内的塑料导管应采用中型及以上的导管。

④ 沿建筑物、构筑物表面和在支架上敷设的刚性塑料导管，应按设计要求装设温度补偿装置。

6）可弯曲金属导管及柔性导管敷设要求

① 刚性导管经柔性导管与电气设备、器具连接时，柔性导管的长度在动力工程中不宜大于0.8m，在照明工程中不宜大于1.2m。

② 可弯曲金属导管或柔性导管与刚性导管或电气设备、器具间的连接应采用专用接头。

③ 当可弯曲金属导管有可能受重物压力或明显机械撞击时，应采取保护措施。

④ 明装金属、非金属柔性导管固定点间距应均匀，不应大于1m。管卡与设备、器具、弯头中点、管端等边缘的距离应小于0.3m。

⑤ 可弯曲金属导管及金属柔性导管不应作为保护导体的接续导体。

（4）室内电缆敷设要求

1）电缆支架安装技术要求

① 当设计无要求时，电缆支架层间最小距离不应小于规范的规定，层间净距不应小于2倍电缆外径加10mm，35kV电缆不应小于2倍电缆外径加50mm。

② 最上层电缆支架距构筑物顶板或梁底的最小净距应满足电缆引接至上方配电柜、台、箱、盘时电缆弯曲半径的要求。

③ 电缆支架距其他设备的最小净距不应小于300mm，当无法满足要求时应设置防护板。

2）电缆本体敷设要求

① 交流单芯电缆或分相后的每相电缆不得单根穿于钢导管内，固定用的夹具和支架不应形成闭合磁路。

② 电缆出入电缆沟、电气竖井、建筑物和配电（控制）柜、台、箱、盘处以及管道管口处等部位应采取防火或密封措施。

③ 电缆出入电缆梯架、托盘、槽盒及配电（控制）柜、台、箱、盘处应做固定。

④ 当电缆通过墙、楼板或室外敷设穿导管保护时，导管的内径不应小于电缆外径的1.5倍。

（5）导管内穿线和槽盒内敷线要求

1）导管内穿线要求

① 绝缘导线穿管前，应清除管内的杂物和积水，绝缘导线穿入金属导管的管口在穿线前应装设护线口。

② 绝缘导线接头应设置在专用接线盒（箱）或器具内，不得设置在导管和槽盒内，

接线盒（箱）的设置位置应便于检修。

③ 同一交流回路的绝缘导线不应敷设于不同的金属槽盒内或穿于不同的金属导管内。

④ 不同回路、不同电压等级和交流与直流线路的绝缘导线不应穿于同一导管内。

2）槽盒内敷线要求

① 同一槽盒内不宜同时敷设绝缘导线和电缆。

② 同一路径无抗干扰要求的线路，可敷设于同一槽盒内；槽盒内的绝缘导线总截面（包括外护套）不应超过槽盒内截面的 40%，且载流导体不宜超过 30 根。

③ 控制和信号等非电力线路敷设于同一槽盒内时，绝缘导线的总截面不应超过槽盒内截面的 50%。

④ 分支接头处绝缘导线的总截面（包括外护层）不应大于该点盒（箱）内截面的 75%。

⑤ 绝缘导线在槽盒内应留有一定余量，并应按回路分段绑扎，绑扎点间距不应大于 1.5m；当垂直敷设或大于 45°倾斜敷设时，应将绝缘导线分段固定在槽盒内的专用部件上，每段至少应有一个固定点；当直线段长度大于 3.2m 时，其固定点间距不应大于 1.6m；槽盒内导线排列应整齐、有序。

2. 电气照明装置施工技术要求

（1）照明配电箱安装技术要求

1）照明配电箱检查要求

① 照明配电箱的箱体应采用不燃材料制作；

② 箱内开关动作应灵活、可靠；

③ 箱内宜分别设置中性导体（N）和保护接地导体（PE）汇流排。

2）照明配电箱安装技术要求

① 箱体应安装牢固、位置正确、部件齐全，安装高度应符合设计要求，垂直度允许偏差不应大于 1.5‰。

② 箱体开孔应与导管管径适配，暗装配电箱箱盖应紧贴墙面。

③ 箱内回路编号应齐全，标识应正确。

④ 照明配电箱不应设置在水管的正下方。

3）照明配电箱内配线要求

① 照明配电箱内配线应整齐，无铰接现象。

② 导线连接应紧密、不伤线芯、不断股，垫圈下螺丝两侧压的导线截面应相同，同一电器件端子上的导线连接不应多于 2 根，防松垫圈等零件应齐全。

③ 汇流排上同一端子不应连接不同回路的 N 线或 PE 线。

4）电涌保护器（SPD）安装技术要求

① 照明配电箱内电涌保护器（SPD）的型号规格及安装布置应符合设计要求。

② SPD 的接线形式应符合设计要求，接地导线的位置不宜靠近出线位置，SPD 的连接导线应平直、足够短，且不宜大于 0.5m。

（2）灯具安装技术要求

1）灯具现场检查要求

① Ⅰ类灯具的外露可导电部分应具有专用的 PE 端子。

② 固定灯具带电部件及提供防触电保护的部位应为绝缘材料，且应耐燃烧和防引燃。

③ 消防应急灯具应获得消防产品型式试验合格评定，且具有认证标志。

④ 疏散指示标志灯具的保护罩应完整、无裂纹。

⑤ 水下灯及防水灯具的防护等级应符合设计要求。当对其密闭和绝缘性能有异议时，应按批抽样送到有资质的试验室检测。

⑥ 灯具内部接线应为铜芯绝缘导线，其截面应与灯具功率相匹配且不小于 $0.5mm^2$。

⑦ 对于带蓄电池的应急灯具，应检测蓄电池最少持续供电时间且符合设计要求。

⑧ 灯具的绝缘电阻值不应小于 $2M\Omega$，灯具内绝缘导线的绝缘层厚度不应小于 $0.6mm$。

⑨ 灯具的灯座绝缘外壳不应破损和漏电；带有开关的灯座，开关手柄应无裸露的金属部分。

2）灯具安装条件

① 灯具安装前，应确认安装灯具的预埋螺栓及吊杆、吊顶上安装嵌入式灯具用的专用支架等已完成，对需做承载试验的预埋件或吊杆经试验应合格。

② 影响灯具安装的模板、脚手架应已拆除，顶棚和墙面喷浆、油漆或壁纸等及地面清理工作应已完成。

③ 灯具接线前，导线的绝缘电阻测试应合格。

④ 高空安装的灯具，应先在地面进行通断电试验合格。

⑤ 安装在公共场所的大型灯具的玻璃罩，应采取防止玻璃罩向下溅落的措施。

3）灯具固定要求

① 灯具固定应牢固可靠，在砌体和混凝土结构上严禁使用木模、尼龙塞或塑料塞固定；检查时按每检验批的灯具数量抽查5%，且不得少于1套。

② 质量大于10kg的灯具、固定装置及悬吊装置应按灯具重量的5倍恒定均布载荷做强度试验，且持续时间不得少于15min。施工或进行强度试验时观察检查，查阅灯具固定装置及悬吊装置的载荷强度试验记录；应全数检查。

③ 吸顶或墙面上安装的灯具，其固定螺栓或螺钉不应少于2个，灯具应紧贴装饰面。

④ 悬吊式灯具安装要求：

a. 带升降器的软线吊灯在吊线展开后，灯具下沿应高于工作台面0.3m。

b. 质量大于0.5kg的软线吊灯，灯具的电源线不应受力。

c. 质量大于3kg的悬吊灯具，固定在螺栓或预埋吊钩上，螺栓或预埋吊钩的直径不应小于灯具挂销直径，且不应小于6mm。

d. 当采用铜管作灯具吊杆时，其内径不应小于10mm，壁厚不应小于1.5mm。

e. 灯具与固定装置及灯具连接件之间采用螺纹连接的螺纹啮合扣数不应少于5扣。

4）灯具接线要求

① 引向单个灯具的绝缘导线截面应与灯具功率相匹配，绝缘铜芯导线的线芯截面不应小于 $1mm^2$。

② 软线吊灯的软线两端应做保护扣，两端线芯应搪锡。

③ 连接灯具的软线应盘扣、搪锡压线，当采用螺口灯头时，相线应接于螺口灯头中间的端子上。

④ 由接线盒引至嵌入式灯具或槽灯的绝缘导线应采用柔性导管保护，不得裸露且不应在灯槽内明敷；柔性导管与灯具壳体应采用专用接头连接。

5）灯具接地要求

灯具按防触电保护形式分为Ⅰ类、Ⅱ类和Ⅲ类。

① Ⅰ类灯具的防触电保护不仅依靠基本绝缘，还需把外露可导电部分连接到保护导体上，因此Ⅰ类灯具外露可导电部分必须采用铜芯软导线与保护导体可靠连接，连接处应设置接地标识；铜芯软导线（接地线）的截面应与进入灯具的电源线截面相同，导线间的连接应采用导线连接器或缠绕搪锡连接。

② Ⅱ类灯具的防触电保护不仅依靠基本绝缘，还具有双重绝缘或加强绝缘，因此Ⅱ类灯具外壳不需要与保护导体连接。

③ Ⅲ类灯具的防触电保护是依靠安全特低电压，电源电压不超过交流 50V，采用隔离变压器供电。因此，Ⅲ类灯具的外壳不容许与保护导体连接。

6）灯具防火要求

① 容量在 100W 及以上的灯具，引入线应采用瓷管、矿棉等不燃材料作隔热保护。

② 灯具表面及其附件的高温部位靠近可燃物时，应采取隔热、散热等防火保护措施。

7）灯具防水要求

① 露天灯具安装技术要求

a. 灯具应有泄水孔，且泄水孔应设置在灯具腔体的底部。

b. 灯具及其附件、紧固件、底座和与其相连的导管、接线盒等应有防腐蚀和防水措施。

② 庭院灯、建筑物附属路灯安装技术要求

a. 灯具与基础固定应可靠。

b. 灯具接线盒应采用防护等级不小于 IPX5 的防水接线盒。

c. 灯具的电器保护装置应齐全，规格应与灯具适配。

③ 水下灯及防水灯具安装技术要求

a. 引入灯具的电源采用导管保护时，应采用塑料导管。

b. 固定在水池构筑物上的所有金属部件应与保护导体可靠连接，并设置接地标识。

④ 埋地灯安装技术要求

埋地灯的接线盒应采用防护等级为 IPX7 的防水接线盒，盒内绝缘导线接头应做防水绝缘处理。

8）应急灯具安装技术要求

① 穿越不同防火分区时，应采取防火隔堵措施。

② 运行中温度大于 60℃的灯具，当靠近可燃物时应采取隔热、散热等防火措施。

③ EPS 供电的应急灯具安装完毕后，应检验 EPS 供电运行的最少持续供电时间并符合设计要求。

④ 消防应急照明线路在非燃烧体内穿钢导管暗敷时，暗敷钢导管的保护层厚度不应小于 30mm。

9）专用灯具安装技术要求

① 投光灯的底座及支架应牢固，枢轴应沿需要的光轴方向拧紧固定。

② 导轨灯的灯具功率和载荷应与导轨额定载流量和最大允许载荷相适配。

③ 在人行道等人员来往密集场所安装的落地式景观照明灯具，当无围栏防护时，灯具距地面高度应大于 2.5m；金属构架及金属保护管应分别与保护导体采用焊接或螺栓连接，连接处应设置接地标识。

④ 航空障碍标志灯安装应牢固、可靠，且应有维修和更换光源的措施；当灯具装设在烟囱顶上时，应安装在低于烟囱口 1.5～3m 的部位且应呈正三角形水平排列；对于安装在屋面接闪器保护范围以外的灯具，当需设置接闪器时，其接闪器应与屋面接闪器可靠连接。

10）照明系统的测试和通电试运行

① 导线绝缘电阻测试应在导线接续前完成。

② 照明配电箱、灯具、开关和插座的绝缘电阻测试应在器具就位前或接线前完成。

③ 照明回路装有剩余电流动作保护器时，剩余电流动作保护器应检测合格。

④ 备用照明电源或应急照明电源做空载自动投切试验前，应卸除负荷，有载自动投切试验应在空载自动投切试验合格后进行。

（3）开关安装技术要求

1）安装在同一建筑物、构筑物内的开关，应采用同一系列的产品，开关通断位置应一致。

2）开关安装位置应便于操作，开关边缘距门框距离宜为 0.15～0.2m，开关距地面高度宜为 1.3m。

3）在易燃、易爆和特别潮湿的场所，开关应分别采用防爆型、密闭型或采取其他保护措施。

4）电源相线应经过开关控制，然后到灯具。

5）空调温控器安装高度应符合设计要求；同一室内并列安装的空调温控器高度宜一致，控制有序且不错位。

（4）插座安装技术要求

1）插座宜由单独的回路配电，一个房间内的插座宜由同一回路配电。在潮湿房间应装设防水插座。

2）插座距地面高度一般为 0.3m，托儿所、幼儿园及小学校的插座距地面高度不宜小于 1.8m，同一场所安装的插座高度应一致。

3）当交流、直流或不同电压等级的插座安装在同一场所时，应有明显的区别，插座不得互换；配套的插头应按交流、直流或不同电压等级区别使用。不间断电源插座及应急电源插座应设置标识。

4）插座接线要求：

① 单相两孔插座，面对插座板，右孔（或上孔）与相线（L）连接，左孔（或下孔）与中性线（N）连接。

② 单相三孔插座，面对插座板，右孔与相线（L）连接，左孔与中性线（N）连接，上孔与保护接地线（PE）连接。

③ 三相四孔及三相五孔插座的保护接地线（PE）应接在上孔；插座的保护接地线端子不得与中性线端子连接；同一场所的三相插座，其接线的相序应一致。

④ 保护接地线（PE）在插座之间不得串联连接。

⑤ 相线（L）与中性线（N）不应利用插座本体的接线端子转接供电。

3. 建筑防雷与接地施工技术要求

（1）建筑接地工程施工技术要求

1）接地装置的敷设要求

① 接地装置顶面埋设深度不应小于 0.6m，且应在冻土层以下。

② 圆钢、角钢、铜管、铜棒、铜板等接地极应垂直埋入地下，间距不应小于 5m。

③ 人工接地体与建筑物的外墙或基础之间的水平距离不宜小于 1m。

2）接地装置的搭接要求

① 扁钢与扁钢搭接不应小于扁钢宽度的 2 倍，且应至少三面施焊。

② 圆钢与角钢搭接不应小于圆钢直径的 6 倍，且应双面施焊。

③ 圆钢与扁钢搭接不应小于圆钢直径的 6 倍，且应双面施焊。

④ 扁钢与钢管、扁钢与角钢焊接，应紧贴角钢外侧两面，或紧贴 3/4 钢管表面，上下两侧施焊。

⑤ 当接地极由铜材和钢材组成，且铜材与铜材或铜材与钢材连接采用热剂焊时，接头应无贯穿性的气孔且表面平滑。

3）当接地电阻达不到设计要求时，可采用降阻剂、换土和接地模块来降低接地电阻。

① 采用降阻剂来降低接地电阻的施工技术要求

a. 降阻剂应为同一品牌的产品，调制降阻剂的水应无污染和杂物。

b. 开挖沟槽或钻孔垂直埋管，再将沟槽清理干净，检查接地体埋入位置后，再灌注降阻剂。

c. 降阻剂应均匀灌注于垂直接地体周围，接地装置应被降阻剂所包覆。

② 采用换土来降低接地电阻的施工技术要求

a. 掌握有关的地质结构资料和地下土壤电阻率的分布，并应做好记录。

b. 开挖沟槽，并将沟槽清理干净，再在沟槽底部铺设经确认合格的低电阻率土壤，经检查铺设厚度达到设计要求后，再安装接地装置；接地装置连接完好，并完成防腐处理后，再覆盖上一层低电阻率土壤；接地装置被低电阻率土壤所包覆。

③ 采用接地模块来降低接地电阻的施工技术要求

a. 采用接地模块来降低接地电阻的施工，应先按设计位置开挖模块坑，并将地下接地干线引到模块上，经检查确认，再相互焊接。

b. 接地模块的顶面埋深不应小于 0.6m，接地模块间距不应小于模块长度的 3～5 倍。接地模块埋设基坑宜为模块外形尺寸的 1.2～1.4 倍，接地模块应垂直或水平就位，并应保持与原土层接触良好。

c. 接地模块应集中引线，并应采用干线将接地模块并联焊接成一个环路，干线的材质应与接地模块焊接点的材质相同，钢制的采用热浸镀锌材料的引出线不应少于 2 处。

4）等电位联结要求

① 等电位联结的外露可导电部分或外界可导电部分的连接应可靠。

a. 采用焊接时，应符合焊接搭接长度的规定。

b. 采用螺栓连接时，其螺栓、垫圈、螺母等应为热镀锌制品，且应连接牢固。

② 等电位联结的卫生间内金属部件或零件的外界可导电部分，应设置专用接线螺栓与等电位联结导体连接，并应设置标识；连接处螺帽应紧固、防松零件应齐全。

③ 等电位联结导体在地下暗敷时，其导体间的连接不得采用螺栓压接。

（2）建筑防雷工程施工技术要求

1）接闪器施工技术要求

① 接闪杆、接闪线、接闪带的安装位置应正确，安装方式应符合设计要求，焊接固定的焊缝应饱满无遗漏，螺栓固定的防松零件应齐全，焊接连接处应防腐完好。

② 接闪线和接闪带安装技术要求：

a. 接闪线和接闪带安装应平正顺直、无急弯。

b. 固定支架高度不宜小于 150mm，固定支架间距应均匀，支架间距应符合规范的规定。

c. 每个固定支架应能承受 49N 的垂直拉力。

③ 防雷引下线、接闪线、接闪网、接闪带的焊接连接应符合规范的搭接要求。

④ 接闪带或接闪网在过建筑物变形缝处的跨接应有补偿措施。

⑤ 当利用建筑物金属屋面或屋顶上旗杆、栏杆、装饰物、铁塔、女儿墙上的盖板等永久性金属物作接闪器时，其材质及截面应符合设计要求，建筑物金属屋面板间的连接、永久性金属物各部件之间的连接应可靠、持久。

2）引下线施工技术要求

① 接闪器与防雷引下线必须采用焊接或卡接器连接，防雷引下线与接地装置必须采用焊接或螺栓连接。

② 暗敷在建筑物抹灰层内的引下线，应有卡钉分段固定。

③ 明敷的引下线应平直、无急弯，并应设置专用支架固定，引下线焊接处应刷油漆防腐且无遗漏。

④ 要求接地的幕墙金属框架和建筑物的金属门窗，应就近与防雷引下线可靠连接，连接处不同金属间应采取防电化学腐蚀措施。

第四节　智能建筑工程施工技术

一、智能建筑工程的划分与施工程序

1. 智能建筑工程的划分

智能建筑工程的子分部工程、分项工程划分见表 3-7。

智能建筑工程的子分部工程、分项工程划分　　　　　　　　　表 3-7

分部工程	子分部工程	分项工程
智能建筑	智能化集成系统	设备安装，软件安装，接口及系统调试，试运行
	信息接入系统	安装场地检查
	用户电话交换系统	线缆敷设，设备安装，软件安装，接口及系统调试，试运行
	信息网络系统	计算机网络设备安装，计算机网络软件安装，网络安全设备安装，网络安全软件安装，系统调试，试运行

续表

分部工程	子分部工程	分项工程
智能建筑	综合布线系统	梯架、托盘、槽盒和导管安装，线缆敷设，机柜、机架、配线架安装，信息插座安装，链路或信道测试，软件安装，系统调试，试运行
	移动通信室内信号覆盖系统	安装场地检查
	卫星通信系统	安装场地检查
	有线电视及卫星电视接收系统	梯架、托盘、槽盒和导管安装，线缆敷设，设备安装，软件安装，系统调试，试运行
	公共广播系统	梯架、托盘、槽盒和导管安装，线缆敷设，设备安装，软件安装，系统调试，试运行
	会议系统	梯架、托盘、槽盒和导管安装，线缆敷设，设备安装，软件安装，系统调试，试运行
	信息导引及发布系统	梯架、托盘、槽盒和导管安装，线缆敷设，显示设备安装，机房设备安装，软件安装，系统调试，试运行
	时钟系统	梯架、托盘、槽盒和导管安装，线缆敷设，设备安装，软件安装，系统调试，试运行
	信息化应用系统	梯架、托盘、槽盒和导管安装，线缆敷设，设备安装，软件安装，系统调试，试运行
	建筑设备监控系统	梯架、托盘、槽盒和导管安装，线缆敷设，传感器安装，执行器安装，控制器、箱安装，中央管理工作站和操作分站设备安装，软件安装，系统调试，试运行
	火灾自动报警系统	梯架、托盘、槽盒和导管安装，线缆敷设，探测器类设备安装，控制器类设备安装，其他设备安装，软件安装，系统调试，试运行
	安全技术防范系统	梯架、托盘、槽盒和导管安装，线缆敷设，设备安装，软件安装，系统调试，试运行
	应急响应系统	设备安装，软件安装，系统调试，试运行
	机房	供配电系统，防雷与接地系统，空气调节系统，给水排水系统，综合布线系统，监控与安全防范系统，消防系统，室内装饰装修，电磁屏蔽，系统调试，试运行
	防雷与接地	接地装置，接地线，等电位联结，屏蔽设施，电涌保护器，线缆敷设，系统调试，试运行

2. 用户电话交换系统的组成及其功能

（1）用户电话交换系统由线缆敷设、设备安装、软件安装、接口等组成。

（2）用户交换设备一般有程控数字用户交换机、虚拟交换机、电话机、传真机等，使建筑物内语音、数据、图像、视频可靠地传输。

3. 有线电视及卫星电视接收系统的组成及其功能

（1）有线电视及卫星电视接收系统由信号源装置、前端设备、干线传输系统和用户分配网络组成。

（2）有线电视及卫星电视接收系统使电视图像可靠、不失真地传输。

4. 公共广播系统的组成及其功能

（1）公共广播系统由音源设备、声源处理设备、扩音设备、放音设备和传输线缆等组成。

（2）公共广播系统有业务广播、背景广播和紧急广播功能。

5. 综合布线系统的组成及其功能

（1）综合布线系统由工作区、配线子系统、干线子系统、建筑群子系统、设备间、进线间、管理七部分组成。

（2）综合布线系统的功能是建筑物内部或建筑群之间的传输网络，使建筑物内部或建筑群之间的通信设备、信息交换设备，以及建设设备与物业管理设备的状态信号彼此相连，传输语音、数据、图像、多媒体业务等信息。

6. 火灾自动报警系统的组成及其功能

（1）火灾自动报警系统由火灾探测器、输入模块、报警控制器、联动控制器与控制模块等组成。

（2）火灾自动报警系统的主要功能为火灾参数的检测、火灾信息的处理与自动报警、消防联动与协调控制、消防系统的计算机管理等。

7. 安全技术防范系统

（1）安全技术防范系统的组成及其功能

1）安全技术防范系统主要由出入口控制系统、入侵报警系统、视频监控系统、电子巡查系统、停车库（场）自动管理系统以及以防爆安全检查系统为代表的特殊子系统等组成。

2）安全技术防范系统的实施有集成式、组合式、分散式三种类型。

3）建筑物的安全技术防范系统是为保障人身和财产的安全，运用计算机、电视监控及入侵报警等技术形成的综合安全防范体系。

（2）安全技术防范各子系统的组成及其功能

1）出入口控制系统（门禁系统）

① 出入口控制系统的组成

a. 对讲门机：普通对讲门机和可视对讲门机。

b. 电控锁：钥匙电控锁、IC 卡电控锁、密码电控锁、指纹电控锁和视网膜电控锁等。

c. 读卡器（密码按钮、生物特征识别器）：外侧识别并开启出入口。

d. 开门按钮：内侧开启出入口控制。

② 出入口控制系统的功能

出入口控制系统根据建筑物的使用功能和安全防范管理的要求，对需要控制的各类出入口，按各种不同的通行对象及其准入级别，对其进、出实施实时控制与管理，并具有报警功能。

2）入侵报警系统

① 入侵报警系统的组成

a. 入侵报警探测器。有门窗磁性开关、玻璃破碎探测器、被动型红外线探测器和主动型红外线探测器（截断型、反射型）、微波探测器、超声波探测器、双鉴（或三鉴）探测器、线圈传感器和泄漏电缆传感器等。

b. 中央报警控制。由微处理器组成，配有显示器、打印机等。

　　c. 报警方式采用有声响报警（电笛、警铃、频闪灯等）和无声报警（向监控中心或向公安局 110 发出报警信号）。

　　② 入侵报警系统的功能

　　入侵报警系统根据被防护对象的使用功能及安全防范管理的要求，对设防区域的非法入侵、盗窃、破坏和抢劫等，进行实时有效的探测与报警。

　　3）视频监控系统

　　① 视频监控系统的组成

　　a. 模拟式视频监控系统。由摄像装置、传输控制线、监控主机、显示录像设备等组成。

　　b. 数字视频监控系统（DVR）。由数字摄像机、计算机或硬盘录像机、图像压缩/解压缩系统（MPEG-4）、图像记录及功能切换控制装置等组成。

　　c. 网络视频监控系统。由网络摄像机、传输网络、管理平台（含本地、异地）、存储设备、显示设备等组成。

　　② 视频监控系统的功能

　　视频监控系统根据建筑物的使用功能及安全防范管理的要求，对必须进行视频监控的场所、部位、通道等进行实时、有效的视频探测、视频监视、图像显示、记录与回放，宜具有视频入侵报警功能。

　　4）电子巡查系统

　　① 电子巡查系统的组成

　　a. 离线式巡查系统。采用模块化的信息钮和信息采集（巡查）棒，信息钮安装在巡查点，巡查人员携带信息采集（巡查）棒，按预定线路巡查采集信息，记录巡查信息。

　　b. 在线式巡查系统。利用报警系统和门禁系统的设备（按钮、读卡器等）实现巡查功能。

　　② 电子巡查系统的功能

　　电子巡查系统根据建筑物的使用功能和安全防范管理的要求，按照预先编制的保安人员巡查程序，通过信息识读器或其他方式对保安人员巡逻的工作状态（是否准时、是否遵守顺序等）进行监督、记录，并能对意外情况及时报警。

　　5）停车库（场）自动管理系统

　　① 停车库（场）自动管理系统的组成

　　a. 自动感应器、读卡器、出票机、自动闸门机、控制器、收费机、车位显示器、摄像机、车牌识别系统、车牌对比系统等。

　　b. 系统可自动或半自动管理。

　　② 停车库（场）自动管理系统的功能

　　根据建筑物的使用功能和安全防范管理的需要，对停车库（场）的车辆通行道口实施出入控制、监视、行车信号指示、停车管理及车辆防盗报警等综合管理。

　　8. 建筑设备监控系统

　　（1）建筑设备自动监控系统的组成及其功能

　　1）建筑设备自动监控系统的组成

　　主要由中央工作站计算机、外围设备、现场控制器、输入和输出设备、相应的系统软件和应用软件组成。

2）建筑设备自动监控系统的功能

主要功能是对建筑物内冷热源、空调通风、给水排水、变配电、照明、电梯和自动扶梯等设备进行监控及自动化管理。使设备安全、可靠运行，提供节能及舒适的生活和工作环境。

（2）建筑设备自动监控各子系统的组成及其功能

1）中央监控设备

中央监控设备由计算机和外围设备（UPS、打印机、主控台、模拟显示屏）等组成。

2）现场控制器

现场控制器（直接数字控制器），能独立进行检测与控制。控制器的接口有模拟量、数字量的输入/输出接口。

① 数字量输入接口（DI），用来输入各种开关、继电器及接触器开（闭）触点、电动阀门联动触点的开关状态。

② 模拟量输入接口（AI），用来输入被控对象各种连续变化的物理量（包括温度、相对湿度、压力、液位、电流、电压等），由在线检测的传感器及变送器将其转换为相应的电信号后，送入模拟量输入通道进行处理。一般为采用 4～20mA 电流信号或 0～10V 电压信号。

③ 数字量输出接口（DO），用来输出控制电磁阀门、继电器、指示灯、声光报警器等开关设备。

④ 模拟量输出接口（AO），输出 4～20mA 电流信号或 1～10V 电压信号，用来控制各种直行程或角行程执行机构的动作或各种电动机的转速。

3）输入设备

① 电量传感器。有电压、电流、频率、有功功率、功率因数传感器等几种。

② 非电量传感器。有温度、湿度、压力、液位和流量传感器等。

a. 温度传感器常用的有风管型和水管型。由传感元件和变送器组成，以热电阻或热电偶作为传感元件，有 1kΩ 镍电阻、1kΩ 和 100Ω 铂电阻等类型。

b. 湿度传感器用于测量室内、室外和风管内的相对湿度。有氯化锂湿度传感器、碳湿敏元件、氧化铝湿度计和陶瓷湿度传感器等。

c. 压力、压差传感器有电容式压差传感器、液体压差传感器、薄膜型液体压力传感器等。

d. 压差开关是随着空气压差引起开关动作的装置。一般压差范围可在 20～4000Pa。例如，压差开关可用于监视过滤网阻力状态。

e. 流量传感器的结构形式可分为叶片式、量芯式、热线式、热膜式、卡门涡旋式等，由检测和转换单元组成。

f. 空气质量传感器可监测空气中的烟雾、CO、CO_2 等多种气体含量，以 0～10VDC 输出或干接点报警信号输出。

4）输出设备

电动执行器控制或调节的对象为装于风管或水管的阀门，可分为驱动或控制水管阀门的电磁阀、电动调节阀和驱动或控制风阀的电动风阀。

① 电磁阀。由电磁部件（铁芯、线圈）和阀体组成，利用电磁力带动阀塞来控制阀

门的打开与关闭。电磁阀有直动式和先导式两种。

② 电动调节阀。由电动执行机构和阀体组成，将电信号转换为阀门的开度。电动执行机构的输出方式有直行程、角行程和多转式类型，分别同直线移动的调节阀、旋转的蝶阀、多转的调节阀等配合工作。

③ 电动风阀。由风门驱动器和蝶阀组成，调节风门以达到调节风管的风量和风压。技术参数有输出力矩、驱动速度、角度调整范围、驱动信号类型等。

二、智能建筑工程施工技术要求

1. 建筑设备监控工程施工技术要求

（1）建筑设备监控工程的实施

1）建筑设备监控工程的实施程序

建筑设备自动监控需求调研→监控方案设计与评审→工程承包商的确定→设备供应商的确定→施工图深化设计→工程施工及质量控制→工程检测→管理人员培训→工程验收开通→投入运行。

2）建筑设备监控工程的施工深化

① 自动监控系统的深化设计应具有开放结构，协议和接口都应标准化。首先了解建筑物的基本情况、建筑设备的位置、控制方式和技术要求等资料，然后依据监控产品进行深化设计。

② 施工深化中还应做好与建筑给水排水、电气、通风空调、防排烟、防火卷帘和电梯等设备的接口确认，做好与建筑装修效果的配合工作。

3）建筑设备监控工程实施界面的划分

建筑设备监控工程实施界面的确定贯穿于设备选型、系统设计、工程施工、检测验收的全过程中。在工程合同中应明确各供应商的设备、材料的供应范围、接口软件及其费用，避免施工过程中出现扯皮和影响工程进度。

① 设备、材料采购供应界面的划分

在设备、材料的采购供应中要明确监控系统设备供应商和被监控设备供应商之间的界面划分。主要是明确建筑设备监控系统与其他机电工程的设备、材料、接口和软件的供应范围。

例如，空调工程承包商提供空调设备时，应同时提供满足监测和控制要求的通信协议和接口软件。监控系统工程承包商应提供的设备有温度、流量、压差与压力传感器、压差开关等设备及相应的应用软件等。

② 大型设备接口界面的确定

建筑设备监控系统与变配电设备、发电机组、冷水机组、热泵机组、锅炉和电梯等大型建筑设备实现接口方式的通信，必须预先约定所遵循的通信协议。如果建筑设备监控系统和大型设备的控制系统都具有相同的通信协议和标准接口，就可以直接进行通信。当设备的控制采用非标准通信协议时，则需要设备供应商提供数据格式，由建筑设备监控系统承包商进行转换。

③ 建筑设备监控工程施工界面的确定

确定建筑设备监控系统涉及的机电设备和各系统之间的设备安装、线管、线槽敷设及穿线和接线的工作，设备单体调试及相互的配合方式。

例如，在施工中需确定阀门的安装位置、线路的敷设位置、管道的开孔、调试过程中相关方投入的人力设备及责任义务，这些都是工程正常进行的重要保证，需要在施工前予以明确，避免在工程出现问题时互相推卸责任。

（2）建筑设备监控系统产品的选择及检查

1）技术要求

应根据管理对象的特点、监控的要求以及监控点数的分布等，确定监控系统的整体结构，然后进行产品选择。设备、材料的型号规格应符合设计要求和国家标准，各系统的设备接口必须相匹配。

2）主要考虑的因素

产品的品牌和生产地、应用实践以及供货渠道和供货周期等信息；产品支持的系统规模及监控距离；产品的网络性能及标准化程度。

例如，每个系统都有支持的常规监控点数限制和监控距离限制。当超出常规限制时，有些产品可以通过增加设备来进行扩展，但投资将增加或系统性能有所下降。

3）检测要求

工程中使用的设备、材料、接口和软件的功能、性能等项目的检测应按相应的现行国家标准进行。供需双方有特殊要求的产品，可按合同规定或设计要求进行。

① 接口技术文件应符合合同要求；接口技术文件应包括接口概述、接口框图、接口位置、接口类型与数量、接口通信协议、数据流向和接口责任边界等内容。

② 接口测试文件应符合设计要求；接口测试文件应包括测试链路搭建、测试用仪器仪表、测试方法、测试内容和测试结果评判等内容。

4）进口设备

进口设备应提供质量合格证明、检测报告及安装、使用、维护说明书等文件资料（中文译文），还应提供原产地证明和商检证明。

（3）监控设备安装技术要求

1）中央监控设备安装技术要求

① 中央监控设备应在控制室装饰工程完工后进行安装。外观检查无损伤，设备完整，型号、规格和接口符合设计要求，设备安装平稳、牢固，操作方便，接地可靠。

② 设备之间的连接电缆型号和连接应正确、整齐，做好标识。

2）现场控制器安装技术要求

① 现场控制器处于监控系统的中间层，向上连接中央监控设备，向下连接各监控点的传感器和执行器。

② 现场控制器一般安装在弱电竖井内或冷冻机房、高低压配电房等需监控的机电设备附近。

3）主要输入设备安装技术要求

① 各类传感器应安装在能正确反映其检测性能的位置，并远离有强磁场或剧烈振动的场所，而且便于调试和维护。

② 风管型传感器的安装应在风管保温层完成后进行。

③ 水管型传感器的开孔与焊接工作，必须在管道的压力试验、清洗、防腐和保温前

进行。

④ 传感器至现场控制器之间的连接应符合设计要求。

例如，镍温度传感器的接线电阻应小于 3Ω，铂温度传感器的接线电阻应小于 1Ω，并在现场控制器侧接地。

⑤ 电磁流量计应安装在流量调节阀的上游，流量计的上游应有 10 倍管径长度的直管段，下游应有 4～5 倍管径长度的直管段。

⑥ 涡轮式流量传感器应水平安装，流体的流动方向必须与传感器壳体上所示的流向标志一致。

⑦ 空气质量传感器应安装在能正确反映空气质量状况的地方。

4）主要输出设备安装技术要求

① 电磁阀、电动调节阀安装前，应按说明书规定检查线圈与阀体间的电阻，进行模拟动作试验和试压试验。阀门外壳上的箭头指向与水流方向须一致。

② 电动风阀控制器安装前，应检查线圈和阀体间的电阻、供电电压、输入信号等是否符合要求，宜进行模拟动作检查。

2. 安全防范工程施工技术要求

（1）安全防范工程实施程序

安全防范等级确定→方案设计与报审→工程承包商确定→施工图深化→施工及质量控制→检验检测→管理人员培训→工程验收→投入运行。

（2）安全防范工程设备安装技术要求

1）安全防范工程中所使用的设备、材料应符合国家法律、法规、标准的要求，并与设计文件、工程合同的内容相符合。

2）探测器安装技术要求

① 各类探测器的安装，应根据产品的特性、警戒范围要求和环境影响等确定设备的安装点（位置和高度）。探测器底座和支架应固定牢固。

② 周界入侵探测器的安装，应保证能在防区形成交叉，避免盲区。

③ 探测器的导线连接应牢固、可靠，外接部分不得外露，并留有适当余量。

3）摄像机安装技术要求

① 安装前应通电检测，工作应正常，在满足监视目标视场范围要求下，室内安装高度离地不宜低于 2.5m；室外安装高度离地不宜低于 3.5m，应考虑防雷、防雨、防腐措施。

② 摄像机及其配套装置（镜头、防护罩、支架、雨刷等）安装应牢固，运转应灵活，应注意防破坏并与周边环境相协调。

③ 信号线和电源线应分别引入，外露部分用软管保护并且不影响云台的转动。

④ 电梯轿厢内的摄像机应安装在厢门上方的左、右侧顶部，以便能有效地观察电梯轿厢内乘员的面部特征。

4）云台、解码器安装技术要求

① 云台安装应牢固，转动时无晃动。

② 根据产品技术条件和系统设计要求，检查云台的转动角度范围是否满足要求。

③ 解码器应安装在云台附近或吊顶内（须留检修孔）。

5）出入控制设备安装技术要求

① 各类识读装置的安装高度离地不宜高于 1.5m。

② 感应式读卡机在安装时应注意可感应范围，不得靠近高频、强磁场。

③ 电控锁安装应符合产品技术要求，安装应牢固，启闭应灵活。

6）对讲设备（可视、非可视）安装技术要求

① 对讲主机（门口机）可安装在单元防护门上或墙体主机预埋盒内，对讲主机操作面板的安装高度离地不宜高于 1.5m，操作面板应面向访客，便于操作。

② 调整可视对讲主机内置摄像机的方位和视角于最佳位置，对不具备逆光补偿的摄像机，宜作环境亮度处理。

③ 对讲分机（用户机）安装位置宜选择在住户室内的内墙上，其高度离地 1.4～1.6m。

④ 联网型对讲系统的管理机宜安装在监控中心或小区出入口的值班室内。

7）电子巡查设备安装技术要求

在线巡查或离线巡查的信息采集点（巡查点）的数目应符合设计与使用要求，其安装高度离地 1.35m。

8）停车库（场）管理设备安装技术要求

① 读卡机（IC 卡机、磁卡机、出票读卡机、验卡票机）与挡车器安装应平整、牢固，保持与水平面垂直、不得倾斜；读卡机与挡车器的中心间距应符合设计要求或产品使用要求；应考虑防水及防撞措施。

② 感应线圈埋设位置与埋设深度应符合设计要求或产品使用要求；感应线圈至机箱处的线缆应采用金属管保护。

③ 信号指示器安装。车位状况信号指示器应安装在车道出入口的明显位置；车位引导显示器应安装在车道中央上方，便于识别与引导。

9）控制设备安装技术要求

① 控制台、机柜（架）安装位置应符合设计要求，便于操作维护。

② 监视器（屏幕）应避免外来光直射，当不可避免时应采取避光措施。

3. 线缆和光缆施工技术要求

（1）线缆施工技术要求

1）信号线缆与电力电缆平行或交叉敷设时，其间距不得小于 0.3m；信号线缆与电力电缆交叉敷设时，宜成直角。

2）线缆敷设时，多芯线缆的最小弯曲半径应大于其外径的 6 倍；同轴电缆的最小弯曲半径应大于其外径的 15 倍。

3）线缆敷设时，为避免干扰，电源线与信号线、控制线应分别穿管敷设；当低电压供电时，电源线与信号线、控制线可以同管敷设。线缆在沟内敷设时，应敷设在支架上或线槽内。在电缆沟支架上敷设时与建筑电气专业提前规划协商，高压电缆在最上层支架，中压电缆在中层支架，低压电缆在中下层支架，智能化线缆在最下层支架。

4）明敷的信号线缆与具有强磁场、强电场的电气设备之间的净距离，宜大于 1.5m；当采用屏蔽线缆或穿金属保护管或在金属封闭线槽内敷设时，宜大于 0.8m。

5）信号线缆的屏蔽性能、敷设方式、接头工艺、接地要求等，应符合相关标准规定。

（2）同轴线缆施工技术要求

1）同轴线缆的衰减、弯曲、屏蔽、防潮等性能应满足设计要求，并符合相应产品标准要求。同轴电缆应一线到位，中间无接头。

2）视频信号传输电缆应满足下列要求：

① 室外线路宜选用外导体内径为 9mm 的同轴电缆，采用聚乙烯外套。

② 室内距离不超过 500m 时，宜选用外导体内径为 7mm 的同轴电缆且采用防火的聚氯乙烯外套。

③ 终端机房设备间的连接线，距离较短时，宜选用外导体内径为 3mm 或 5mm 的同轴电缆。

④ 电梯轿厢的视频同轴电缆应选用电梯专用电缆。

（3）光缆施工技术要求

1）光缆长距离传输时宜采用单模光纤，距离较短时宜采用多模光纤。

2）光缆的芯线数目应根据监视点的个数及分布情况来确定，并留有一定的余量。

3）光缆的结构及允许的最小弯曲半径、最大抗拉力等机械参数，应满足施工条件的要求。

4）光缆的保护层，应适合光缆的敷设方式及使用环境的要求。

5）光缆敷设前，应对光纤进行检查。光纤应无断点，其衰耗值应符合设计要求。核对光缆长度，并应根据施工图的敷设长度来选配光缆。

6）敷设光缆时，其最小动态弯曲半径应大于光缆外径的 20 倍。光缆的牵引端头应做好技术处理，可采用自动控制牵引力的牵引机进行牵引。牵引力应加在加强芯上，其牵引力不应超过 150kg；牵引速度宜为 10m/min；一次牵引的直线长度不宜超过 1km，光纤接头的预留长度不应小于 8m。

7）光缆敷设后，应检查光纤有无损伤，并对光缆敷设损耗进行抽测；确认没有损伤后，再进行接续。光缆敷设完毕后，宜测量通道的总损耗，并用光时域反射计观察光纤通道全程波导衰减特性曲线。

4. 智能建筑工程调试与检测要求

（1）建筑智能化系统调试检测

1）系统调试的条件

已编制完成调试方案、设备平面布置图、线路图以及其他技术文件。调试工作应由项目专业技术负责人主持。

调试前按设计文件检查已安装的设备规格、型号等。检查线路，避免由于接线错误造成严重后果。通电试运行前应对系统的外部线路进行检查，检查供电设备的电压、极性、相位等。

2）系统检测的条件

① 系统检测应在系统试运行合格后进行。

② 系统检测前应提交的资料：工程技术文件；设备、材料进场检验记录和设备开箱检验记录；自检记录；分项工程质量验收记录；试运行记录。

3）系统检测的实施

① 依据工程技术文件和规范规定的检测项目、检测数量及检测方法编制系统检测方

案，检测方案经建设单位或项目监理批准后实施。

② 按系统检测方案所列的检测项目进行检测，系统检测的主控项目和一般项目应符合规范规定。

③ 系统检测程序：分项工程→子分部工程→分部工程。

④ 系统检测合格后，填写分项工程检测记录、子分部工程检测记录和分部工程检测汇总记录。

⑤ 分项工程检测记录、子分部工程检测记录和分部工程检测汇总记录由检测小组填写，检测负责人作出检测结论，监理（建设）单位的监理工程师（项目专业技术负责人）签字确认。

（2）有线电视及卫星电视接收系统检测

1）有线电视及卫星电视接收系统的设备及器材进场验收，还应检查国家广播电视总局或有资质检测机构颁发的有效认证标识。

2）有线电视及卫星电视接收系统主观评价和客观测试的测试点规定：

① 系统的输出端口数量小于 1000 时，测试点不得少于 2 个；系统的输出端口数量大于 1000 时，每 1000 点应选取 2～3 个测试点。

② 混合光纤同轴电缆网（HFC）或同轴传输的双向数字电视系统，主观评价的测试点数应符合以上规定，客观测试点的数量不应少于系统输出端口数量的 5%，测试点数不应少于 20 个。

③ 测试点应至少有一个位于系统主干线的最后一个分配放大器之后的点。

（3）公共广播系统检测

1）当紧急广播系统具有火灾应急广播功能时，应检查传输线缆、线槽和导管的防火保护措施。

2）进行公共广播系统检测时，应打开广播分区的全部广播扬声器，测量点宜均匀布置。

3）紧急广播系统具有火灾应急广播功能时还应检测的内容包括：

① 紧急广播具有最高级别的优先权；

② 紧急广播向相关广播区域播放警示信号、警报语声或实时指挥语声的响应时间；

③ 音量自动调节功能。

4）检测公共广播系统的声场不均匀度、漏出声衰减及系统设备信噪比，应符合设计要求。

5）检查公共广播系统的扬声器位置，应分布合理、符合设计要求。

（4）综合布线系统检测

综合布线系统检测应包括电缆系统和光缆系统的性能测试，且电缆系统测试项目应根据布线信道或链路的设计等级和布线系统的类别要求确定。

（5）安全技术防范系统调试检测

1）产品检查

列入国家强制性认证产品目录的安全防范产品应检查产品的认证证书或检测报告。

2）安全技术防范系统检测规定

① 子系统功能应按设计要求逐项检测。

② 摄像机、探测器、出入口识读设备、电子巡查信息识读器等设备抽检的数量不应

低于20%，且不应少于3台，数量少于3台时应全部检测。

3）安全防范综合管理系统的功能检测内容

① 监控图像、报警信息及其他信息记录的质量和保存时间。

② 与火灾自动报警系统和应急响应系统的联动、报警信号的输出接口。

③ 安全技术防范系统中的各子系统对监控中心控制命令响应的准确性和实时性。

4）安全技术防范系统的调试检测

① 报警系统调试检测

a. 检查及调试系统所采用探测器的探测范围、灵敏度、误报警、漏报警、报警状态后的恢复、防拆保护等功能与指标，应符合设计要求。

b. 检查控制器的本地、异地报警、防破坏报警、布撤防、报警优先、自检及显示等功能，应符合设计要求。

c. 检查紧急报警时系统的响应时间，应基本符合设计要求。

例如，检测防范部位和要害部门的设防情况，有无防范盲区。安全防范设备的运行是否达到设计要求。探测器的盲区检测、防拆报警功能检测、信号线开路和短路报警功能检测、电源线被剪报警功能检测、各防范子系统之间的报警联动等是否达到安全防范的要求。

② 视频安防监控系统调试检测

a. 检查及调试摄像机的监控范围、聚焦、环境照度与抗逆光效果等，使图像清晰度、灰度等级达到系统设计要求。

b. 检查并调整对云台、镜头等的遥控功能，排除遥控延迟和机械冲击等不良现象，使监视范围达到设计要求。

c. 检查并调整视频切换控制主机的操作程序、图像切换、字符叠加等功能，保证工作正常，满足设计要求。

d. 检查与调试监视图像与回放图像的质量，在正常工作照明环境条件下，监视图像质量不应低于现行国家标准规定或至少能辨别人的面部特征。

e. 当系统具有报警联动功能时，应检查与调试自动开启摄像机电源、自动切换音视频到指定监视器、自动实时录像等功能。

f. 系统应叠加摄像时间、摄像机位置（含电梯、楼层显示）的标识符，并显示稳定。当系统需要灯光联动时，应检查灯光打开后图像质量是否达到设计要求。

例如，摄像机的系统功能检测、图像质量检测、数字硬盘录像监控系统检测、监控图像的记录和保存时间是否达到设计和规范标准的要求等。

③ 出入口控制系统调试检测

a. 各种读卡机在使用不同类型的卡（如通用卡、定时卡、失效卡、黑名单卡、加密卡、防劫持卡等）时，调试其开门、关门、提示、记忆、统计、打印等判别与处理功能。

b. 调试出入口控制系统与报警、电子巡查等系统间的联动或集成功能。

c. 对采用各种生物识别技术装置（如指纹、掌形、视网膜、声控及其复合技术）的出入口控制系统的调试，应按系统设计文件及产品说明书进行。

④ 访客（可视）对讲系统调试检测

按相关标准及设计方案的规定，检查与调试系统的选呼、通话、电控开锁、紧急呼叫等功能。对具有报警功能的复合型对讲系统，还应检查与调试安装的探测器、各种前端设备的警戒功能，并检查布防、撤防及报警信号畅通等功能。

⑤ 电子巡查系统调试检测

a. 检查在线式信息采集点读值的可靠性、实时巡查与预置巡查的一致性，并查看记录、存储信息以及在发生不到位时的即时报警功能。

b. 检查离线式电子巡查系统，确保信息钮的信息正确，数据的采集、统计、打印等功能正常。

例如，按预先设定的巡查路线，正确记录保安人员巡查活动（时间、路线、班次等）状态。对在线式电子巡查系统，检查当发生意外情况时的即时报警功能。

⑥ 停车库（场）管理系统调试检测

要求按系统设计，检查与调试系统车位显示、行车指示、入口处出票与出口处验票、计费与收费显示、车牌或车型识别以及意外情况发生时向外报警等功能。

5）系统集成方式的调试

安全技术防范系统的各子系统应先独立调试检测、运行；当采用系统集成方式工作时，应按设计要求和相关设备的技术说明书、操作手册，检查和调试统一的通信平台和管理软件后，再将监控中心设备与各子系统设备联网，进行系统总调，并模拟实施监控中心对整个系统进行管理和控制、显示与记录各子系统运行状况及处理报警信息数据等功能。

（6）建筑设备监控系统调试检测

1）通风空调设备系统调试检测

① 通过风阀的自动调节来控制空调系统的新风量以及送风量的大小。

② 通过水阀的自动调节来控制送风温度（回风温度）达到设定值。

③ 通过加湿阀的自动调节来控制送风相对湿度（回风相对湿度）达到设定值。

④ 通过过滤网的压差开关报警信号来判断是否需要清洗或更换过滤网。

⑤ 监控风机故障报警及相应的安全连锁控制、电气连锁以及防冻连锁控制等。

2）变配电系统调试检测

① 变配电设备各高、低压开关运行状况及故障报警。

② 电源及主供电回路电流值显示、电源电压值显示、功率因素测量、电能计量等。

③ 变压器超温报警。

④ 应急发电机组供电电流、电压及频率和储油罐液位监视，故障报警。

⑤ 不间断电源工作状态、蓄电池组及充电设备工作状态检测。

3）公共照明控制系统调试检测

① 按照明回路总数的10%抽检，数量不应少于10路，总数少于10路时应全部检测。

② 不同区域的照明设备分别进行开、关控制；利用计算机对公共照明开、关进行监视，满足必要的照明要求。

例如，以光照度、时间等为控制依据对公共照明设备（场景照明、景观照明）进行监控检测。

4）给水排水系统调试检测

① 给水和中水监控系统应全部检测。

② 排水监控系统应抽检50%，且不得少于5套，总数少于5套时应全部检测。

例如，给水系统、排水系统和中水系统液位、压力参数及水泵运行状态检测；自动调节水泵转速；水泵投运切换；故障报警及保护。

5）锅炉机组调试检测

锅炉出口热水温度、压力、流量、热源系统功能检测，热交换系统功能检测。

6）冷冻水和冷却水系统调试检测

冷水机组、冷却水泵、冷冻水泵、电动阀门和冷却塔功能检测。

7）电梯和自动扶梯监测系统检测启停、上下行、位置、故障等运行状态显示功能。

8）能耗监测系统检测能耗数据的显示、记录、统计、汇总及趋势分析等功能。

9）中央管理工作站与操作分站的检测

① 中央管理工作站的功能检测内容包括：运行状态和测量数据的显示功能；故障报警信息的报告应及时准确，有提示信号；系统运行参数的设定及修改功能；控制命令应无冲突执行；系统运行数据的记录、存储和处理功能；操作权限；人机界面应为中文。

② 操作分站的功能检测监控管理权限及数据显示与中央管理工作站的一致性。

③ 中央管理工作站功能应全部检测，操作分站应抽检20％，且不得少于5个，不足5个时应全部检测。

10）建筑设备监控系统可靠性的检测

① 系统运行的抗干扰性能和电源切换时系统运行的稳定性；

② 通过系统正常运行时，启停现场设备或投切备用电源，观察系统的工作情况进行检测。

11）建筑设备监控系统可维护性的检测

① 应用软件的在线编程和参数修改功能；

② 设备和网络通信故障的自检测功能；

③ 通过现场模拟、修改参数和设置故障的方法检测。

12）建筑设备监控系统性能评测项目的检测

控制网络和数据库的标准化、开放性；系统的冗余配置；系统可扩展性；节能措施。

第五节　电梯工程施工技术

一、电梯工程的划分与施工程序

1. 电梯的分类及构成

（1）电梯的分类

1）按电梯术语分类

可分为乘客电梯、载货电梯、客货电梯、病床电梯、住宅电梯、船用电梯、消防电梯、观光电梯等。

2）按机械驱动方式分类

可分为曳引驱动电梯、强制驱动电梯、液压电梯和施工升降电梯。

3）按运行速度分类

① 低速电梯，$v \leqslant 1.0 \text{m/s}$ 的电梯；

② 中速电梯，1.0m/s＜v≤2.5m/s 的电梯；

③ 高速电梯，2.5m/s＜v≤6.0m/s 的电梯；

④ 超高速电梯，v＞6.0m/s 的电梯。

4）按控制方式分类

可分为按钮控制、信号控制、集选控制、并联控制和梯群控制等。

（2）电梯的基本构成

电梯一般由机房、井道、轿厢、层站四大部位组成。电梯通常由曳引系统、导向系统、轿厢系统、门系统、重量平衡系统、驱动系统、控制系统、安全保护系统八大系统构成。

（3）电梯工程的子分部工程、分项工程划分见表3-8。

电梯工程的子分部工程、分项工程划分 表3-8

分部工程	子分部工程	分项工程
电梯	电力驱动的曳引式或强制式电梯	设备进场验收，土建交接检验，驱动主机，导轨，门系统，轿厢，对重，安全部件，悬挂装置，随行电缆，补偿装置，电气装置，整机安装
	液压电梯	设备进场验收，土建交接检验，液压系统，导轨，门系统，轿厢，对重，安全部件，悬挂装置，随行电缆，电气装置，整机安装
	自动扶梯、自动人行道	设备进场验收，土建交接检验，整机安装

2. 电梯施工前应履行的手续

（1）电梯安装单位应当在施工前将拟安装的电梯情况书面告知直辖市或者设区的市的特种设备安全监督管理部门，告知后方可施工。

（2）办理告知需要的材料一般包括《特种设备开工告知申请书》一式两份、电梯安装资质证原件、电梯安装资质证复印件加盖公章、组织机构代码证复印件加盖公章等。

（3）电梯安装单位应当在履行告知后、开始施工前（不包括设备开箱、现场勘测等准备工作），向规定的检验机构申请监督检验。待检验机构审查完毕电梯制造资料，并且获悉检验结论为合格后，方可实施安装。

3. 电梯安装资料

（1）电梯制造厂提供的资料

1）制造许可证明文件，其范围能够覆盖所提供电梯的相应参数。

2）电梯整机型式检验合格证书或报告书，其内容能够覆盖所提供电梯的相应参数。

3）产品质量证明文件，注有制造许可证明文件编号、该电梯的产品出厂编号、主要技术参数、门锁装置、限速器、安全钳、缓冲器、含有电子元件的安全电路、轿厢上行超速保护装置、驱动主机、控制柜等安全保护装置和主要部件的型号和编号等内容，并且有电梯整机制造单位的公章或检验合格章以及出厂日期。

4）门锁装置、限速器、安全钳、缓冲器、含有电子元件的安全电路、轿厢上行超速保护装置、驱动主机、控制柜等安全保护装置和主要部件的型式检验合格证，以及限速器和渐进安全钳的调试证书。

5）机房或者机器设备间及井道布置图，其顶层高度、底坑深度、楼层间距、井道内防护、安全距离、井道下方人可以进入空间等满足安全要求。

6）电气原理图，包括动力电路和连接电气安全装置的电路。

7）安装使用维护说明书，包括安装、使用、日常维护保养和应急救援等方面操作说明的内容。

上述文件如为复印件则必须经电梯整机制造单位加盖公章或者检验合格章；对于进口电梯，则应当加盖国内代理商的公章。

（2）电梯安装单位提供的安装资料

1）安装许可证和安装告知书，许可证范围能够覆盖所施工电梯的相应参数；

2）审批手续齐全的施工方案；

3）施工现场作业人员持有的特种设备作业证。

4. 电梯施工程序

（1）电梯施工的一般程序

施工前准备→吊运机件到位→搭设顶部工作台→井道、机房放线、照明线路→机房设备安装→机房电气接线→井道导轨、缓冲器安装→轿厢框架安装→放钢丝绳、装配重→配临时动力电源、操作电路→层门上坎/地坎、导轨安装→层门安装→井道内外电气安装→拆工作台→轿厢安装→调试、交验。

（2）常见的曳引式电梯和自动扶梯（人行道）的施工程序

1）曳引式电梯施工程序

① 对电梯井道、机房土建工程进行检测鉴定，以确定其位置尺寸是否符合电梯所提供的土建布置图和其他要求。

② 电梯安装前，建设单位（或监理单位）、土建施工单位、电梯安装单位应共同对电梯井道和机房进行检查，对电梯安装条件进行确认。

③ 对层门的预留孔洞设置防护栏杆，机房通向井道的预留孔设置临时盖板。防护栏杆的设置要符合安全规定，一般要设两道，底下一道栏杆距地为 $500\sim600\mathrm{mm}$，上面一道栏杆距地应不小于 $1200\mathrm{mm}$。

④ 井道放基准线后安装导轨等。安装导轨时，首先要确定导轨支架的安装位置，再安装导轨支架和导轨，最后对导轨进行调整，使其满足产品技术文件和规范的要求。

⑤ 机房设备安装，井道内配管配线。

⑥ 轿厢组装后安装层门等相关附件。

⑦ 通电空载试运行合格后负载试运行，并检测各安全装置动作是否正常、准确。

⑧ 整理各项记录，准备申报准用。

2）超高速曳引式电梯施工程序

① 超高速曳引式电梯采用吊笼法安装

超高速电梯是指额定速度大于 $6.0\mathrm{m/s}$ 的电梯，它的特点是行程大、速度快，需用大容量电动机，以及高性能减振技术和安全设施。超高速曳引式电梯与快速、高速曳引式电梯结构形式基本一致，安装方法仍然可以参照快速、高速曳引式电梯施工工艺，但是，针对超高速曳引式电梯的特点，采用吊笼法安装有助于提高施工效率和保证施工质量。

② 吊笼应有完备的手续

吊笼组装结束后应检查合格后才能使用。检查内容至少包括吊笼承载力、动力、照明、操作正常、限期开关、锁紧装置有效。

3）自动扶梯与自动人行道施工程序

① 建设单位（或监理单位）、土建施工单位、电梯安装单位对土建工程共同验收，并办理交接手续。现场有土建施工单位提供的明确的标高基准点；自动扶梯或自动人行道上、下支撑面预埋钢板符合设计要求；基坑内必须清理干净，基坑周边和运输线路周围不得堆放物品。

② 桁架、导轨等安装。

③ 扶手、扶手带、裙板及内外盖板、梯级链等安装。

④ 电气配管配线。

⑤ 梯级梳齿板、安全装置安装。

⑥ 通电空载试运行合格后负载试运行，并检测各安全装置动作是否正常、准确。

⑦ 整理各项记录，准备申报准用。

5. 电梯准用程序

（1）电梯安装单位自检试运行结束后，整理记录，并提交给制造单位，由制造单位负责进行校验和调试。

（2）校验和调试符合要求后，向经国务院特种设备安全监督管理部门核准的检验检测机构报验要求监督检验。

（3）监督检验合格后，电梯可以交付使用。获得准用许可后，按规定办理交工验收手续。

二、电梯工程施工技术要求

1. 电力驱动的曳引式或强制式电梯施工技术要求

（1）电梯设备进场验收要求

1）设备进场验收时，应检查设备随机文件，设备零部件应与装箱单内容相符，设备外观不应存在明显的损坏等。

2）随机文件包括土建布置图，产品出厂合格证，门锁装置、限速器、安全钳及缓冲器等安全保护装置的型式检验证书复印件，设备装箱单，安装使用维护说明书，动力电路和安全电路的电气原理图。

例如，某电梯进场验收时，验收人员发现没有限速器的型式检验证书复印件，应在设备验收记录上记录清楚，并要求电梯供应商提供。

（2）土建交接检验要求

土建施工单位、电梯安装单位、建设单位（或监理单位）共同对土建工程进行交接验收，是电梯安装工程顺利进行的重要保证。

1）机房（如果有）内部、井道土建（钢架）结构及布置必须符合电梯土建布置图的要求。机房、底坑内应有良好的防渗、防漏水保护措施，底坑内不得有积水。

2）机房（如果有）内应设有固定的电气照明，在机房内靠近入口的适当高度处应设有一个开关或类似装置控制机房照明电源。机房的电源零线和接地线应分开，机房内接地装置的接地电阻值不应大于 4Ω。

3）主电源开关应能够切断电梯正常使用情况下的最大电流，对有机房的电梯，开关应能从机房入口处方便接近，对无机房的电梯，该开关应设置在井道外工作人员方便接近的地方，且应具有必要的安全防护措施。

4）电梯安装之前，所有层门预留孔必须设有高度不小于 1200mm 的安全保护围封（安全防护门），并应保证有足够的强度，保护围封下部应有高度不小于 100mm 的踢脚板，并应采用左右开启方式，不能上下开启。

5）井道内应设置永久性电气照明，井道照明电压宜采用 36V 安全电压，井道内照度不得小于 50lx，井道最高点和最低点 0.5m 内应各装一盏灯，中间灯间距不超过 7m，并分别在机房和底坑设置控制开关。

6）轿厢缓冲器支座下的底坑地面应能承受满载轿厢静载 4 倍的作用力。

7）每层楼面应有最终完成的地面基准标识，多台并列的电梯应提供厅门口装饰基准标识。

（3）驱动主机安装技术要求

1）紧急操作装置动作必须正常。可拆卸的装置必须置于驱动主机附近易接近处，紧急救援操作说明必须贴于紧急操作时易见处。

2）制动器动作应灵活，间隙应调整，驱动主机、驱动主机底座与承重梁的安装应符合产品设计要求。驱动主机减速箱内油量应在油标所限定的范围内。

3）当驱动主机承重梁须埋入承重墙时，埋入端长度应超过墙厚中心至少 20mm，且支承长度不应小于 75mm。

（4）导轨安装技术要求

1）导轨安装位置必须符合土建布置图的要求。

2）导轨支架在井道壁上的安装应固定可靠。预埋件应符合土建布置图的要求。锚栓（膨胀螺栓等）固定应在井道壁的混凝土构件上使用，其连接强度与承受振动的能力应满足电梯产品设计要求，混凝土构件的压缩强度应符合土建布置图的要求。

3）轿厢导轨和设有安全钳的对重（平衡重）导轨工作面接头处不应有连续缝隙。导轨接头处台阶如超过规定应修平。

（5）门系统安装技术要求

1）层门地坎至轿厢地坎之间的水平距离偏差为 0～＋3mm，且最大距离严禁超过 35mm。

2）层门强迫关门装置必须动作正常。

例如，某电梯在门系统验收时，检查人员将层门打开到 1/3 行程、1/2 行程、全行程处将外力取消，层门均自行关闭，并且在门开关过程中，无异常情况发生，说明该层门强迫关门装置动作正常。

3）层门指示灯盒、召唤盒和消防开关盒应安装正确，其面板与墙面贴实，横竖端正。

4）门刀与层门地坎、门锁滚轮与轿厢地坎、门扇与门扇、门扇与门套、门扇与门楣、门扇与门口处轿壁、门扇下端与地坎的间隙，均应符合规范要求。

（6）轿厢系统安装技术要求

1）当距轿底 1.1m 以下使用玻璃轿壁时，必须在距轿底 0.9～1m 的高度安装扶手，且扶手必须独立地固定，不得与玻璃相关。

2）当轿厢有反绳轮时，反绳轮应设置防护装置和挡绳装置。

3）为保证人员安全，当轿顶外侧边缘至井道壁水平方向的自由检查距离大于 0.3m

时，轿顶应装设防护栏及警示性标识。

（7）对重（平衡重）安装技术要求

当对重（平衡重）有反绳轮时，反绳轮应设置防护装置和挡绳装置。

（8）安全部件安装技术要求

1）限速器动作速度整定封记必须完好，且无拆动痕迹。

例如，检查人员对某台电梯限速器检查时，根据限速器型式检验证书及安装维护使用说明书，找到限速器上的每个整定封记部位，观察封记都完好。

2）当安全钳可调节时，整定封记应完好，且无拆动痕迹。

3）轿厢在两端站平层位置时，轿厢、对重的缓冲器撞板与缓冲器顶面间的距离应符合土建布置图的要求。

4）限速器张紧装置与其限位开关相对位置安装正确。

（9）悬挂装置、随行电缆、补偿装置安装技术要求

1）绳头组合必须安全可靠，且每个绳头组合必须安装防螺母松动和脱落的装置。

2）钢丝绳严禁有死弯，随行电缆严禁有打结和波浪扭曲现象。

3）当轿厢悬挂在两根钢丝绳或链条上，且其中一根钢丝绳或链条发生异常相对伸长时，为此装设的电气安全开关应动作可靠。

4）随行电缆在运行中应避免与井道内其他部件干涉。当轿厢完全压在缓冲器上时，随行电缆不得与底坑地面接触。

（10）电气装置安装技术要求

1）所有电气设备及导管、线槽的外露可导电部分应当与保护线（PE）连接，接地支线应分别直接接至接地干线的接线柱上，不得互相连接后再接地。

2）动力和电气安全装置的导体之间和导体对地之间的绝缘电阻不得小于 $0.5M\Omega$。

3）机房和井道内应按产品要求配线。护套电缆可明敷于井道或机房内使用，但不得明敷于地面。

（11）电梯整机安装技术要求

1）当三相电源中任何一相断开或任何两相错接时，应有断相、错相保护功能，使电梯不发生危险故障。

2）动力电路、控制电路、安全电路必须有与负载匹配的短路保护装置；动力电路必须有过载保护装置。

3）限速器上的轿厢（对重、平衡重）下行标志必须与轿厢（对重、平衡重）的实际下行方向相符。限速器铭牌上的额定速度、动作速度必须与被检电梯相符。限速器必须与其型式检验证书相符。

4）安全钳、缓冲器、门锁装置必须与其型式检验证书相符。

5）上、下极限开关必须是安全触点，在端站位置进行动作试验时必须动作正常。在轿厢或对重（如果有）接触缓冲器之前必须动作，且缓冲器完全压缩时，保持动作状态。

6）限速器绳张紧开关、液压缓冲器复位开关等必须动作可靠。

7）限速器与安全钳电气开关在联动试验中必须动作可靠，且应使驱动主机立即制动。

8）对瞬时式安全钳，轿厢应载有均匀分布的额定载重量；对渐进式安全钳，轿厢应载有均匀分布的 125% 额定载重量。

9）进行层门与轿门试验时，每层层门必须能够用三角钥匙正常开启，当一个层门或轿门非正常打开时，电梯严禁启动或继续运行。

10）进行曳引式电梯的曳引能力试验时，轿厢在行程上部范围空载上行及行程下部范围载有 125％ 额定载重量下行，分别停层 3 次以上，轿厢必须可靠地制停。

11）电梯安装后应进行运行试验；轿厢分别在空载、额定载荷工况下，按产品设计规定的每小时启动次数和负载持续率各运行 1000 次（每天不少于 8h），电梯应运行平稳、制动可靠、连续运行无故障。

2. 自动扶梯、自动人行道施工技术要求

（1）设备进场验收要求

1）设备技术资料必须提供梯级或踏板的型式检验报告复印件，或胶带的断裂强度证明文件复印件；对公共交通型自动扶梯、自动人行道应有扶手带的断裂强度证明文件复印件。

2）随机文件应该有土建布置图，产品出厂合格证，设备装箱单，安装使用维护说明书，以及动力电路和安全电路的电气原理图。

3）设备零部件应与装箱单内容相符，设备外观不应存在明显的损坏。

（2）土建交接检验要求

1）自动扶梯的梯级或自动人行道的踏板或胶带上空，垂直净高度严禁小于 2.3m；

2）在安装之前，井道周围必须设有保证安全的栏杆或屏障，其高度严禁小于 1.2m；

3）根据产品供应商的要求应提供设备进场所需的通道和搬运空间；

4）在安装之前，土建施工单位应提供明显的水平基准线标识。

（3）整机安装验收要求

1）自动扶梯、自动人行道必须自动停止运行的情况有：

① 无控制电压、电路接地的故障、过载。

② 控制装置在超速和运行方向非操纵逆转下动作；附加制动器动作。

③ 直接驱动梯级、踏板或胶带的部件断裂或过分伸长；驱动装置与转向装置之间的距离缩短。

④ 梯级、踏板或胶带进入梳齿板处有异物夹住，且损坏了梯级、踏板或胶带支撑结构；梯级或踏板下陷。

⑤ 无中间出口的连续安装的多台自动扶梯、自动人行道中的一台停止运行。

⑥ 扶手带入口保护装置动作。

上述第 2～6 种情况下的开关断开的动作必须通过安全电路来完成。

2）应测量不同回路导线之间、导线对地的绝缘电阻。

① 导体之间和导体对地之间的绝缘电阻应大于 $1000\Omega/V$；

② 动力电路和电气安全装置电路不得小于 $0.5M\Omega$；

③ 其他电路（控制、照明、信号等）不得小于 $0.25M\Omega$。

3）整机安装检查应符合下列规定：

① 梯级、踏板、胶带的楞齿及梳齿板应完整、光滑；

② 在自动扶梯、自动人行道入口处应设置使用须知的标牌；

③ 内盖板、外盖板、围裙板、扶手支架、扶手导轨、护壁板接缝应平整。

4）在额定频率和额定电压下，梯级、踏板或胶带沿运行方向空载时的速度与额定速度之间的允许偏差为±5%；扶手带的运行速度相对梯级、踏板或胶带的速度允许偏差为0～+2%。

5）自动扶梯、自动人行道应进行空载制动试验，制停距离应符合标准规范的要求。

6）自动扶梯、自动人行道应进行载有制动载荷的下行制停距离试验，制动载荷、制停距离应符合标准规范的规定。

第六节　消防工程施工技术

一、消防工程的划分与施工程序

1. 火灾自动报警及消防联动控制系统的组成及其功能

（1）火灾自动报警系统的基本模式

1）区域报警系统

由火灾探测器、区域控制器、火灾报警装置等构成，适于小型建筑等单独使用。

2）集中报警系统

由火灾探测器和集中控制器等组成，适于高层的宾馆、商务楼、综合楼等建筑使用。

3）控制中心报警系统

由设置在消防控制室的集中报警控制器、消防控制设备等组成，适用于大型建筑群、超高层建筑，可对建筑中的消防设备实现联动控制和手动控制。

（2）火灾自动报警及消防联动控制系统的组成及其功能

1）火灾探测部分

① 火灾探测器

a. 感烟探测器

利用火灾发生时产生的大量烟雾，通过烟雾敏感元件检测并发出报警信号的装置。常用的有离子感烟式和光电感烟式，又可分为点型和线型。

b. 感温探测器

利用火灾发生时气温的急骤升高，通过温度敏感元件使探测器动作并发出报警信号的装置。按动作原理分为差温式和定温式，按结构分为点型和线型等。

c. 感火焰探测器

利用火灾发生时火焰产生的红外光、紫外光，作用在光敏元件上，从而发出电信号，实现火灾报警的装置。

d. 可燃气体探测器

通过可燃气体敏感元件检测出可燃气体的浓度，当达到给定值时，发出报警信号的装置。

② 输入模块

输入模块将所配接的触点型探测装置（水流指示器、湿式报警阀等）的开关量信号转换成二总线报警控制器能识别的数码信号，提供一个地址码。

③ 手动报警按钮

手动报警按钮是人工确认火灾后，手动输入报警信号的装置。操作方式有手动按碎、手动击打和手动按下等。

④ 火灾自动报警控制器

火灾自动报警控制器在火灾自动报警系统中，为火灾探测器供电，接收探测点火警电信号，以声、光信号发出火灾报警，同时显示及记录火灾发生的部位和时间，并向联动控制器发出联动信号，是整个火灾自动报警系统的指挥中心。

⑤ 火灾显示盘（重复显示屏）

火灾显示盘设置在每个楼层或消防分区内，用以显示本区域内各探测点的报警和故障情况。在火灾发生时，指示人员疏散方向、火灾所处位置、范围等。

2）联动控制部分

由一系列控制系统组成，如报警、灭火、防排烟、广播和消防通信等。

① 联动控制器

联动控制器有多线制控制方式和总线制控制方式，与火灾报警器配合，用于控制各类消防外控设备，实施自动或手动控制。其结构形式有挂壁式、柜式和台式。

② 控制模块

控制模块是总线制联动控制的执行器件，直接与联动控制器的控制总线或火灾报警控制器的总线连接。火警时，由模块内的触点动作来启动或关闭外控设备，外控设备的状态信号通过控制模块反馈给主机。

例如，当火灾发生后，通过控制模块发出声和光报警信号，开启正压新风，使人员安全疏散。

2. 灭火系统的类别及其功能

（1）水灭火系统

1）消火栓灭火系统

消火栓灭火系统可分为室外消火栓灭火系统和室内消火栓灭火系统。

① 室外消火栓灭火系统

由室外消火栓、消防水泵接合器、供水管网和消防水池组成，用于给消防车供水或直接接出消防水带及水枪进行灭火。

② 室内消火栓灭火系统

由消火栓、水带、水枪三个主要部件组成，用于直接接出消防水带及水枪进行灭火，为了在发生火灾时能迅速启动消防水泵进行灭火，设有直接启动消防水泵的按钮。

2）自动喷水灭火系统

自动喷水灭火系统由洒水喷头、报警阀组、水流报警装置（水流指示器或压力开关）、末端试水装置、配水管道、供水设施等组成。自动喷水灭火系统可分为闭式系统、雨淋系统、水幕系统和自动喷水-泡沫联用系统。

① 闭式系统

a. 湿式系统

湿式系统主要由闭式洒水喷头、水流指示器、管网、湿式报警阀组以及管道和供水设施等组成。该系统仅有湿式报警阀组和必要的报警装置。湿式系统管道内充满压力水，火灾发生时能立即喷水灭火。湿式系统适用于环境温度不低于 4℃ 且不高于 70℃ 的建筑物。湿式报警装置最大工作压力为 1.2MPa。

b. 干式系统

干式系统的组成与湿式系统的组成基本相同，但报警阀组采用的是干式的。干式系统管网内平时不充水，而是充入有压气体（或氮气），与报警阀组前的供水压力保持平衡，使报警阀组处于紧闭状态。当发生火灾时，干式系统的喷水灭火速度不如湿式系统快，系统充水时间不宜大于1min。干式系统为保持气压，需要配套设置补气设施，因而提高了系统造价，比湿式系统投资高。干式喷头应向上安装（干式悬吊型喷头除外）。干式报警装置最大工作压力不超过1.2MPa。干式喷水管网的容积不宜超过1500L，当有排气装置时，不宜超过3000L。

c. 干湿式系统

该系统的报警阀由干式报警阀和湿式报警阀串联而成，或采用干湿两用报警阀。喷水管网在冬季充满有压气体，而在温暖季节则改为充水，其喷头应向上安装。干湿两用报警装置最大工作压力不超过1.6MPa，喷水管网的容积不宜超过3000L。

d. 预作用系统

预作用系统采用预作用报警阀组，由火灾自动报警系统启动。管网中平时不充水，而是充以有压或无压的气体，发生火灾时，由感烟（或感温、感光）探测器报警，报警信号延迟30s后，自动控制系统打开控制闸门排气，启动预作用阀门向喷水管网充水。当火灾温度继续升高时，闭式喷头喷水灭火。

预作用系统比湿式系统和干式系统多了一套自动探测报警控制系统，系统比较复杂、投资较大。一般用于建筑装饰要求较高、不允许有水渍损失、灭火要求及时的建筑和场所。

预作用系统管线的最长距离，按系统充水时间不超过3min、流速不小于2m/s确定。在预作用阀门之后的管道内充有压气体时，压力不宜超过0.03MPa。

② 开式系统（雨淋系统）

a. 开式系统采用开式洒水喷头，由火灾探测器、雨淋阀、管道和开式洒水喷头组成。发生火灾时，由火灾探测系统自动开启雨淋阀，也可人工开启雨淋阀，由雨淋阀控制其配水管道上所有的开式洒水喷头同时喷水，可以在瞬间喷出大量的水覆盖火区，达到灭火目的。

b. 雨淋系统具有出水量大、灭火控制面积大、灭火及时等优点，但水渍损失大于闭式系统。通常用于燃烧猛烈、蔓延迅速的某些严重危险级场所。

③ 水幕系统

a. 由开式洒水喷头或水幕喷头、雨淋报警阀组以及水流报警装置等组成，用于阻挡烟火和冷却分隔，不具备直接灭火的能力，属于暴露防护系统。

b. 按水幕的功能分为防火分隔水幕和防护冷却水幕两种。防火分隔水幕用以阻止火焰或火灾高温的穿透以及降低烟气温度，从而保护处于水幕背后的设备和建筑物的安全。

④ 自动喷水-泡沫联用系统

a. 配置有供给泡沫混合液的设备，灭火时既可以喷水又可以喷泡沫。

b. 自动喷水-泡沫联用系统是自动喷水和水喷雾系统的更高一级的系统，可在需要时代替自动喷水和水喷雾系统。

3）消防水炮灭火系统

① 消防水炮灭火系统由消防水炮、管路、阀门、消防泵组、动力源和控制装置等组成。

②　凡按照国家有关标准要求应设置自动喷水灭火系统，火灾类别为 A 类，但由于空间高度较高，采用自动喷水灭火系统难以有效探测、扑灭及控制火灾的大空间场所，宜设置智能消防水炮灭火系统。

③　智能消防水炮灭火系统可分为自动跟踪定位射流灭火系统和扫射式智能消防水炮灭火系统。

4）高压细水雾灭火系统

①　高压细水雾灭火系统由供水装置、过滤装置、控制阀、细水雾喷头等组件和供水管道组成。

②　能自动和人工启动并喷放细水雾进行灭火或控火的固定灭火系统，工作压力大于或等于 3.45MPa。

③　根据供水方式分为泵组系统和瓶组系统，宜选用泵组系统，闭式系统不应采用瓶组系统。

5）水灭火系统的其他设施

①　消防水泵接合器

利用消防车通过其接口，向建筑物内消防给水管道送水加压，扑救火灾。例如，高层建筑都要设置消防水泵接合器。

②　消防水箱

经常保持消防水量和水压要求，满足扑救初期火灾用水量和水压。

③　气压给水装置

某些建筑不宜设高位水箱、水塔时，可用气压给水装置代替。

④　消防水泵

消防水泵应设有备用泵，且流量和扬程不应小于消防泵房内的最大一台工作泵的流量和扬程；应设有两条吸水管，当其中一条检修或损坏时，另一条应仍能通过 100% 的用水总量；保证消防水箱的水用完之前（5～10min），消防水泵在 5min 内启动供水。

（2）气体灭火系统

气体灭火系统是指由气体作为灭火剂的灭火系统。气体灭火系统主要包括管道安装、系统组件安装（喷头、选择阀、储存装置）、二氧化碳称重检验装置等。

1）七氟丙烷灭火系统

①　七氟丙烷（HFC-227ea）灭火系统是一种高效能的灭火设备，其灭火剂 HFC-227ea 是一种无色、无味、低毒性、绝缘性好、无二次污染的气体。

②　七氟丙烷灭火系统由储存瓶组、储存瓶组架、液流单向阀、集流管、选择阀、三通、异径三通、弯头、异径弯头、法兰、安全阀、压力信号发送器、管网、喷嘴、药剂、火灾探测器、气体灭火控制器、声光报警器、警铃、放气指示灯、紧急启动/停止按钮等组成。

③　七氟丙烷灭火系统分为有管网和无管网（柜式）两种。

a. 有管网系统又分为内贮压系统和外贮压系统，其主要区别在于灭火药剂的传送距离不同，内贮压系统的传送距离一般不超过 60m，外贮压系统的传送距离可达 220m。

b. 无管网系统气体灭火剂储存瓶包装成灭火柜，外形美观，平时放在需要保护的防护区内，在发生火灾时，不需要经过管路，直接就在防护区内喷放灭火，其灭火效能高、灭火速度快、毒性低、对设备无污损，灭火装置性能优良，其控制部分可与消防控制中心相衔接。

2）二氧化碳灭火系统

二氧化碳灭火系统一般为有管网灭火系统，由储存灭火剂的储存容器和容器阀、应急操作机构、连接软管和止回阀、泄压装置、集流管、固定支架、管道及其附件、喷嘴、储存启动气源的小钢瓶和电磁瓶头阀、气源管路以及探测、报警、控制器等组成。

① 按应用方式可分为全淹没灭火系统和局部应用灭火系统。

a. 全淹没灭火系统是指在规定的时间内，向防护区喷射一定浓度的二氧化碳，并使其均匀地充满整个防护区的灭火系统，用于扑救封闭空间内的火灾。

b. 局部应用灭火系统是指向保护对象以设计喷射率直接喷射二氧化碳，并持续一定时间的灭火系统。

② 按系统结构可分为有管网系统和无管网系统，有管网系统又可分为组合分配系统和单元独立系统。

a. 组合分配系统是指用一套二氧化碳储存装置保护两个或两个以上防护区的灭火系统。组合分配系统总的灭火剂储存量按需要灭火剂最大的一个防护区或保护对象确定，当某个防护区发生火灾时，通过选择阀、容器阀等控制，定向释放灭火剂。

b. 单元独立系统是指用一套二氧化碳储存装置保护一个防护区的灭火系统。一般来说，用单元独立系统保护的防护区在位置上是单独的，离其他防护区较远不便于组合，或是两个防护区相邻，但有同时失火的可能。

③ 按储存容器中的储存压力可分为高压系统和低压系统。

a. 高压系统储存压力为 5.17MPa，高压储存容器中二氧化碳的温度与储存地点的环境温度有关，容器要能够承受在最高温度时产生的压力。

b. 低压系统储存压力为 2.07MPa，低压储存容器内二氧化碳的温度利用绝缘和制冷手段被控制在 18℃。低压二氧化碳灭火系统还应有制冷装置、压力变送器等。

（3）泡沫灭火系统

1）泡沫灭火系统包括管道安装、阀门安装、法兰安装及泡沫发生器、混合储存装置安装等工程。

2）泡沫灭火系统适用于对甲、乙、丙类液体可能泄漏场所的初期保护，对初期火灾也能扑救。一般不适用于深度超过 25mm 厚的水溶性甲、乙、丙类液体。

3）根据泡沫灭火剂发泡性能的不同分为低倍数泡沫灭火系统、中倍数泡沫灭火系统和高倍数泡沫灭火系统三类。

① 低倍数泡沫灭火系统

泡沫发泡倍数在 20 倍以下称为低倍数泡沫灭火系统。低倍数泡沫灭火系统可以分为固定式泡沫灭火系统、半固定式泡沫灭火系统、移动式泡沫灭火系统和泡沫喷淋灭火系统。

a. 固定式泡沫灭火系统主要由固定的泡沫液消防泵、比例混合器、泡沫储罐、泡沫混合液的输送管道及泡沫产生装置等组成，并与给水系统连在一起。

b. 半固定式泡沫灭火系统有一部分设备为固定式，可及时启动，另一部分是不固定的，发生火灾时，进入现场与固定设备组成灭火系统灭火。

c. 移动式泡沫灭火系统一般由水源（室外消火栓、消防水池或天然水源）、泡沫消防车、水带、泡沫枪或泡沫钩管及泡沫管架组成。

d. 泡沫喷淋灭火系统是将泡沫以喷淋或喷雾的形式均匀喷洒在物体表面上，从而达到控制和扑灭火灾的目的，该系统一般由泡沫泵站、泡沫混合液管道、阀门、泡沫喷头及自动报警装置等组成。

② 中倍数泡沫灭火系统

a. 泡沫发泡倍数在20～200倍之间称为中倍数泡沫灭火系统。中倍数泡沫灭火系统与低倍数泡沫灭火系统相比，具有发泡倍数高、灭火速度快、水头损失小的特点。

b. 局部应用式中倍数泡沫灭火系统一般由下列设备组成：固定的泡沫发生器、泡沫混合液泵或水泵及泡沫液泵、比例混合器、水池、泡沫液储罐、管道过滤器、阀门、管道及其附件等。

c. 移动式中倍数泡沫灭火系统由水罐消防车或手抬机动泵、比例混合器或泡沫消防车、手提式或车载泡沫发生器、泡沫液桶、水带及其附件等组成。

③ 高倍数泡沫灭火系统

a. 泡沫发泡倍数在200～1000倍之间称为高倍数泡沫灭火系统。高倍数泡沫灭火系统可分为全淹没式灭火系统、局部应用式灭火系统和移动式灭火系统3种类型。

b. 高倍数泡沫灭火系统由水泵、泡沫液泵、储水设备、泡沫液储罐、比例混合器、压力开关、管道过滤器、控制箱、泡沫发生器、阀门、导泡筒、管道及其附件等组成。该系统按控制方式可分为自动控制和手动控制两种。

（4）干粉灭火系统

1）干粉灭火系统是由干粉供应源通过输送管道连接到固定的喷嘴上，通过喷嘴喷放干粉的灭火系统。该系统主要用于扑救易燃、可燃液体、可燃气体和电气设备的火灾。

2）干粉灭火系统主要由两部分组成，即干粉灭火设备部分和火灾自动探测控制部分。

① 干粉灭火设备部分由干粉储罐、动力气体容器、容器阀、输气管、过滤器、减压阀、高压阀、输粉管、球形阀、压力表、喷嘴、喷枪、干粉炮等组成。

② 火灾自动探测控制部分由火灾探测器、启动瓶、启动瓶控制机构、控制管路、报警器、控制盘等组成。

3. 防排烟系统的组成及其功能

（1）防排烟系统根据建筑物的性质、使用功能、规模等确定好设置范围，采用合理的防排烟方式，划分防烟分区。排烟的方式主要有自然排烟、机械排烟。

（2）机械排烟由挡烟壁（活动式或固定式挡烟壁或挡烟墙或挡烟梁）、排烟口（或带有排烟阀的排烟口）、防火排烟阀、排烟道、排烟风机和排烟出口组成。

4. 火灾自动报警及消防联动控制系统施工程序

施工准备→管线敷设→线缆敷设→线缆连接→绝缘测试→设备安装→单机调试→系统调试→验收。

5. 水灭火系统施工程序

（1）消防泵（或稳压泵）施工程序

施工准备→基础验收复核→泵体安装→吸水管路安装→出水管路安装→单机调试。

（2）消火栓灭火系统施工程序

施工准备→干管安装→立管、支管安装→箱体稳固→附件安装→强度严密性试验→冲洗→系统调试。

（3）自动喷水灭火系统施工程序

施工准备→干管安装→报警阀安装→立管安装→分层干、支管安装→喷洒头支管安装→管道冲洗→管道试压→减压装置安装→报警阀配件及其他组件安装→喷洒头安装→系统通水调试。

（4）消防水炮灭火系统施工程序

施工准备→干管安装→立管安装→分层干、支管安装→管道试压→管道冲洗→消防水炮安装→动力源和控制装置安装→系统调试。

（5）高压细水雾灭火系统施工程序

施工准备→支吊架制作安装→管道安装→管道冲洗→管道试压→吹扫→喷头安装→控制阀组部件安装→系统调试。

6. 干粉灭火系统施工程序

施工准备→设备和组件安装→管道安装→管道试压→吹扫→系统调试。

7. 泡沫灭火系统施工程序

施工准备→设备和组件安装→管道安装→管道试压→吹扫→系统调试。

8. 气体灭火系统施工程序

施工准备→设备和组件安装→管道安装→管道试压→吹扫→系统调试。

9. 防排烟系统施工程序

施工准备→支吊架制作安装→风管制作安装→风机及阀部件安装→系统调试。

二、消防工程施工技术要求

1. 消防产品的强制性认证（3C 认证）

根据《中华人民共和国消防法》、《中华人民共和国认证认可条例》、《强制性产品认证管理规定》、《消防产品监督管理规定》，我国对消防工程中使用的火灾报警产品、火灾防护产品、灭火设备产品、消防装备产品等部分产品实行强制性认证（3C 认证）制度，故未获得 3C 认证证书和未标注 3C 认证标志的相关产品，不得在消防工程中使用。实行 3C 认证的消防产品目录见表 3-9。

实行 3C 认证的消防产品目录 表 3-9

序号	类别	产品种类	
1	火灾报警产品	点型感烟火灾探测器、点型感温火灾探测器、独立式感烟火灾探测报警器、手动火灾报警按钮、点型紫外火焰探测器	
		特种火灾探测器	点型红外火焰探测器、吸气式感烟火灾探测器、图像型火灾探测器
		电气火灾监控系统	电气火灾监控探测器、电气火灾监控设备
		线型光束感烟火灾探测器、火灾显示盘、火灾声和/或光警报器、火灾报警控制器、防火卷帘控制器	
		消防联动控制系统	消防联动控制器、气体灭火控制器、消防电气控制装置、消防设备应急电源、消防应急广播设备、消防电话、消防控制室图形显示装置、消防电动装置、消火栓按钮、模块
		线型感温火灾探测器、家用火灾报警产品、城市消防远程监控产品、可燃气体报警产品	
2	消防水带	有衬里消防水带、消防湿水带、消防软管卷盘、消防吸水胶管	

续表

序号	类别	产品种类	
3	喷水灭火产品	喷头	洒水喷头、水雾喷头、早期抑制快速响应喷头、扩大覆盖面积洒水喷头、家用喷头、水幕喷头
		报警阀	湿式报警阀、干式报警阀、雨淋报警阀
		消防通用阀门	消防闸阀、消防球阀、消防蝶阀、消防电磁阀、消防信号蝶阀、消防信号闸阀、消防截止阀
		感温元件	自动灭火设备用玻璃球、消防用易熔合金元件
		管道及连接件	沟槽式管道连接件、消防洒水软管
		水流指示器、压力开关	
		减压阀、加速器、末端试水装置、预作用装置、自动跟踪定位射流灭火装置、细水雾灭火装置	
4	灭火剂	泡沫灭火剂、水系灭火剂、干粉灭火剂	
		气体灭火剂	二氧化碳灭火剂、七氟丙烷（HFC-227ea）灭火剂、六氟丙烷（HFC-236fa）灭火剂、惰性气体灭火剂
5	建筑耐火构件	防火窗、防火门、防火玻璃、防火卷帘	
6	火灾防护产品	防火涂料、防火封堵材料、耐火电缆槽盒、阻火抑爆产品	
7	泡沫灭火设备产品	泡沫混合装置、泡沫发生装置、泡沫泵、专用阀门及附件、泡沫喷射装置、泡沫消火栓箱、轻便式泡沫灭火装置、闭式泡沫—水喷淋装置	
		厨房设备灭火装置、泡沫喷雾灭火装置	
8	灭火器	手提式灭火器、推车式灭火器、简易式灭火器	
9	消防给水设备产品	车用消防泵、消防泵组、室外消火栓、室内消火栓	
		固定消防给水设备	消防气压给水设备、消防自动恒压给水设备、消防增压稳压给水设备、消防气体顶压给水设备、消防双动力给水设备
		消防枪炮	消防水枪、泡沫枪、干粉枪、脉冲气压喷雾水枪、消防炮
		消防水泵接合器、分水器和集水器、消防接口	
10	气体灭火设备产品	高压二氧化碳灭火设备、低压二氧化碳灭火设备、卤代烷烃灭火设备、惰性气体灭火设备、悬挂式气体灭火装置、柜式气体灭火装置、油浸变压器排油注氮灭火装置、气溶胶灭火装置	
11	干粉灭火设备产品	干粉灭火设备、悬挂式干粉灭火装置、柜式干粉灭火装置	
12	消防防排烟设备产品	防火排烟阀门、消防排烟风机、挡烟垂壁	
13	避难逃生产品	消防应急照明和疏散指示产品	消防应急标志灯具、消防应急照明灯具、应急照明控制器、应急照明集中电源、应急照明分配电装置
		消防安全标志、逃生产品、自救呼吸器	
14	消防通信产品	火警受理设备、119火灾报警装置、消防车辆动态管理装置	

2. 火灾自动报警及消防联动控制系统施工技术要求

（1）消防系统布线要求

1）火灾自动报警线应穿入金属管内或金属线槽中，严禁与动力、照明、交流线、视频线或广播线等穿入同一线管内。

2）消防广播线应单独穿管敷设，不能与其他弱电线共管。

（2）火灾探测器安装技术要求

1）火灾探测器至墙壁、梁边的水平距离不应小于0.5m；火灾探测器周围0.5m内不应有遮挡物；火灾探测器至空调送风口边的水平距离不应小于 1.5m，至多孔送风口的水平距离不应小于 0.5m。

2）在宽度小于 3m 的内走道顶棚上设置火灾探测器时，宜居中布置。感温探测器的安装间距不应超过 10m；感烟探测器的安装间距不应超过 15m。

3）火灾探测器宜水平安装，当必须倾斜安装时，倾斜角度不应大于 45°。火灾探测器的确认灯，应面向便于人员观察的主要入口方向。

4）火灾探测器的底座应固定牢靠，其导线连接必须可靠压接或焊接。火灾探测器的"＋"线应为红色线，"－"线应为蓝色线，其余的线应根据不同用途采用其他颜色区分。但同一工程中相同用途的导线颜色应一致。

5）缆式线型感温火灾探测器在电缆桥架、变压器等设备上安装时，宜采用接触式布置；在各种皮带输送装置上敷设时，宜敷设在装置的过热点附近。

6）可燃气体探测器安装时，安装位置应根据探测气体密度确定。

（3）手动火灾报警按钮安装技术要求

手动火灾报警按钮应安装在明显和便于操作的部位。当安装在墙上时，其底边距地（楼）面高度宜为 1.3～1.5m。

（4）输入（或控制）模块安装技术要求

同一报警区域内的模块宜集中安装在金属箱内。模块（或金属箱）应独立支撑或固定，安装牢固，并应采取防潮、防腐蚀等措施。

（5）控制设备安装技术要求

1）火灾报警控制器、消防联动控制器等设备在墙上安装时，其底边距地（楼）面高度宜为 1.3～1.5m，其靠近门轴的侧面距墙不应小于 0.5m，正面操作距离不应小于 1.2m；落地安装时，其底边宜高出地（楼）面 0.1～0.2m。

2）控制器的主电源应直接与消防电源连接，严禁使用电源插头。控制器与其外接备用电源之间应直接连接。

（6）消防广播和警报装置安装技术要求

1）消防广播扬声器和警报装置宜在报警区域内均匀安装。

2）警报装置应安装在安全出口附近明显处，距地面 1.8m 以上。

3）警报装置与消防应急疏散指示标志不宜在同一面墙上，安装在同一面墙上时，距离应大于 1m。

（7）火灾自动报警系统调试要求

1）火灾自动报警系统的调试应在建筑内部装修和系统施工结束后进行。调试前应按设计要求查验设备的规格、型号、数量、备品备件等。

2）火灾自动报警系统调试，应先分别对探测器、区域报警控制器、集中报警控制器、火灾报警装置和消防控制设备等逐个进行单机检测，正常后方可进行系统调试。

3. 水灭火系统施工技术要求

（1）消火栓灭火系统施工技术要求

1）室内消火栓灭火系统

① 管径小于 100mm 的镀锌钢管宜采用螺纹连接，套丝扣时破坏的镀锌层表面及外露螺纹部分应做防腐处理；管径大于或等于 100mm 的镀锌钢管应采用法兰或沟槽式专用管

件连接，镀锌钢管与法兰的焊接处应二次镀锌。

② 消火栓的栓口应朝外，并不应安装在门轴侧。

③ 室内消火栓安装完成后，应取屋顶层（或水箱间内）试验消火栓和首层取两处消火栓做试射试验，达到设计要求为合格。

2）室外消火栓灭火系统

① 墙壁水泵接合器的安装应符合设计要求。设计无要求时，其安装高度距地面宜为0.7m；与墙面上的门、窗、孔、洞的净距离不应小于2.0m，且不应安装在玻璃幕墙下方。

② 系统安装完毕后必须进行水压试验，试验压力为工作压力的1.5倍，但不得小于0.6MPa。试验时在试验压力下10min内压力降不大于0.05MPa，然后降至工作压力进行检查，压力保持不变，不渗不漏，则水压试验合格。

（2）自动喷水灭火系统施工技术要求

1）消防水泵

消防水泵的出口管上应安装止回阀、控制阀和压力表，或安装控制阀、多功能水泵控制阀和压力表；系统的总出水管上还应安装压力表和泄压阀。

2）消防气压给水设备

气压罐的容积、气压、水位及工作压力应满足设计要求；给水设备的安装位置、进出水管方向应符合设计要求，出水管上应设止回阀，安装时其四周应设检修通道。

3）喷头

① 喷头安装应在系统试压、冲洗合格后进行。

② 安装时不得对喷头进行拆装、改动，并严禁给喷头附加任何装饰性涂层。

③ 喷头安装应使用专用扳手，严禁利用喷头的框架施拧。

④ 喷头的框架、溅水盘产生变形或释放原件损伤时，应采用规格、型号相同的喷头更换。

4）报警阀

① 报警阀的安装应在供水管网试压、冲洗合格后进行。

② 安装时先安装水源控制阀、报警阀，然后进行报警阀辅助管道的连接。

③ 水源控制阀、报警阀与配水干管的连接应使水流方向一致。

（3）高压细水雾灭火系统施工技术要求

1）储水瓶组、储气瓶组安装、固定和支撑应稳固，压力表应朝向操作面，安装高度和方向应一致。

2）当系统采用柱塞泵时，泵组安装后应充装润滑油并检查油位。

3）阀组安装位置应便于观察和操作。阀组上的启闭标志应便于识别，控制阀上应设置标明所控制防护区域的永久性标志牌。

4）喷头安装应在管道试压、吹扫合格后进行。喷头与管道的连接宜采用端面密封或O型圈密封，不应采用聚四氟乙烯、麻丝、胶粘剂等密封材料。

4. 气体灭火系统施工技术要求

（1）灭火剂储存装置

灭火剂储存装置上压力计、液位计、称重显示装置的安装位置应便于观察和操作。灭火剂储存装置安装后，泄压装置的泄压方向不应朝向操作面。低压二氧化碳灭火系统的安全阀应通过专用的泄压管接到室外。

（2）选择阀

选择阀的安装高度超过 1.7m 时应采取便于操作的措施。选择阀的流向指示箭头应指向介质流动方向。

（3）灭火剂输送管道

灭火剂输送管道安装完成后，应进行强度试验和气密性试验，并达到合格。

（4）喷嘴

安装在吊顶下的不带装饰罩的喷嘴，其连接管道的管端螺纹不应露出吊顶；安装在吊顶下的带装饰罩的喷嘴，其装饰罩应紧贴吊顶。

5. 泡沫灭火系统施工技术要求

（1）泡沫液储罐

泡沫液储罐的安装位置和高度应符合设计要求，当设计无规定时，泡沫液储罐周围应留有满足检修需要的通道，其宽度不宜小于 0.7m。

（2）泡沫比例混合器（装置）

1）平衡式比例混合器安装时，应竖直安装在压力水的水平管道上，并应在水和泡沫液进口的水平管道上分别安装压力表，且与平衡式比例混合器进口处的距离不宜大于 0.3m。分体平衡式比例混合器的平衡压力流量控制阀应竖直安装。

2）管线式比例混合器应安装在压力水的水平管道上或串接在消防水带上，并应靠近储罐或防护区，其吸液口与泡沫液储罐或泡沫液桶最低液位的高度不得大于 1.0m。

（3）管道安装

1）水平管道安装时，坡度、坡向应符合设计要求，且坡度不应小于设计值，当出现 U 形管时应有放空措施。

2）管道安装完毕应进行水压试验，试验压力为设计压力的 1.5 倍；试验前应将泡沫产生装置、泡沫比例混合器（装置）隔离。

（4）泡沫消火栓

1）地上式泡沫消火栓应垂直安装，其大口径出液口应朝向消防车道。

2）地下式泡沫消火栓应安装在消火栓井内的泡沫混合液管道上，并应有永久性明显标志，其顶部与井盖底面的距离不得大于 0.4m，且不应小于井盖半径。

3）室内泡沫消火栓的栓口方向宜向下或与设置泡沫消火栓的墙面成 90°。

6. 干粉灭火系统施工技术要求

（1）在电缆隧道内，将灭火装置安装在电缆隧道的顶部，喷口朝下或通过带有角度调整功能的支架使喷口朝向一侧的电缆桥架。

（2）在货架式储物仓库内，将灭火装置安装在每层货架的顶部，喷口朝下或通过带有角度调整功能的支架安装在仓库的顶部，使喷口朝向货架各层。

（3）在机电设备间内，将灭火装置安装在机电设备间的顶部，喷口朝下或通过带有角度调整功能的支架使喷口朝向机电设备的各个表面。

7. 防排烟系统施工技术要求

（1）排烟风管采用镀锌钢板时，板材厚度应按照高压风管系统的要求选定。

（2）防火风管的本体、框架与固定材料、密封垫料必须为不燃材料，其耐火极限时间应符合设计要求。

（3）防火阀和排烟阀（排烟口）必须符合有关消防产品标准的规定，并具有相应的产品合格证明文件，执行机构应进行动作试验，结果应符合产品说明书的要求。

（4）防火阀、排烟阀（排烟口）的安装方向、位置应正确。防火分区隔墙两侧的防火阀，距墙表面不应大于 200mm。防火阀直径或长边尺寸大于等于 630mm 时，应设置独立支吊架；排烟阀（排烟口）及手控装置（包括预埋套管）的位置应符合设计要求，预埋套管不得有凹陷。

（5）防排烟系统的柔性短管、密封垫料的制作材料必须为不燃材料。

（6）风管系统安装完成后，应按系统类别要求进行施工质量外观检验。合格后，应进行严密性检验。

8. 消防工程验收的规定与程序

（1）消防工程验收的规定

《中华人民共和国消防法》、《建设工程质量管理条例》和《建设工程消防监督管理规定》对消防设计、施工的质量责任，以及消防设计审核和申请消防验收、消防设计和竣工验收备案，作出了明确的规定。

具有下列情形之一的场所，建设单位应当向公安机关消防机构申请消防设计审核，并在建设工程竣工后向出具消防设计审核意见的公安机关消防机构申请消防验收。

1）人员密集场所

① 建筑总面积大于 2 万 m² 的体育场馆、会堂，公共展览馆、博物馆的展示厅。

② 建筑总面积大于 1.5 万 m² 的民用机场航站楼、客运车站候车室、客运码头候船厅。

③ 建筑总面积大于 1 万 m² 的宾馆、饭店、商场、市场。

④ 建筑总面积大于 2500m² 的影剧院，公共图书馆的阅览室，营业性室内健身、休闲场馆，医院的门诊楼，大学的教学楼、图书馆、食堂，劳动密集型企业的生产加工车间，寺庙、教堂。

⑤ 建筑总面积大于 1000m² 的托儿所、幼儿园的儿童用房，儿童游乐厅等室内儿童活动场所，养老院、福利院，医院、疗养院的病房楼，中小学校的教学楼、图书馆、食堂，学校的集体宿舍，劳动密集型企业的员工集体宿舍。

⑥ 建筑总面积大于 500m² 的歌舞厅、录像厅、放映厅、卡拉 OK 厅、夜总会、游艺厅、桑拿浴室、网吧、酒吧，具有娱乐功能的餐馆、茶馆、咖啡厅。

2）特殊建设工程

① 国家机关办公楼、电力调度楼、电信楼、邮政楼、防灾指挥调度楼、广播电视楼、档案楼。

② 单体建筑面积大于 4 万 m² 或者建筑高度超过 50m 的其他公共建筑。

③ 城市轨道交通、隧道工程，大型发电、变配电工程。

④ 生产、储存、装卸易燃易爆危险物品的工厂、仓库和专用车站、码头，易燃易爆气体和液体的充装站、供应站、调压站。

（2）消防工程验收所需资料及条件

1）消防工程验收所需资料

① 建设工程消防验收申报表。

② 经公安消防部门批准的建筑工程消防设计施工图纸、竣工图纸、工程竣工验收报告。

③ 消防设施产品合格证明文件。

④ 具有防火性能要求的建筑构件、建筑材料、装修材料符合国家标准或行业标准的证明文件、出厂合格证。

⑤ 建筑消防设施技术测试报告。

⑥ 施工、工程监理、检测单位的合法身份证明和资质等级证明文件。

⑦ 建设单位的工商营业执照等合法身份证明文件。

⑧ 法规、行政法规规定的其他材料。

2) 消防工程的验收条件

① 技术资料应完整、合法、有效。消防工程应严格按照现行的有关规程和规范施工。应具备设备布置平面图、施工详图、系统图、设计说明及设备随机文件。并应严格按照经过公安消防部门审核批准的设计图纸进行施工，不得随意更改。

② 完成消防工程合同规定的工作量和变更增减的工作量，具备分部工程的竣工验收条件。

③ 单位工程或与消防工程相关的分部工程已具备竣工验收条件或已进行验收。

④ 施工单位应提交：竣工图、设备开箱记录、施工记录（包括隐蔽工程验收记录）、设计变更记录、调试报告、竣工报告。

⑤ 建设单位应正式向当地公安消防部门提交申请验收报告并送交有关技术资料。

（3）消防工程验收的组织及程序

1) 消防工程验收的组织形式

① 消防工程验收由建设单位组织，监理单位主持，公安消防部门指挥，施工单位（土建、装饰、机电、消防专业等）具体操作，设计单位等参与。

② 组织防火监督检查、消防产品质量监督、灭火战训和建筑工程消防监督审核等部门的专业技术人员参加。

2) 消防工程验收程序

消防工程验收程序通常为验收受理、现场检查、现场验收、结论评定和工程移交等阶段。

① 验收受理

由建设单位向公安消防部门提出申请，要求对竣工工程进行消防验收，并提供有关书面资料，资料要真实有效，符合申报要求。

② 现场检查

现场检查主要是核查工程实体是否符合经审核批准的消防设计，内容包括房屋建筑的类别或生产装置的性质、各类消防设施的配备、建筑物总平面布置及建筑物内部平面布置、安全疏散通道和消防车通道的布置等。

③ 现场验收

公安消防部门安排用符合规定的工具、设备和仪表，依据国家工程建设消防技术标准对已安装的消防工程实行现场测试，并将测试结果形成记录，经参加现场验收的建设单位人员签字确认。

④ 结论评定

现场检查、现场验收结束后，依据消防验收有关评定规则，对检查、验收过程中形成的记录进行综合评定，得出验收结论，并形成《建筑工程消防验收意见书》。

⑤ 工程移交

消防验收完成后，由建设单位、监理单位和施工单位将整个工程移交给使用单位或生产单位。工程移交包括工程资料移交和工程实体移交两个方面。工程资料移交包括消防工程在设计、施工和验收过程中所形成的技术、经济文件。工程实体移交表明工程的保管要从施工单位转为使用单位或生产单位，应按工程承包合同约定办理工程实体移交手续。

3）施工过程中的消防验收

① 隐蔽工程消防验收

消防工程施工过程中的部分工程实体将被隐蔽起来，在整个工程建成后，其很难被检查和验收，这部分消防工程要在被隐蔽前进行消防验收，称为隐蔽工程消防验收。

② 粗装修消防验收

消防工程的主要设施已安装调试完毕，仅留下室内精装修时，称为粗装修消防验收。粗装修消防验收属于消防设施的功能性验收。验收合格后，尚不具备投入使用的条件。

③ 精装修消防验收

房屋建筑全面竣工，消防工程已按设计图纸全部安装完成并准备投入使用前的消防验收，称为精装修消防验收。验收合格后，房屋建筑具备投入使用的条件。

4）消防工程的验收与备案

① 消防验收的目的是检查工程竣工后其消防设施配置是否符合已获审核批准的消防设计的要求，验收的申报者和组织者是工程的建设单位，验收的主持者是监理单位，验收的操作指挥者是公安消防部门，验收的结果是判定工程是否可以投入使用或投入生产或需进行必要的整改。

② 大型的人员密集场所和其他特殊的建设工程，建设单位应当向公安消防部门申请消防验收；其他建设工程，建设单位在验收后应当报公安消防部门备案，公安消防部门应当进行抽查。

③ 依法应当进行消防验收的建设工程，未经消防验收或者消防验收不合格的，禁止投入使用；其他建设工程经依法抽查不合格的，应当停止使用。

第七节　机电安装工程新技术

2017 年 10 月住房和城乡建设部发布的《建筑业 10 项新技术（2017 版）》中，机电安装工程技术共有 11 部分。

一、基于 BIM 的管线综合技术

1. 技术特点

随着 BIM 技术的普及，其在机电管线综合技术应用方面的优势比较突出。丰富的模型信息库、与多种软件方便的数据交换接口，成熟、便捷的可视化应用软件等，比传统的管线综合技术有了较大的提升。

2. 深化设计及设计优化

机电工程施工中，许多工程的设计图纸由于诸多原因，设计深度往往满足不了施工的需要，施工前尚需进行深化设计。机电系统各种管线错综复杂，管路走向密集交错，若在施工中发生碰撞情况，则会出现拆除返工现象，甚至会导致设计方案的重新修改，不仅浪费材料、延误工期，还会增加项目成本。基于BIM技术的管线综合技术可将建筑、结构、机电等专业模型整合，可很方便地进行深化设计，再根据建筑专业要求及净高要求将综合模型导入相关软件进行机电专业和建筑、结构专业的碰撞检查，根据碰撞报告结果对管线进行调整、避让建筑结构。机电本专业的碰撞检测，是在根据"机电管线排布方案"建模的基础上对设备和管线进行综合布置并调整，从而在工程开始施工前发现问题，通过深化设计及设计优化，使问题在施工前得以解决。

3. 多专业施工工序协调

暖通、给水排水、消防、强弱电等各专业由于受施工现场、专业协调、技术差异等因素的影响，不可避免地存在很多局部的、隐性的专业交叉问题，各专业在建筑某些平面、立面位置上产生交叉、重叠，无法按施工图作业或施工顺序倒置，造成返工，这些问题有些是无法通过经验判断来及时发现并解决的。通过BIM技术的可视化、参数化、智能化特性，进行多专业碰撞检查、净高控制检查和精确预留预埋，或者利用基于BIM技术的4D施工管理，对施工工序过程进行模拟，对各专业进行事先协调，可以很容易地发现和解决碰撞点，减少因不同专业沟通不畅而产生技术错误，大大减少返工，节约施工成本。

4. 施工模拟

利用BIM施工模拟技术，使得复杂的机电施工过程变得简单、可视、易懂。

BIM4D虚拟建造形象直观、动态模拟施工阶段过程和重要环节施工工艺，将多种施工及工艺方案的可实施性进行比较，为最终方案优选决策提供支持。采用动态跟踪可视化施工组织设计（4D虚拟建造）的实施情况，对于设备、材料到货情况进行预警，同时通过进度管理，将现场实际进度完成情况反馈回"BIM信息模型管理系统"中，与计划进行对比、分析及纠偏，实现施工进度控制管理。

基于BIM技术对施工进度可实现精确计划、跟踪和控制，动态地分配各种施工资源和场地，实时跟踪工程项目的实际进度，并通过计划进度与实际进度进行比较，及时分析偏差对工期的影响程度以及产生的原因，采取有效措施，实现对项目进度的控制。

5. BIM综合管线的实施流程

设计交底及图纸会审→了解合同技术要求、征询业主意见→确定BIM深化设计内容及深度→制定BIM出图细则和出图标准、各专业管线优化原则→制定BIM详细的深化设计图纸送审及出图计划→机电初步BIM深化设计图提交→机电初步BIM深化设计图总包审核、协调、修改→图纸送监理、业主审核→机电综合管线平剖面图、机电预留预埋图、设备基础图、吊顶综合平面图绘制→图纸送监理、业主审核→BIM深化设计交底→现场施工→竣工图制作。

6. 技术指标

综合管线布置与施工技术应符合《建筑给水排水设计规范》GB 50015、《工业建筑供暖通风与空气调节设计规范》GB 50019、《民用建筑电气设计规范》JGJ 16、《建筑通风和排烟系统用防火阀门》GB 15930、《自动喷水灭火系统设计规范》GB 50084、《建筑给水排水及采暖工程施工质量验收规范》GB 50242、《通风与空调工程施工质量验收规范》GB 50243、《电气装置安装工程 低压电器施工及验收规范》GB 50254、《给水排水管道工程施工及验收规范》GB 50268、《智能建筑工程施工规范》GB 50606、《消防给水及消火栓系统技术规范》GB 50974、《综合布线系统工程设计规范》GB 50311。

7. 适用范围

适用于工业与民用建筑工程、城市轨道交通工程、电站等所有在建及扩建项目。

二、导线连接器应用技术

1. 技术特点

通过螺纹、弹簧片以及螺旋钢丝等机械方式，对导线施加稳定可靠的接触力。按结构分为螺纹型连接器、无螺纹型连接器（包括通用型和推线式两种结构）和扭接式连接器，其工艺特点见表3-10，能确保导线连接所必需的电气连续、机械强度、保护措施以及检测维护4项基本要求。

符合 GB 13140 系列标准的导线连接器产品特点说明　　　　表 3-10

比较项目	无螺纹型		扭接式	螺纹型
	通用型	推线式		
连接原理图例				
制造标准代号	GB 13140.3		GB 13140.5	GB 13140.2
连接硬导线（实心或绞合）	适用		适用	适用
连接未经处理的软导线	适用	不适用	适用	适用
连接焊锡处理的软导线	适用	适用	适用	不适用
连接器是否参与导电	参与		不参与	参与/不参与
IP 防护等级	IP20		IP20 或 IP55	IP20
安装工具	徒手或使用辅助工具		徒手或使用辅助工具	普通螺丝刀
是否重复使用	是		是	是

2. 施工工艺

（1）安全可靠：应该是很成熟的，长期实践已证明此工艺的安全性与可靠性。

（2）高效：由于不借助特殊工具、可完全徒手操作，使安装过程快捷，平均每个电气连接耗时仅 10s，为传统焊锡工艺的 1/30，节省人工和安装费用。

（3）可完全代替传统焊锡工艺，不再使用焊锡、焊料、加热设备，消除了虚焊与假焊，导线绝缘层不再受焊接高温影响，避免了高举熔融焊锡操作的危险，接点质量一致性好，没有焊接烟气造成的工作场所环境污染。

3. 主要施工方法

（1）根据被连接导线的截面积、导线根数、软硬程度，选择正确的导线连接器型号。

（2）根据连接器型号所要求的剥线长度，剥除导线绝缘层。

（3）按图 3-1 所示，安装或拆卸无螺纹型连接器。

（4）按图 3-2 所示，安装或拆卸扭接式连接器。

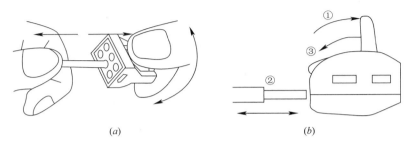

图 3-1　无螺纹型连接器安装或拆卸示意图

（a）推线式连接器安装或拆卸示意图；（b）通用型连接器安装或拆卸示意图

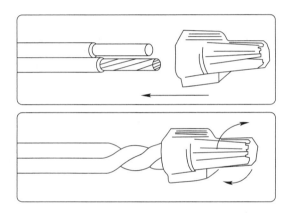

图 3-2　扭接式连接器安装或拆卸示意图

4．技术指标

《建筑电气工程施工质量验收规范》GB 50303、《建筑电气细导线连接器应用技术规程》CECS 421、《低压电气装置　第 5-52 部分：电气设备的选择和安装　布线系统》GB 16895.6、《家用和类似用途低压电路用的连接器件》GB 13140。

5．适用范围

适用于额定电压交流 1kV 及以下和直流 1.5kV 及以下建筑电气细导线（6mm² 及以下的铜导线）的连接。

三、可弯曲金属导管安装技术

1．技术内容

可弯曲金属导管内层为热固性粉末涂料，粉末通过静电喷涂均匀吸附在钢带上，经 200℃ 高温加热液化再固化，形成质密又稳定的涂层，涂层自身具有绝缘、防腐、阻燃、耐磨损等特性，厚度为 0.03mm。可弯曲金属导管是我国建筑材料行业新一代电线电缆外保护材料，已被编入设计、施工与验收规范，大量应用于建筑电气工程的强电、弱电、消防系统，明敷和暗敷场所，逐步成为一种较理想的电线电缆外保护材料。

2. 技术特点

（1）可弯曲度好：优质钢带绕制而成，用手即可弯曲定型，减少机械操作工艺；

（2）耐腐蚀性强：材质为热镀锌钢带，内壁喷附树脂层，双重防腐；

（3）使用方便：裁剪、敷设快捷高效，可任意连接，管口及管材内壁平整光滑，无毛刺；

（4）内层绝缘：采用热固性粉末涂料，与钢带结合牢固且内壁绝缘；

（5）搬运方便：圆盘状包装，质量为同米数传统管材的 1/3，搬运方便；

（6）机械性能：双扣螺旋结构，异形截面，抗压、抗拉伸性能达到《电缆管理用导管系统　第 1 部分：通用要求》GB/T 20041.1 的分类代码 4 重型标准。

3. 施工工艺

可弯曲金属导管基本型采用双扣螺旋结构、内层静电喷涂技术，防水型和阻燃型在基本型的基础上包覆防水、阻燃护套。使用时徒手施以适当的力即可将可弯曲金属导管弯曲到需要的程度，连接附件使用简单工具即可将导管等连接可靠。

（1）明装的可弯曲金属导管固定点间距应均匀，管卡与设备、器具、弯头中点、管端等边缘的距离应小于 0.3m；

（2）暗装的可弯曲金属导管，应敷设在两层钢筋之间，并与钢筋绑扎牢固。管子绑扎点间距不宜大于 0.5m，绑扎点距盒（箱）不应大于 0.3m。

4. 主要性能

（1）电气性能：导管两点间过渡电阻小于 0.05Ω 标准值；

（2）抗压性能：1250N 压力下扁平率小于 25%，可达到《电缆管理用导管系统　第 1 部分：通用要求》GB/T 20041.1 分类代码 4 重型标准要求；

（3）拉伸性能：1000N 拉伸荷重下，重叠处不开口（或保护层无破损），可达到《电缆管理用导管系统　第 1 部分：通用要求》GB/T 20041.1 分类代码 4 重型标准要求；

（4）耐腐蚀性：浸没在 1.186kg/L 的硫酸铜溶液中，可达到《电缆管理用导管系统　第 1 部分：通用要求》GB/T 20041.1 分类代码 4 内外均高标准要求；

（5）绝缘性能：导管内壁绝缘电阻值不低于 $50M\Omega$。

5. 技术规范/标准

《建筑电气用可弯曲金属导管》JG/T 526、《电缆管理用导管系统　第 1 部分：通用要求》GB/T 20041.1、《电缆管理用导管系统　第 22 部分：可弯曲导管系统的特殊要求》GB 20041.22、《民用建筑电气设计规范》JGJ 16、《1kV 及以下配线工程施工与验收规范》GB 50575、《低压配电设计规范》GB 50054、《火灾自动报警系统设计规范》GB 50116 和《建筑电气工程施工质量验收规范》GB 50303。

6. 适用范围

适用于建筑物室内外电气工程的强电、弱电、消防等系统的明敷和暗敷场所的电气配管及作为导线、电缆末端与电气设备、槽盒、托盘、梯架、器具等连接的电气配管。

四、工业化成品支吊架技术

1. 技术内容

装配式成品支吊架由管道连接的管夹构件、建筑结构连接的锚固件以及将这两种结构件连接起来的承载构件、减震（振）构件、绝热构件以及辅助安装件构成。该技术满足不同规格的风管、桥架、工艺管道的应用，特别是在错综复杂的管路定位和狭小管井、吊顶施工中，更可发挥灵活组合技术的优越性。近年来，在机场、大型工业厂房等领域已开始应用复合式支吊架技术，可以相对有效地化解管线集中安装与空间紧张的矛盾。复合式管线支吊架系统具有吊杆不重复、与结构连接点少、空间节约、后期管线维护简单、扩容方便、整体质量及观感好等特点。特别是《建筑机电工程抗震设计规范》GB 50981 的实施，采用成品抗震支吊架系统成为必选。

2. 技术特点

根据 BIM 模型确认的机电管线排布，通过数据库快速导出支吊架形式，从供应商的产品手册中选择相应的成品支吊架组件，或经过强度计算，根据结果进行支吊架型材选型、设计，工厂制作装配式组合支吊架，在施工现场仅需简单机械化拼装即可成型，减少现场测量、制作工序，降低材料损耗率和安全隐患，实现施工现场绿色、节能。

主要技术先进性在于：

（1）标准化：产品由一系列标准化构件组成，所有构件均采用成品，或由工厂采用标准化生产工艺，在全程、严格的质量管理体系下批量生产，产品质量稳定，且具有通用性和互换性；

（2）简易安装：一般只需 2 人即可进行安装，技术要求不高，安装操作简易、高效，明显降低劳动强度；

（3）施工安全：施工现场无电焊作业产生的火花，从而消灭了施工过程中的火灾事故隐患；

（4）节约能源：由于主材选用的是符合国际标准的轻型 C 型钢，在确保其承载能力的前提下，所用的 C 型钢质量相对于传统支吊架所用的槽钢、角钢等材料可减轻 15%～20%，明显减少了钢材使用量，从而节约了能源消耗；

（5）节约成本：由于采用标准件装配，可减少安装施工人员；现场无需电焊机、钻床、氧气乙炔装置等施工设备投入，能有效节约施工成本；

（6）保护环境：无需现场焊接、无需现场刷油漆等作业，因而不会产生弧光、烟雾、异味等多重污染；

（7）坚固耐用：经专业的技术选型和机械力学计算，且考虑足够的安全系数，确保其承载能力的安全可靠；

（8）安装效果美观：安装过程中，由专业公司提供全程、优质的服务，确保精致、简约的外观效果。

3. 施工工艺

（1）吊架和支架安装应保持垂直，整齐牢固，无歪斜现象。

（2）支吊架安装要根据管子位置，找平、找正、找标高，生根要牢固，与管子接合要稳固。

（3）吊架要按施工图锚固于主体结构，要求拉杆无弯曲变形，螺纹完整且与螺母配合良好、牢固。

（4）在混凝土基础上，用膨胀螺栓固定支吊架时，膨胀螺栓的打入必须达到规定的深度，特殊情况需做拉拔试验。

（5）管道的固定支架应严格按照设计图纸安装。

（6）导向支架和滑动支架的滑动面应洁净、平整，滚珠、滚轴、托滚等活动零件与其支撑件应接触良好，以保证管道能自由膨胀。

（7）所有活动支架的活动部件均应裸露，不应被保温层覆盖。

（8）有热位移的管道，在受热膨胀时，应及时对支吊架进行检查与调整。

（9）恒作用力支吊架应按设计要求进行安装调整。

（10）支架装配时应先整型后，再上锁紧螺栓。

（11）支吊架调整后，各连接件的螺杆丝扣必须带满，锁紧螺母应锁紧，防止松动。

（12）支架间距应按设计要求正确装设。

（13）支吊架安装应与管道安装同步进行。

（14）支吊架安装完毕后应将支架擦拭干净，所有暴露的槽钢端均需装上封盖。

4. 技术指标

国家建筑标准设计图集《室内管道支架及吊架》03S402、《金属、非金属风管支吊架（含抗震支吊架）》19K112、《电缆桥架安装》04D701-3、《装配式室内管道支吊架的选用与安装》16CK208（参考图集）。其他应符合《管道支吊架》GB/T 17116、《建筑机电工程抗震设计规范》GB 50981 的相关要求。

5. 适用范围

适用于工业与民用建筑工程中多种管线在狭小空间场所布置的支吊架安装，特别适用于建筑工程的走道、地下室及走廊等管线集中的部位、综合管廊建设的管道、电气桥架管线、风管等支吊架的安装。

五、机电管线及设备工厂化预制技术

1. 技术内容

工厂模块化预制技术是将建筑给水排水、采暖、电气、智能化、通风与空调工程等领域的建筑机电产品按照模块化、集成化的思想，从设计、生产到安装和调试深度结合集成，通过这种模块化及集成技术对机电产品进行规模化的预加工，工厂化流水线制作生产，从而实现建筑机电安装标准化、产品模块化及集成化。利用这种技术，不仅能提高生产效率和质量水平，降低建筑机电工程建造成本，还能减少现场施工工程量、缩短工期、减少污染、实现建筑机电安装全过程绿色施工。如：

（1）管道工厂化预制施工技术：采用软件硬件一体化技术，详图设计采用"管道预制设计系统"软件，实现管道单线图和管段图的快速绘制；预制管道采用"管道预制安装管理系统"软件，实现预制全过程、全方位的信息管理。采用机械坡口、自动焊接，并使用厂内物流系统整个预制过程形成流水线作业，提高了工作效率。可采用移动工作站预制技术，运用自动切割、坡口、滚槽、焊接机械和辅助工装，快速组装形成预制工作站，在施工现场建立作业流水线，进行管道加工和焊接预制。

（2）对于机房机电设施采用标准的模块化设计，使泵组、冷水机组等设备形成自成支撑体系的、便于运输安装的单元模块。采用模块化制作技术和施工方法，改变了传统施工现场放样、加工焊接连接作业的方法。

（3）将大型机电设备拆分成若干单元模块制作，在工厂车间进行预拼装、现场分段组装。

（4）对厨房、卫生间排水管道进行同层模块化设计，形成一套排水节水装置，以便于实现建筑排水系统工厂化加工、批量性生产以及快速安装；同时有效解决厨房、卫生间排水管道漏水、出现异味等问题。

（5）主要工艺流程：研究图纸→BIM 分解优化→放样、下料、预制→预拼装→防腐→现场分段组对→安装就位。

2. 技术指标

（1）将建筑机电产品现场制作安装工作前移，实现工厂加工与现场施工平行作业，减少施工现场时间和空间的占用。

（2）模块适用尺寸：公路运输控制在 3100mm×3800mm×18000mm 以内；船运控制在 6000mm×5000mm×50000mm 以内。若模块在港口附近安装，无运输障碍，模块尺寸可根据实际情况进一步加大。

（3）模块重量要求：公路运输一般控制在 40t 以内，模块重量也应根据施工现场起重设备的实际情况有所调整。

3. 适用范围

适用于大、中型民用建筑工程、工业工程、石油化工工程的设备、管道、电气安装，尤其适用于高层的办公楼、酒店、住宅。

六、薄壁金属管道新型连接安装施工技术

1. 铜管机械密封式连接

（1）卡套式连接：一种较为简便的施工方式，操作简单，掌握方便，是施工中常见的连接方式，连接时只要管子切口的端面能与管子轴线保持垂直，并将切口处毛刺清理干净，管件装配时卡环的位置正确，并将螺母旋紧，就能实现铜管的严密连接，主要适用于管径 50mm 以下的半硬铜管的连接。

（2）插接式连接：一种最简便的施工方式，只要将切口的端面与管子轴线保持垂直并去除毛刺，用力插入管件到底即可，此种连接方法是靠专用管件中的不锈钢夹固圈将钢壁禁锢在管件内，利用管件内与铜管外壁紧密配合的 O 型橡胶圈来实施密封的，主要适用于管径 25mm 以下的铜管的连接。

（3）压接式连接：一种较为先进的施工方式，操作也较简单，但需配备专用的且规格齐全的压接机械。连接时管子的切口端面与管子轴线保持垂直，并去除管子的毛刺，然后将管子插入管件到底，再用压接机械将铜管与管件压接成一体。此种连接方法是利用管件凸缘内的橡胶圈来实施密封的，主要适用于管径 50mm 以下的铜管的连接。

2. 薄壁不锈钢管机械密封式连接

（1）卡压式连接：配管插入管件承口（承口 U 形槽内带有橡胶密封圈）后，用专用卡压工具压紧管口形成六角形而起密封和紧固作用的连接方式。

（2）卡凸式螺母型连接：以专用扩管工具在薄壁不锈钢管端的适当位置，由内壁向外（径向）辊压使管子形成一道凸缘环，然后将带锥台形三元乙丙密封圈的管子插进带有承插口的管件中，拧紧锁紧螺母时，靠凸缘环推进压缩三元乙丙密封圈而起密封作用。

（3）环压式连接：环压式连接是一种永久性机械连接，首先将套好密封圈的管材插入

管件内，然后使用专用工具对管件与管材的连接部位施加足够大的径向压力使管件、管材发生形变，并使管件密封部位形成一个封闭的密封腔，然后再进一步压缩密封腔的容积，使密封材料充分填充整个密封腔，从而实现密封，同时将管件嵌入管材使管材与管件牢固连接。

3. 技术指标

应按设计要求的标准执行，无设计要求时，按《建筑给水排水及采暖工程施工质量验收规范》GB 50242、《建筑铜管管道工程连接技术规程》CECS 228 和《薄壁不锈钢管道技术规范》GB/T 29038 执行。

4. 适用范围

适用于给水、热水、饮用水、燃气等管道的安装。

七、内保温金属风管施工技术

1. 技术特点

内保温金属风管是在传统镀锌薄钢板法兰风管制作过程中，在风管内壁粘贴保温棉，风管口径为粘贴保温棉后的内径，并且可通过数控流水线实现全自动生产。该技术的运用，省去了风管现场保温施工工序，有效提高了现场风管安装效率，且风管采用全自动生产流水线加工，产品质量可控。

2. 施工工艺

相对普通薄钢板法兰风管的制作流程，在风管咬口制作和法兰成型后，为贴附内保温材料，多了喷胶、贴棉和打钉三个步骤，然后进行板材的折弯和合缝，其他步骤两者完全相同。这三个工序被整合到了整套流水线中，生产效率几乎与普通薄钢板法兰风管相当。为防止保温棉被吹散，要求金属风管内壁涂胶满布率90％以上，管内气流速度不得超过20.3m/s。此外，内保温金属风管还有以下施工要点，如表3-11所示。

内保温金属风管的施工要点　　　　　　　　　　　　　　表3-11

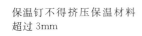

保温钉不得挤压保温材料超过 3mm	风管两端安装有 C 型 PVC 挡风条，以防止漏风，同时防止产生冷桥现象	法兰高度等于玻璃纤维内衬风管法兰高度加上内衬厚度	挡风条宽度为内衬风管法兰高度加上内衬厚度

（1）在安装内衬风管之前，首先要检查风管内衬的涂层是否存在破损，有无受到污染等，若发现以上情况需进行修补或者直接更换一节完好的风管进行安装。

（2）内衬风管的安装与薄钢板法兰风管安装工艺基本一致，先安装风管支吊架，风管支吊架间距按相关规定执行，风管可根据现场实际情况采取逐节吊装或者在地面拼装一定长度后整体吊装。

（3）内保温风管与外保温风管、设备以及风阀等连接时，法兰高度可按表3-11的要求进行调整，或者采用大小头连接。

（4）风管安装完毕后进行漏风量测试，要注意的是，导致风管严密性不合格的主要因素在于风管挡风条的安装与法兰边没有对齐，以及没有选用合适宽度的法兰垫料或者垫料粘贴时不够规范。

（5）风管运输及安装过程中应注意防潮、防尘。

3. 技术指标

（1）风管系统强度及严密性指标，应满足《通风与空调工程施工质量验收规范》GB 50243 的要求；

（2）风管系统保温及耐火性能指标，应分别满足《通风与空调工程施工质量验收规范》GB 50243 和《通风管道技术规程》JGJ/T 141 的要求；

（3）内保温金属风管的制作与安装，可参考国家建筑标准设计图集《非金属风管制作与安装》15K114 的相关规定；

（4）内衬保温棉及其表面涂层，应当采用不燃材料，采用的胶粘剂应为环保无毒型。

4. 适用范围

适用于低、中压空调系统风管的制作安装，净化空调系统、防排烟系统等除外。

八、金属风管预制安装施工技术

1. 金属矩形风管薄钢板法兰连接技术

（1）技术特点

金属矩形风管薄钢板法兰连接技术，代替了传统角钢法兰连接技术，已在国外有多年的发展和应用并形成了相应的规范和标准。采用薄钢板法兰连接技术不仅能节约材料，而且通过新型自动化设备生产使得生产效率提高、制作精度高、风管成型美观、安装简便，相比传统角钢法兰连接技术可节约劳动力 60% 左右，节约型钢、螺栓 65% 左右，而且由于不需防腐施工，减少了对环境的污染，具有较好的经济、社会与环境效益。

（2）施工工艺

金属矩形风管薄钢板法兰连接技术，根据加工形式不同分为两种：一种是法兰与风管壁为一体的形式，称之为"共板法兰"；另一种是薄钢板法兰用专用组合式法兰机制作成法兰的形式，根据风管长度下料后，插入制作好的风管管壁端部，再用铆（压）接连为一体，称之为"组合式法兰"。通过共板法兰风管自动化生产线，完成卷材开卷、板材下料、冲孔（倒角）、辊压咬口、辊压法兰、折方等工序，制成半成品薄钢板法兰直风管管段。风管三通、弯头等异形配件通过数控等离子切割设备自动下料。

1）薄钢板法兰风管板材厚度为 0.5～1.2mm，风管下料宜采用单片、L 形或口形方式。金属风管板材连接形式有：单咬口（适用于低、中、高压系统）、联合角咬口（适用于低、中、高压系统矩形风管及配件四角咬接）、转角咬口（适用于低、中、高压系统矩形风管及配件四角咬接）、按扣式咬口（适用于低、中压矩形风管或配件四角咬接、低压圆形风管）。

2）当风管大边尺寸、长度及单边面积超出规定的范围时，应对其进行加固，加固方式有通丝加固、套管加固、Z 形加固、V 形加固等方式。

3）风管制作完成后，进行四个角连接件的固定，角件与法兰四角接口的固定应稳固、紧贴、端面应平整。固定完成后需要打密封胶，密封胶应保证弹性、粘着和防霉特性。

4）薄钢板法兰风管的连接方式应根据工作压力及风管尺寸大小合理选用，用专用工具将法兰弹簧卡固定在两节风管法兰处，或用顶丝卡固定两节风管法兰，弹簧卡、顶丝卡不应有松动现象。

（3）技术指标

应符合《通风与空调工程施工质量验收规范》GB 50243、《通风与空调工程施工规范》GB 50738、《通风管道技术规程》JGJ 141 的相关规定。

（4）适用范围

金属矩形风管薄钢板法兰连接技术适用于通风空调系统中工作压力不大于 1500Pa 的非防排烟系统、风管边长尺寸不大于 1500mm（加固后为 2000mm）的薄钢板法兰矩形风管的制作与安装；对于风管边长尺寸大于 2000mm 的风管，应根据《通风管道技术规程》JGJ/T 141 采用角钢或其他形式的法兰风管。采用薄钢板法兰风管时，应由设计院与施工单位研究制定措施满足风管的强度和变形量要求。

2. 金属圆形螺旋风管制安技术

（1）技术特点

螺旋风管又称螺旋咬缝薄壁管，由条带形薄板螺旋卷绕而成，与传统金属风管（矩形或圆形）相比，具有无焊接、密封性能好、强度刚度好、通风阻力小、噪声低、造价低、安装方便、外形美观等特点。根据使用材料的材质不同，主要有镀锌螺旋风管、不锈钢螺旋风管、铝螺旋风管。

螺旋风管制安机械自动化程度高、加工制作速度快，在发达国家已得到了长足的发展。

（2）施工工艺

金属圆形螺旋风管采用流水线生产，取代了手工制作风管的全部程序和进程，使用宽度为 138mm 的金属卷材为原料，以螺旋的方式实现卷圆、咬口、合缝压实一次顺序完成，加工速度为 4～20m/min。金属圆形螺旋风管一般是以 3～6m 为标准长度。弯头、三通等各类管件采用等离子切割机下料，直接输入管件相关参数即可精确快速切割管件展开板料；用缀缝焊机闭合板料和拼接各类金属板材，接口平整，不破坏板材表面；用圆形弯头成形机自动进行弯头咬口合缝，速度快，合缝密实平滑。

螺旋风管的螺旋咬缝，可以作为加强筋，增加风管的刚性和强度。直径 1000mm 以下的螺旋风管可以不另设加固措施；直径大于 1000mm 的螺旋风管可在每两个咬缝之间再增加一道楞筋，作为加固方法。

金属圆形螺旋风管通常采用承插式芯管连接及法兰连接。承插式芯管用与螺旋风管同材质的宽度为 138mm 的金属钢带卷圆，在芯管中心轧制宽 5mm 的楞筋，两侧轧制密封槽，内嵌阻燃 L 型密封条。制作方式如图 3-3 所示，制作技术要求见表 3-12。

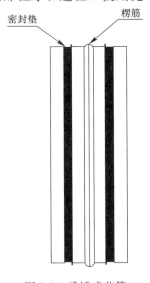

图 3-3　承插式芯管制作示意图

内接制作技术要求 表 3-12

接管口径（mm）	内接板厚（mm）	内接口径（mm）
500	1.0	498
600	1.0	598
700	1.0	698
800	1.2	798
900	1.2	898
1000	1.2	998
1200	1.75	1196
1400	1.75	1396
1600	2.0	1596
1800	2.0	1796
2000	2.0	1996

采用法兰连接时，将圆法兰内接于螺旋风管。法兰外边略小于螺旋风管内径 1～2mm，同规格法兰具有可换性。法兰连接多用于防排烟系统，采用不燃的耐温防火填料，相比芯管连接密封性能更好。

（3）主要施工方法

1）划分管段：根据施工图和现场实际情况，将风管系统划分为若干管段，并确定每段风管的连接管件和长度，尽量减少空中接口数量。

2）芯管连接：将连接芯管插入金属螺旋风管一端，直至插入楞筋位置，从内向外用铆钉固定。

3）风管吊装：金属螺旋风管支架间距约为 3～4m，每吊装一节螺旋风管设一个支架，风管吊装后用扁钢抱箍托住风管，根据支吊架固定点的结构形式设置一个或者两个吊点，将风管调整就位。

4）风管连接：芯管连接时，将金属螺旋风管的连接芯管端插入另一节未连接芯管端，均匀推进，直至插入楞筋位置，连接缝用密封胶密封处理。法兰连接时，将两节风管调整角度，直至法兰的螺栓孔对准，连接螺栓，螺栓需安装在同侧。

5）风管测试：根据风管系统的工作压力做漏光检测及漏风量检测。

（4）技术指标

应符合《通风与空调工程施工质量验收规范》GB 50243、《通风与空调工程施工规范》GB 50738、《通风管道技术规程》JGJ/T 141 的相关规定。

（5）适用范围

适用于送风、排风、空调风及防排烟系统金属圆形螺旋风管制作安装。

1）用于送风、排风系统时，应采用承插式芯管连接方式；

2）用于空调送回风系统时，应采用双层螺旋保温风管，内芯管外抱箍连接方式；

3）用于防排烟系统时，应采用法兰连接方式。

九、超高层垂直高压电缆敷设技术

1. 技术特点

在超高层供电系统中，有时采用一种特殊结构的高压垂吊式电缆，这种电缆不论多长多重，都能靠自身支撑自重，解决了普通电缆在长距离的垂直敷设中容易被自身重量拉伤的问题。它由上水平敷设段、垂直敷设段、下水平敷设段组成，其结构为：电缆在垂直敷设段带有 3 根钢丝绳，并配吊装圆盘，钢丝绳用扇形塑料包覆，与三根电缆芯绞合，水平敷设段电缆不带钢丝绳。吊装圆盘为整个吊装电缆的核心部件，由吊环、吊具本体、连接螺栓和钢板卡具组成，其作用是在电缆敷设时承担吊具的功能并在电缆敷设到位后承载垂直段电缆的全部重量，电缆承重钢丝绳与吊具连接采用锌铜合金浇铸工艺。

2. 施工工艺

（1）利用多台卷扬机吊运电缆，采用自下而上垂直吊装敷设的方法。

（2）对每个井口的尺寸及中心垂直偏差进行测量，并安装槽钢台架。

（3）设计穿井梭头，用以扶住吊装圆盘，让其顺利穿过井口。

（4）吊装卷扬机布置在电气竖井的最高设备层或以上楼面，除吊装最高设备层的高压垂吊式电缆外，还要考虑吊装同一井道内其他设备层的高压垂吊式电缆。

（5）架设专用通信线路，在电气竖井内每一层备有电话接口。指挥人、主吊操作人、放盘区负责人还必须配备对讲机。

（6）电气竖井内要设置临时照明。

（7）电缆盘至井口应设有缓冲区和下水平段电缆脱盘后的摆放区，面积大约 30～40 ㎡。架设电缆盘的起重设备通常从施工现场在用的塔式起重机、汽车式起重机、履带式起重机等起重设备中选择。

（8）吊装过程：选用有垂直受力锁紧特性的活套型网套，同时为确保吊装安全可靠，设一根直径 12.5mm 的保险附绳，当上水平段电缆全部吊起后，将主吊绳与吊装圆盘连接，同时将垂直段电缆钢丝绳与吊装圆盘连接。当吊装圆盘连接后，组装穿井梭头。在吊装过程中，在电气竖井井口安装防摆动定位装置，可以有效地控制电缆摆动。将上水平段电缆与主吊绳并拢，自下而上每隔 2m 捆绑，直至绑到电缆头，吊运上水平段和垂直段电缆。吊装圆盘在槽钢台架上固定后，还要对其辅助吊挂，目的是使电缆固定更为安全可靠。在吊装圆盘及其辅助吊索安装完成后，电缆处于自重垂直状态下，将每个楼层井口的电缆用抱箍固定在槽钢台架上。水平段电缆通常采用人力敷设。在桥架水平段每隔 2m 设置一组滚轮。

3. 技术要求

电缆型号、电压及规格应符合设计要求。核实电缆生产编号、订货长度、电缆位号，做到敷设准确无误；电缆外观无损伤，电缆密封应严密；电缆应做耐压和泄漏试验，试验标准应符合国家标准和规范的要求，电缆敷设前还应用 2.5kV 摇表测量绝缘电阻是否合格。

4. 适用范围

适用于超高层建筑的电气垂直井道内的高压电缆吊运敷设。

十、机电消声减振综合施工技术

1. 技术特点

机电消声减振综合施工技术是实现机电系统设计功能的保障。随着建筑工程机电系统功能需求的不断增加，越来越多的机电系统设备（设施）被应用到建筑工程中。这些机电设备（设施）在丰富建筑功能、改善人文环境、提升使用价值的同时，也带来一系列的负面影响，如机电设备在运行过程中产生及传播的噪声和振动给使用者带来难以接受的困扰，甚至直接影响到人身健康等。

2. 施工工艺

噪声及振动的频率低，空气、障碍物以及建筑结构等对噪声及振动的衰减作用非常有限（一般建筑构建物噪声衰减量仅为 0.02～0.2dB/m），因此必须在机电系统设计与施工前，对机电系统噪声及振动产生的源头、传播方式与传播途径、受影响因素及产生的后果等进行细致分析，制定消声减振措施方案，对其中的关键环节加以适度控制，从而实现对机电系统噪声和振动的有效防控。具体实施工艺包括：对机电系统进行消声减振设计，选用低噪、低振设备（设施），改变或阻断噪声与振动的传播路径以及引入主动式消声抗振工艺等。

3. 主要施工方法

（1）优化机电系统设计方案，对机电系统进行消声减振设计。机电系统设计时，在结构及建筑分区的基础上充分考虑满足建筑功能的合理机电系统分区，为需要进行严格消声减振控制的功能区设计独立的机电系统，根据系统消声、减振需要，确定设备（设施）技术参数及控制流体流速，同时避免其他机电设施穿越。

（2）在机电系统设备（设施）选型时，优先选用低噪、低振的机电设备（设施），如箱式设备、变频设备、缓闭式设备、静音设备，以及高效率、低转速设备等。

（3）机电系统安装过程中，在进行深化设计时要充分考虑系统消声、减振功能需要，通过隔声、吸声、消声、隔振、阻尼等处理方法，在机电系统中设置消声减振设备（设施），改变或阻断噪声与振动的传播路径。如设备采用浮筑基础、减振浮台及减振器等隔声隔振构造，管道与结构、管道与设备、管道与支吊架及支吊架与结构（包括钢结构）之间采用消声减振的隔离隔断措施，如套管、避振器、隔离衬垫、柔性软接、避振喉等。

（4）引入主动式消声抗振工艺。在机电系统深化设计中，针对系统消声减振需要引入主动式消声抗振工艺，扰动或改变机电系统固有噪声、振动频率及传播方向，达到消声抗振的目的。

4. 技术指标

按设计要求的标准执行；当无设计无要求时，参照《声环境质量标准》GB 3096、《城市区域环境振动标准》GB 10070、《民用建筑隔声设计规范》GB 50118、《隔振设计规范》GB 50463、《建筑工程容许振动标准》GB 50868、《环境噪声与振动控制工程技术导则》HJ 2034、《剧场、电影院和多用途厅堂建筑声学技术规范》GB/T 50356 执行。

5. 适用范围

适用于大、中型公共建筑工程机电系统消声减振施工，特别适用于广播电视、音乐厅、大剧院、会议中心、高端酒店等安装工程。

十一、建筑机电系统全过程调试技术

1. 技术特点

建筑机电系统全过程调试技术覆盖建筑机电系统的方案设计阶段、设计阶段、施工阶段和运行维护阶段，其执行者可以由独立的第三方、业主、设计方、总承包商或机电分包商等承担。目前最常见的是业主聘请独立的第三方顾问，即调试顾问作为调试管理方。

2. 调试内容

（1）方案设计阶段。为项目初始时的筹备阶段，其调试工作主要目标是明确和建立业主的项目要求。业主项目要求是机电系统设计、施工和运行的基础，同时也决定着调试计划和进程安排。该阶段调试团队由业主代表、调试顾问、前期设计和规划方面的专业人员、设计人员组成。该阶段主要工作为：组建调试团队，明确各方职责；建立例会制度及过程文件体系；明确业主项目要求；确定调试工作范围和预算；建立初步调试计划；建立问题日志程序；筹备调试过程进度报告；对设计方案进行复核，确保满足业主项目要求。

（2）设计阶段。该阶段调试工作主要目标是尽量确保设计文件满足和体现业主项目要求。该阶段调试团队由业主代表、调试顾问、设计人员和机电总包项目经理组成。该阶段主要工作为：建立并维持项目团队的团结协作；确定调试过程各部分的工作范围和预算；指定负责完成特定设备及部件调试工作的专业人员；召开调试团队会议并做好记录；收集调试团队成员关于业主项目要求的修改意见；制定调试过程工作时间表；在问题日志中追踪记录问题或背离业主项目要求的情况及处理办法；确保设计文件的记录和更新；建立施工清单；建立施工、交付及运行阶段测试要求；建立培训计划要求；记录调试过程要求并汇总到承包文件中；更新调试计划；复查设计文件是否符合业主项目要求；更新业主项目要求；记录并复查调试过程进度报告。

（3）施工阶段。该阶段调试工作主要目标是确保机电系统及部件的安装满足业主项目要求。该阶段调试团队包括业主代表、调试顾问、设计人员、机电总包项目经理、专业承包商和设备供应商。该阶段主要工作为：协调业主代表参与调试工作并制定相应时间表；更新业主项目要求；根据现场情况，更新调试计划；组织施工前调试过程会议；确定测试方案，包括机电设备测试、风系统/水系统平衡调试、系统运行测试等，并明确测试范围、测试方法、试运行介质、目标参数值允许偏差、调试工作绩效评定标准；建立测试记录；定期召开调试过程会议；定期实施现场检查；监督施工方的现场调试、测试工作；核查运维人员培训情况；编制调试过程进度报告；更新机电系统管理手册。

（4）交付和运行阶段。当项目基本竣工后进入交付和运行阶段的调试工作，直到保修合同结束时间为止。该阶段工作目标是确保机电系统及部件的持续运行、维护和调节及相关文件更新均能满足最新业主项目要求。该阶段调试团队包括业主代表、调试顾问、设计人员、机电总包项目经理、专业承包商。该阶段主要工作为：协调机电总包的质量复查工作，充分利用调试顾问的知识和项目经验使得机电总包返工数量和次数最小化；进行机电系统及部件的季度测试；进行机电系统运行维护人员培训；完成机电系统管理手册并持续更新；进行机电系统及部件的定期运行状况评估；召开经验总结研讨会；完成项目最终调试过程报告。

3. 调试文件

（1）调试计划：为调试工作前瞻性整体规划文件，由调试顾问根据项目具体情况起草，在调试项目首次会议上由调试团队各成员参与讨论，会后调试顾问再进行修改完善。调试计划必须随着项目的进行而持续修改、更新。一般每个月都要对调试计划进行适当调整。调试顾问可以根据调试项目工作量大小，建立一份贯穿项目全过程的调试计划，也可以建立一份分阶段（方案设计阶段、设计阶段、施工阶段和运行维护阶段）实施的调试计划。

（2）业主项目要求：确定业主项目要求对整个调试工作很重要，调试顾问组织召开业主项目要求研讨会，准确把握业主项目要求，并建立业主项目要求文件。

（3）施工清单：机电承包商详细记录机电设备及部件的运输、安装情况，以确保各设备及系统正确安装、运行的文件。主要包括设备清单、安装前检查表、安装过程检查表、安装过程问题汇总、设备施工清单、系统问题汇总。

（4）问题日志：记录调试过程中发现的问题及其解决办法的正式文件，由调试团队在调试过程中建立，并定期更新。调试顾问在进行安装质量检查和监督施工单位调试时，可根据项目大小和合同内容来确定抽样检查比例或复测比例，一般不低于20％。抽查或抽测时发现问题应记入问题日志。

（5）调试过程进度报告：详细记录调试过程中各部分完成情况以及各项工作和成果的文件，各阶段调试过程进度报告最终汇总成为机电系统管理手册的一部分。它通常包括：项目进展概况；本阶段各方职责、工作范围；本阶段工作完成情况；本阶段出现的问题及跟踪情况；本阶段未解决的问题汇总及影响分析；下阶段工作计划。

（6）机电系统管理手册：是以系统为重点的复合文档，包括使用和运行阶段运行和维护指南以及业主使用中的附加信息，主要包括业主最终项目要求文件、设计文件、最终调试计划、调试报告、厂商提供的设备安装手册和运行维护手册、机电系统图表、已审核确认的竣工图纸、系统或设备/部件测试报告、备用设备部件清单、维修手册等。

（7）培训记录：调试顾问应在调试工作结束后，对机电系统的实际运行维护人员进行系统培训，并做好相应的培训记录。

4. 技术指标

目前国内关于建筑机电系统全过程调试没有专门的规范和指南，只能依照现行的设计、施工、验收和检测规范的相关部分开展工作。主要依据的规范有：《民用建筑供暖通风与空气调节设计规范》GB 50736、《公共建筑节能设计标准》GB 50189、《民用建筑电气设计规范》JGJ 16、《通风与空调工程施工质量验收规范》GB 50243、《建筑节能工程施工质量验收规范》GB 50411、《建筑电气工程施工质量验收规范》GB 50303、《建筑给水排水及采暖工程施工质量验收规范》GB 50242、《智能建筑工程质量验收规范》GB 50339、《通风与空调工程施工规范》GB 50738、《公共建筑节能检测标准》JGJ/T 177、《采暖通风与空气调节工程检测技术规程》JGJ/T 260、《变风量空调系统工程技术规程》JGJ 343。

5. 适用范围

适用于新建建筑的机电系统全过程调试，特别适用于实施总承包的机电系统全过程调试。

参 考 文 献

［1］ 刘占孟，聂发辉. 建筑设备 ［M］. 北京：清华大学出版社，2018.

［2］ 霍海娥. 建筑安装识图与施工工艺 ［M］. 北京：科学出版社，2018.

［3］ 王晓梅，李清杰. 建筑设备识图 ［M］. 北京：北京理工大学出版社，2019.

［4］ 全国一级建造师执业资格考试用书编写委员会. 机电工程管理与实务 ［M］. 北京：中国建筑工业出版社，2018.

［5］ 建筑给水排水及采暖工程施工质量验收规范 GB 50242—2002 ［S］. 北京：中国建筑工业出版社，2002.

［6］ 通风与空调工程施工质量验收规范 GB 50243—2016 ［S］. 北京：中国建筑工业出版社，2016.

［7］ 建筑电气工程施工质量验收规范 GB 50303—2015 ［S］. 北京：中国建筑工业出版社，2015.

［8］ 智能建筑工程质量验收规范 GB 50339—2013 ［S］. 北京：中国建筑工业出版社，2013.

［9］ 电梯工程施工质量验收规范 GB 50310—2002 ［S］. 北京：中国建筑工业出版社，2002.